/ 行 远 自 迩 ， 笃 行 不 怠 /

/ 行而不辍，未来可期 /

业务数据分析系列

解构Tableau可视化原理

姜斌/著

電子工業出版社
Publishing House of Electronics Industry
北京•BEIJING

内容简介

《解构Tableau可视化原理》是一本深入剖析Tableau软件绘图原理的高级指南。作者开创了一种新的讲授方式，通过绘制各种图形，深入浅出地讲解了Tableau中的底层概念、计算原理和交互逻辑，并全面解读了详细级别（LOD）表达式、表计算、集动作、参数动作等高级概念的原理，让读者能够更加灵活地运用Tableau进行数据分析和可视化展现。

本书适合已经掌握Tableau基础操作的进阶用户阅读，通过对本书的深入学习，读者可以更加深刻地理解Tableau的运行原理，不再纠结于Tableau的使用技巧，进而感受到利用Tableau探究数据问题所带来的无限乐趣。

图书在版编目（CIP）数据

解构Tableau可视化原理 / 姜斌著. —北京：电子工业出版社，2024.1
（业务数据分析系列）
ISBN 978-7-121-46930-5

Ⅰ. ①解… Ⅱ. ①姜… Ⅲ. ①可视化软件 Ⅳ. ①TP31

中国国家版本馆CIP数据核字（2023）第241722号

责任编辑：石　倩
印　　刷：涿州市般润文化传播有限公司
装　　订：涿州市般润文化传播有限公司
出版发行：电子工业出版社
　　　　　北京市海淀区万寿路173信箱　　邮编：100036
开　　本：787×980　1/16　印张：16　　字数：390.6千字
版　　次：2024年1月第1版
印　　次：2025年1月第2次印刷
定　　价：109.00元

凡所购买电子工业出版社图书有缺损问题，请向购买书店调换。若书店售缺，请与本社发行部联系，联系及邮购电话：（010）88254888，88258888。

质量投诉请发邮件至zlts@phei.com.cn，盗版侵权举报请发邮件至dbqq@phei.com.cn。

本书咨询联系方式：faq@phei.com.cn。

推荐序1

作为一名曾经的 Tableau 员工，我非常荣幸，因为可以帮助不同职业的用户查看并理解数据。在过去的几年里，我有机会深入了解这款产品的多重优势，有了 Tableau 这个强大的伙伴，我可以更好地服务用户，实现自身的价值，这段工作经历也成为我职业生涯中难以忘怀的一部分。

Tableau 作为一款出色的数据分析工具，为用户提供了观察和理解数据的独特视角，其杰出的数据可视化能力改变了我们的工作和生活方式。Tableau 的可视化分析功能极大地简化了数据分析的过程，能让人更加轻松地发现有价值的信息。凭借其强大的数据洞察能力，Tableau 为决策者提供了更加明智、更有依据的决策支持。

Tableau 的实用性、直观性和灵活性，使得无论是新手用户还是专业人士，都能轻松上手，快速掌握数据可视化分析的技巧。通过 Tableau，我们可以轻松地将大量数据转化为有价值的洞见，从而更好地解决问题、指导决策。无论是面对海量数据还是复杂问题，Tableau 都能帮助我们快速、准确地找到解决方案。

2020 年，为了传播正确的数据文化，以及响应中国用户对 Tableau 无尽可能性的探求精神，我创办了"Tableau 数据故事慧"栏目。在偶然的机会中，我经由 Andy 黄的引荐认识了姜老师。在我看来，他应该是 Tableau 圈子中的一位重量级人物，因此，便向他介绍我的"Tableau 数据故事慧"栏目，并极力邀请他成为第 20 期嘉宾。在分享过程中，姜老师以他独特的视角，对 Tableau 数据可视化的逻辑进行了深入解读，让广大观众眼前一亮。这次的分享视频在短短几个小时内便获得了大量观看，至今其浏览量还位列这个栏目的前三名。

在精心准备这次分享的过程中，姜老师萌生了写作本书的想法，这让我深感荣幸，同时也让我充满期待。我深信，通过本书的帮助，读者能够更深入地理解 Tableau，学会操作 Tableau 的基本功能和高级特性，轻松创建各种精美的图表和数据可视化作品，并将其熟练地运用于工作和生活中。无论你是初学者，还是有一定经验的用户，都希望本书能成为你学习 Tableau 过程中的得力伙伴，让你在 Tableau 的学习与应用过程中取得事半功倍的效果。

Tableau 前客户成功经理
李霏菲

推荐序2

作为 Tableau 铁杆级别的粉丝，我在学习、成长的路上受到了很多前辈“分享知识”的恩惠，这其中就包含本书作者，人称“Tableau 界扫地僧”的姜斌老师。

2017 年，我刚开始学习 Tableau 之初，时常在简书等平台看到“扫地 sir”的文章，彼时心中就满是敬佩。时至今日，看到姜老师总能把 Tableau 仪表板做到既不失商务仪表板的精髓，又兼具可视化的美观和“优雅”，我还是暗暗佩服。

1. 两位业务分析师的不期而遇

在过去几年，我和姜老师时常交流，今年尤其之多。我们在彼此身上能找到很多共同点：大学文科的学习背景，秉持对计算机一贯的热爱（从大学“攒机”开始），做过计算机或网络方面的勤工俭学，进入职场之后在业务板块边做工作边学习数据分析技能（姜老师做财务工作 VS 我做零售业务），善于以写作促进学习并不吝分享。这种种的缘分，也让我们最终因为 Tableau 走到了一起，一起为客户交付项目，合力写作“业务数据分析系列”丛书。

从 2021 年开始，我就时刻期待姜老师能出版一本讲解 Tableau 可视化的图书，从刚开始的暗示到后来的定期“问候”，终于有一天姜老师说“书稿写完了”，于是我们又开始沟通图书的标题、封面，甚至关键词语的一致性表达，我非常期待这本书能补齐我在《数据可视化分析（第 2 版）：分析原理和 Tableau、SQL 实践》和《业务可视化分析：从问题到图形的 Tableau 方法》两本书中未能或未敢碰触的地方，帮助分析师更深入、全面地理解和应用 Tableau，并进一步通往业务数据分析的广阔世界。

搭建商务仪表板如同建造一栋数字化大厦，世间大厦千万座，地基牢固第一条，因此掌握分析背后的原理至关重要。世间没有完全相同的两栋楼，只是使用的建筑技巧不同。在这本书中，读者可以透过可视化仪表板、透过复杂的图表，领略业务分析背后的究竟之道，既包含 Tableau 可视化绘图原理，又包含众多实用的技巧，不管你使用什么工具，想必都能收获良多。

2. Tableau 还是业务可视化分析的“最优解”吗

一个容易被广大用户忽略的事实是，今年是 Tableau 公司成立 20 周年（2003—2023），这个产品的生命周期超过了跨国公司的平均寿命，超过了迄今很多业务分析师的分析生涯。20 年来，Tableau 看着一代代传统 BI（Business Intelligence，商业智能）软件衰弱，看着一颗颗 BI 新星和 ChatGPT 崛起，自己依然是那个敏捷可视化分析的“常胜将军”。

我们常常关注身边的新东西，“昨日 RPA、今日 GPT；昨日 BI、今日 AI”，也常常忘记那些不变的东西。正是过去 20 年都不变的本质，成就了 Tableau 的今天。

Tableau 脱胎于斯坦福大学的“Polaris”项目，由荣获图灵奖的 Pat 教授领衔打造。Tableau 在成长过程中申请了众多专利，并在服务世界级客户的过程中持续改进。20 年过去了，虽然早年的开发团队和管理团队已经逐渐隐退，但敏捷分析的底子依旧无人能敌。过去十几年，很多 BI 软件厂家都在或明或暗地学习、模仿并试图超越 Tableau 的可视化逻辑，但目前来看无一出彩（当然它们也各有自己的优势之地）。

在这本书中，读者可以领略部分 20 年来经久不变的东西，即 Tableau 的底层原理及其应用方法，它们是 Tableau 乃至整个可视化分析的基础。

不管是把它视为专业数据报表设计工具，还是作为敏捷业务分析工具，Tableau 都不负期待。就在我们周边，已经有很多人为此佐证，其中 Wendy（汪士佳）的 Tableau 作品一次又一次惊艳我们，给众多大学师生、媒体工作者前进的动力，而我与姜老师的经历和图书作品则证明了业务分析的可能性，给了众多业务分析师继续坚守 Tableau 的勇气。

工具是我们施展能力和“变现”的“天花板”，好的工具不仅能帮助我们完成眼下的工作，更能赋能成长，借助于卓越工具，我们得以更早一步看到未来。在未来相当长的时间里，Tableau 依然是业务可视化分析的最佳选择，这是我的选择，也是很多“长期主义者”的选择。

衷心期望本书能拉近你我的距离，拉近读者与业务分析的距离，在大数据分析的路上，你能快人一步，步步领先。

Tableau 传道士
Tableau Visionary（2021—2023）
《数据可视化分析（第 2 版）：分析原理和 Tableau、SQL 实践》作者
《业务可视化分析：从问题到图形的 Tableau 方法》作者
喜乐君

自序

关于作者

各位读者好。我是“参悟 Tableau”公众号的作者姜斌，网名“扫地 sir”。在工作的十余年中，我当过老师，做过财务，搞过融资，最近五六年从业务岗位转为专职做数据分析工作。

作为业务人员，由于长期与数据打交道，所以我平时最喜欢钻研各种数据分析工具，以提高工作效率。在大学时，由于专业的要求，我曾长期使用 SPSS 作为数据分析工具。步入职场后，Excel 成为我在工作中的不二之选。但当我发现 Excel 已无法满足更高的需求时，我便开启了寻找新工具的旅程，其间也学习过 Power BI、Python 等数据分析工具。但是，对一个没有编程基础的人来说，理解复杂的 DAX 语言和大量的 Python 代码，始终都不是一件令人愉悦的事情。

当时我并不知道自己实际上要寻找的是一款通用、低代码、敏捷型的数据分析工具。直到有一天，我偶然发现了 Tableau。作为一名业务人员，我发现无论是在易用性，还是在数据可视化分析和展现上，Tableau 的表现都堪称完美。Tableau 不仅具有强大的数据处理能力，还能创造丰富多彩、高度交互性的可视化图表，它不仅可以成为我们工作中的好伙伴，还可以创造一件件数据艺术品，展现数据之美。Tableau 不仅让我的工作效率成倍增长，更让我深深地爱上了数据分析这个领域。

作为一名曾经的老师，分享知识和经验已经渗入我的血液中。因此，我开始在网络上发布自己的学习心得，起初我将内容发布在简书上，之后又有了“参悟 Tableau”公众号。几年里，在不断的分享中，我逐渐成为大家眼中的 Tableau 专家，在不断的探索中，我也总结出了这本书的思维框架。当初的偶遇和无心之举，都是为了成就未来更好的自己。

回顾这段写作历程，对于一个业务岗位出身，没有任何技术背景的人来说，很难想象自己会写出一本技术类图书。直到完成这本书的写作，我仍然觉得这是一段不可思议的经历。在这期间，我在工作、生活上遇到了不少的变故和挑战，这让我无法全身心地投入到写作中。从构思到截稿，不断地调整思路和内容，不断地重构和修改，断断续续写作了一年有余。不断地否定又不断地坚持，让我在完成本书后，深刻地认识到了这个过程带给我的收获和成长。

人生亦是如此，不悔往事，不负当下，不惧未来，如此安好。

关于本书

学好任何一款工具都需要理解该产品的特点和使用逻辑。针对不同的用户和场景，不同的工具在开发之初就已经确定了构建该产品的底层逻辑，它可能与我们过去的思维习惯不同。要学好 Tableau，做到游刃有余地运用它来完成任务，就需要我们了解 Tableau 的底层逻辑。

针对这个问题，我采用了一种新的介绍方式：通过绘制各种图形，一步步带领读者了解 Tableau 中的各种底层概念、计算原理和交互逻辑，并全面、细致地解构了详细级别（LOD）表达式、表计算、集动作、参数动作等高级概念的运作原理，让读者能够更加灵活地运用 Tableau 进行数据分析和可视化展现。所以，本书更适合已经掌握了 Tableau 基础操作的进阶用户阅读。

虽然书中涉及了大量 Tableau 图形的制作过程和技巧，但本书的重点仍然是揭示 Tableau 的底层逻辑，图形只是实现这一目标的有效载体。通过对本书的深入学习，希望读者可以更加深刻地理解 Tableau 的运行原理，而不是纠结于其中的使用技巧，只有这样才能感受到利用 Tableau 探究数据问题所带来的无限乐趣。

关于改变

绝大部分的 Tableau 学习者都是 Excel 的深度用户。不可否认，Excel 是一款功能强大的电子表格软件，大多数人使用它进行基本的数据处理、计算和分析。然而，Excel 的数据处理和可视化展现方式通常是基于单元格的，这种方式简单、直观，易于理解，所见即所得，是入门数据分析的必学工具。但这种基于单元格的思维模式，在一定程度上会阻碍我们学习更高层次的 BI 软件，在无形中提高了我们的学习成本。Excel 在多维数据的处理和分析方面显得捉襟见肘，这是因为像 Tableau 这样的数据分析软件基本都基于维度与度量的思维方式，与 Excel 基于单元格的思维方式有本质的不同。即使 Excel 中集成了像 Power Query、Power Pivot 这样的分析插件，仍然需要独立出 Power BI 这样的软件来完成更高层次的分析任务。

再比如，老生常谈的中国式报表话题。中国式报表虽然看似层次分明、细节丰富、重视统计指标，但着实复杂难懂、数据冗余、缺乏重点，往往只能提供简单的汇总信息，难以进行深入的数据分析和挖掘。其实，对于获得精确数字的执着和偏执，只能让我们获得短暂的安全感，并不能让我们真正获取有价值的信息，对于这一点我在做财务工作的时候深有体会。像 Tableau 这样的 BI 软件，更容易提供有价值的见解和信息，使得用户可以更加深入地理解数据背后的含义和趋势。在企业中，广泛应用 BI 软件已经成为一种趋势，而顺应这种趋势也需要个人和企业改变既有的思维方式。

改变会产生阵痛，但阵痛不可避免。

关于数字化

思维方式的变革是数字化转型的关键。在数字化时代，企业需要具备创新、敏捷和数据驱动的思维方式以适应不断变化的市场环境。然而，传统的基于 IT 侧的瀑布式开发思维模式已经无法满足企业的数字化转型需求。此外，从自身定位的角度来看，绝大多数 IT 部门也无法主导企业的数字化转型工作。

业务部门是企业数字化转型的前沿阵地。未来，企业要在业务侧全面落地数字化，就需要大量既具备业务能力又具备技术能力的复合型人才。他们将帮助企业推广敏捷开发，建立敏捷型组织，以应对市场的变化。未来，企业的 CIO 也必须具备这种复合型能力，才能推动企业的数字化转型。

而且，随着企业数字化程度的加深，单纯的基于 IT 的数据分析师已经不能满足未来的需求。相反，基于业务人员的数据分析体系的构建将成为一种趋势。以我个人的职业经历而言，业务人员是最了解企业的业务模式和运营过程的人，如果业务人员同时掌握了数据分析的基本方法和工具，具备一定的技术能力，那么这样的复合型人才就能充分理解并应用数字化技术解决实际问题，为业务决策提供支持，为企业提供有价值的数据洞察和建议。

而我始终认为，Tableau 是目前对业务人员最友好的数据分析工具之一，它足够敏捷，足够智能，足够“优雅”，可以更高效地帮助企业提高员工的数字化技能，提升员工的数字化意识，促进组织的数字化转型。

关于未来

诚然，Tableau 并不完美，但我依然认为它是一款具有人性化设计且温暖的产品。它绝不仅是一种工具或技术，而是体现了科技与人性的完美结合。在当今的商业环境中，我们往往只关注估值、市场潜力和投资规模，因此，这样一款充满人文关怀、不那么功利的产品，显得更加难能可贵。

Tableau 仍在不断地迭代进化，我深信更好的 Tableau 永远是下一个版本。因此，我也会持续地学习和探索 Tableau，同时不断分享我的经验和见解，帮助更多的人了解和使用 Tableau。

本书作者：姜斌
2023 年 12 月

引言

缘起

2020 年年初，距我开始写技术文章已经有一年多了，在近百篇的文章中，我把更多的精力投入到对高级图表绘制方法和原理的讲解中，我也从中受益匪浅。随着对 Tableau 学习的深入，自我感觉已经对 Tableau 有了深入的理解，但是当我开始挑战 Workout Wednesday 这个社区项目的时候，才发现自己对 Tableau 的理解是多么肤浅。

Workout Wednesday 简称 WOW，是由几位 Tableau Zen Master 发起的可视化挑战项目，相较于 MOM 项目，国内用户对它的关注较少。每周三项目网站会发布一个 Tableau Viz，参与者需要根据特定要求复现该 Viz。每期都设置了必须满足的条件，除此之外，参与者可以自由运用各种方法复现。在研究挑战者的复现方法时就会发现，同样的结果，实现方式可能完全不同。如果把任务难度分为 10 级，那么 WOW 项目的挑战难度基本上是 4、5 级起步，挑战性和趣味性十足。

这个项目里的很多图表都来源于志愿者的实际工作，有些是我们平时未曾见过的。当我最初尝试挑战的时候，因为完全找不到复现的思路，感受到了巨大的压力。这个项目真正让我对 Tableau 有了更深层次的认知，原来 Tableau 还有很多更高阶的用法，这让我感受到了自己的无知与 Tableau 的博大精深。

所以，我只要有时间就忍不住想去挑战一下，大致做了十几期以后，我渐渐开始摸索出了一些思路，再看到新的挑战以后也就能慢慢去拆解、分析制图的思路了。通过不断地挑战，我也在不断地总结、整理，将知识系统化、结构化，渐渐萌生了制作一门 Tableau 进阶课程的想法。

2021 年年初，我用一个月的时间录制了自己的第一门视频课程“Tableau 高级图表进阶”，算是完成了一个小目标。2021 年 6 月，应“Tableau 数据故事慧”栏目的邀请，我讲了一节课——“解构 Tableau 的绘图原理”。在准备这门课程的过程中，我逐渐清晰了自己讲解 Tableau 绘图原理的思路与逻辑。

“倚天剑”与“屠龙刀”

初入 BI 江湖，趁手的“兵器”总是必不可少的。作为 BI 江湖独树一帜的门派，Tableau 自然也有其独门秘籍。

Tableau 的“倚天剑”：智能推荐

智能推荐是初学者最常使用的功能。如下图所示，带有橙色边框的图形就是系统推荐的最佳图形，用户可根据需求自主选择其他高亮的图形，其中半透明图形为当前视图中不可使用的图形。对初学者来说，这样的设计很友好，能满足最基本的绘图需求，是 Tableau 中非常人性化的设计，让用户能够快速地得到可视化方案。

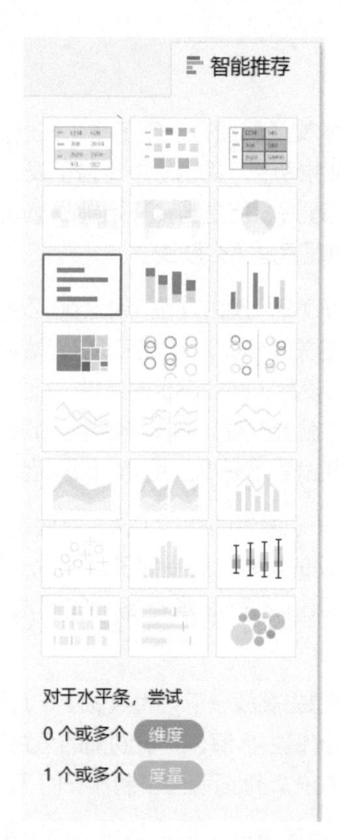

Tableau 的“屠龙刀”：丰富的学习资源

相较于其他 BI 工具，Tableau 的学习资源相当丰富，不管是官方的网站，还是在线的 e-learing 课程，都为用户提供了全面而系统的学习内容，还可以在 Tableau Public 这样的开放社区平台上分享和获取全球用户的灵感和建议。另外，在网络上也可以搜索到大量 Tableau 的文字和视频教程。

由于智能推荐功能中提供的基础图表只有 24 个，对大部分初学者来说，在学习 Tableau 的过程中，起初都会收集、研究各种图表的制作方法，所以大家会发现网上的这些资源取之不竭，用之不尽。我也是在学习 Tableau 图表的过程中，逐渐发现了 Tableau 的新大陆。只不过我把收集到的图形和制作方法都写出来了，所以就有了自己的公众号。虽是无心插柳之举，但这也逐渐改变了我的人生轨迹。

有了“倚天剑”和“屠龙刀”,我们就能解决绝大部分的图表问题了。但是有了“倚天剑”和“屠龙刀”就能成为“武林至尊”吗？答案是否定的。真正的武林高手往往并不需要兵器的加持,所以“倚天剑”和“屠龙刀”并不是“武林至尊”的法宝。

Tableau 最让人推崇的就是拖曳即结果，所见即所得的绘图方式。通过拖曳、智能推荐，用户可以绘制常用的图表，这已经能解决实际工作中的很多初级问题了。

但是当有更多的图表需求、更高的可视化追求时，智能推荐就无法满足我们的要求了。当遇到需要做出常见的绘图技巧里也没出现过的图形（比如 WOW 项目中的各种挑战项目），又没有可参照经验的时候，我们应该怎么办呢？

勤修内功

去看金庸的武侠小说就会发现，真正的武林高手行走江湖，靠的是多年修炼的内功，内功的修为决定了武学成就的上限，例如《天龙八部》一书里的虚竹，在吸收了逍遥派的百年内功之后，虽然其武功招式尚不纯熟，但在少林寺一战中可以匹敌鸠摩智、丁春秋等武林前辈。

那么 Tableau 的内功是什么呢？就是要熟知 Tableau 的底层逻辑。如果想成为 Tableau 门派里的顶级高手，最终需要扔掉“倚天剑”和“屠龙刀”，闭关苦练内功，到融会贯通、学有所成之时，就会像独孤求败一样“草木竹石皆可为剑”，渐入“无剑胜有剑”之境。

目录

第 1 部分

第 1 章　解构 Tableau 的绘图逻辑　002

1.1　两个界面，3 个步骤　002

1.2　3 个重要的功能区　003

1.2.1　维度和度量（数据逻辑）　004

1.2.2　行 / 列功能区（绘图逻辑）　009

1.2.3　标记栏（绘图逻辑）　013

第 2 章　Tableau 中的数据概念　017

2.1　维度与详细级别　017

2.2　计算类型　018

2.2.1　行级别计算　019

2.2.2　聚合计算　020

2.2.3　LOD 计算　021

2.2.4　表计算　023

2.3　维度与度量的转换　025

2.4　数据类型与离散、连续数据　026

2.5　离散数据与视图分区　027

第 3 章　LOD 表达式　031

3.1　FIXED 函数　032

3.1.1　FIXED 函数初探　032

3.1.2　FIXED 函数原理　033

3.1.3　FIXED 函数再探　035

3.2　EXCLUDE 函数和 INCLUDE 函数　038

3.2.1　EXCLUDE 函数解析　038

3.2.2　INCLUDE 函数解析　040

第 4 章　表计算　041

4.1　分区和方向　041

4.2　相对地址表计算　045

4.3　绝对地址表计算　046

4.4　表计算的窗口　051

4.5　所在级别　053

第 5 章　参数动作和集动作　055

5.1　参数动作　055

5.2　集动作　057

第 6 章　筛选器顺序　063

6.1　LOD 表达式与筛选器顺序　064

6.2　排序与筛选器顺序　067

第 7 章　数据桶　071

第 2 部分

第 8 章　基础篇——基本绘图逻辑　076

8.1　VizQL 语言　076
8.2　从智能推荐开始　077
8.3　图形结构　078
8.4　双轴　082
8.5　度量值和度量名称　084
8.6　参考线　085
8.7　案例：百分比条形图　086

第 9 章　进阶篇——高级图表　091

9.1　点与线　091
9.1.1　抖动图　091
9.1.2　象限图（波士顿矩阵）　093
9.1.3　威尔金森圆点图　096
9.1.4　迷你图　100
9.1.5　控制图　103
9.1.6　凹凸图　106
9.1.7　华夫饼图　108
9.2　甘特条形图　113
9.2.1　甘特图　113
9.2.2　瀑布图　116
9.2.3　帽子图　118
9.2.4　K 线图　122
9.3　条形图　124
9.3.1　分组条形图　124
9.3.2　帕累托图　127

9.3.3 圆角条形图 130
9.3.4 动态条形图 131

9.4 地图 133

9.4.1 瓷砖地图 133
9.4.2 蜂窝地图 135
9.4.3 地铁线路图 138
9.4.4 旭日图（地图层） 140

第 10 章 提高篇——综合案例 144

10.1 不一样的合计 144

10.2 模仿 Excel 条形图 148

10.3 同比差异图 153

10.4 马赛克图 156

10.5 复购率和终身价值矩阵 160

10.6 网格图 165

第 3 部分

第 11 章 绘制圆形系列图表 172

11.1 直角坐标系绘图原理 172

11.2 画一个简单的圆形 175

11.3 绘制同心圆 177

11.4 跑马灯图 179

11.5 雷达图 182

11.6 圆形柱状图 185

11.7 南丁格尔玫瑰图 189

第 12 章 表格进阶 195

12.1 交叉表优化 195

12.1.1 单一度量无标题 195

12.1.2 改进突出显示表 196

12.1.3 分页显示 199

12.2 占位符表格 201

12.3 表格增强方案 205

12.3.1 突出文本 205

12.3.2 改变背景颜色 207

12.3.3 突出指标变化 209

12.3.4 增加趋势和排名 210

第 13 章 交互式图表 214

13.1 去除选中高亮效果 214

13.2 表格下钻 216

13.3 易于比较的堆叠条形图 221

13.4 动态度量值 225

13.5 时间轴筛选器 229

后记 233

1

第1部分

第1章　解构Tableau的绘图逻辑

1.1　两个界面，3 个步骤

图 1-1 展示了在 Tableau 中绘制图表最重要的两个界面和 3 个步骤。那么应该如何理解这幅图呢？

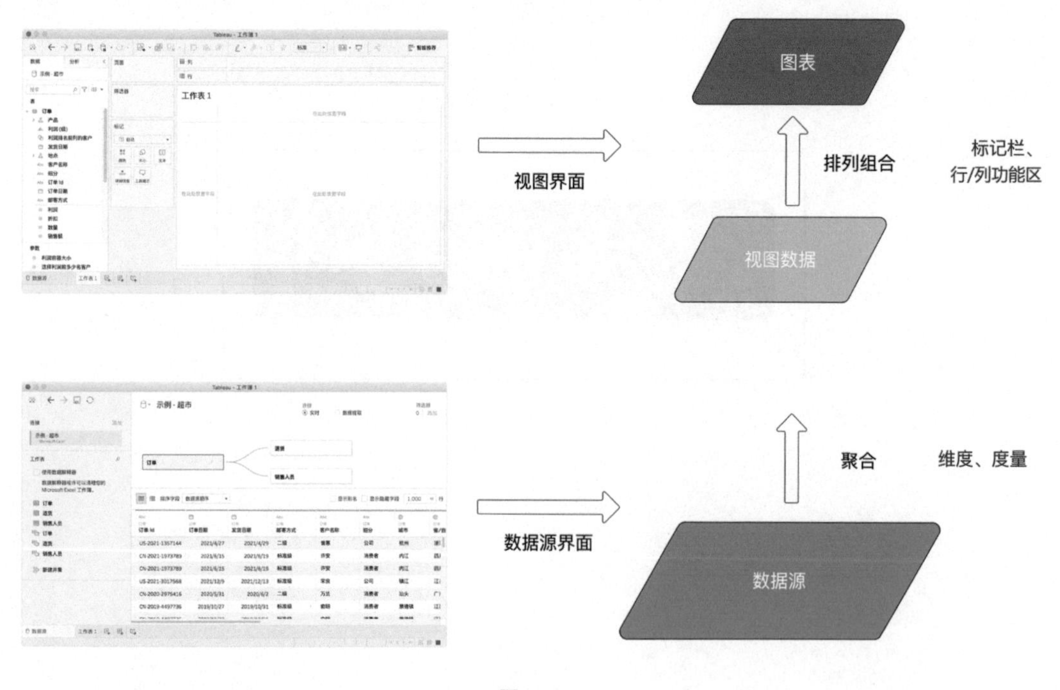

图 1-1

首先看图 1-1 左下角的数据源界面，通过这个界面，可以导入数据源数据，也就是在绘制图表时所使用的明细数据，这是绘制一切图表的第一步。

左上角的视图界面显示了绘制图表的过程。绘制可视化图表分为以下两个步骤：

1. 计算绘图所需的视图数据。

2. 将计算好的视图数据转化为可视化图表。

在 Tableau 中通过点击、拖曳即可轻松绘制图表的流畅体验，容易使初学者忽略这两个重要的步骤，特别是计算视图数据这个最关键的步骤。因为在拖曳的过程中，Tableau 已经悄无声息地完成了视图数据的计算过程，我们直接看到的就是可视化图表这个结果，而忽略了产生这个结果的过程。

在绘制复杂图表时，计算视图数据的步骤尤为重要。比如，在模仿一些高级图表的过程中，虽然按照步骤一步步完成了，但还是得不出想要的结果，绝大部分原因是绘制图表所需要的视图数据根本就没有被正确计算出来，所以也就不可能得到理想的结果。这是绝大部分初学者最容易忽略的问题。对于绘制复杂的图表，我推荐的方法是先通过交叉表计算并验证视图数据是否准确，然后通过重新排列组合将正确的数据转化成最终的图表。

务必要记住，首先要通过对数据源进行各种计算得到视图数据，这种计算可能是行级别的计算，也可能是聚合级别的计算，更复杂的可能是详细级别（Level Of Detail，LOD）表达式或者表计算等。只有得到了正确的视图数据，才能得到正确的图表。

1.2　3 个重要的功能区

下面着重讲解与 Tableau 绘图密切相关的 3 个重要功能区，理解了这 3 个功能区的作用，也就拿到了 Tableau 绘图进阶的敲门砖。

如图 1-2 所示，这 3 个功能区分别是：

1. 维度和度量功能区。
2. 行 / 列功能区。
3. 标记栏。

维度和度量功能区，对应的是创建视图数据的过程，将维度和度量通过聚合计算就能得到视图数据。行 / 列功能区和标记栏对应的是绘制图表的过程，通过这两个功能区对视图中的维度和度量进行重新排列组合，可以得到最终的可视化图表。

下面具体介绍这些功能区的作用，解构 Tableau 的基本绘图逻辑。

图 1-2

1.2.1 维度和度量（数据逻辑）

维度和度量功能区（图 1-3）是绘制图表的基础。在 Tableau 中，数据被抽象成了两种类型，维度（Dimension）和度量（Measure）。不管是初级还是中高级图表，都是由维度或度量字段及其他要素组合而成的。

既然是抽象出来的概念，就需要具象地理解这两种数据类型。这里仅做简单的介绍，在第 2 章会更详尽地讲述与维度和度量相关的知识。

首先要引入一个在大数据分析中极为重要的概念——**聚合**，它是理解维度和度量的桥梁。对数据分析师来说，其往往关心的并不是底层的明细数据，而是数据的总体特征。那么数据源里的数据要如何从一行行的、颗粒度最低的明细数据，变成在数据分析时所需的更高层次的数据呢？这就需要对数据源数据进行聚合。

所谓聚合，简单讲就是将数据源里的多行数据按照一定的标准计算成一个数据。不管数据源里是一行还是多行数据，在视图里的数据一定都是聚合后的结果（一行数据也需要聚合，当然，在只有一行数据的情况下，聚合前后的结果都是一样的）。

理解了聚合的概念，就可以理解维度和度量了。实际上，**维度为数据聚合提供依据，度量是依据维度聚合得到的结果。**图 1-4 展示了一个简单的具有 12 行数据的数据集（以下简称“迷你超市数据”）。

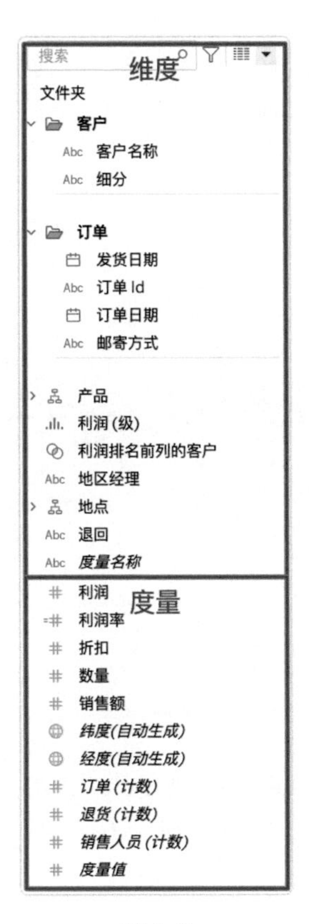

图 1-3

序号	订单 Id	地区	子类别	类别	产品名称	销售额	订单日期
1	US-2020-4297166	东北	系固件	办公用品	Stockwell 订书钉, 每包 12 个	138.00	2020/12/31
2	US-2020-4297166	东北	系固件	办公用品	Accos 按钉, 整包	122.00	2020/12/31
3	CN-2021-5801711	东北	复印机	技术	惠普 墨水, 红色	2,369.00	2021/6/1
4	CN-2021-2396895	东北	电话	技术	思科 充电器, 全尺寸	12,183.00	2021/6/19
5	CN-2019-5717181	华北	信封	办公用品	Kraft 搭扣信封, 红色	293.00	2019/9/15
6	CN-2019-5717181	华北	书架	家具	宜家 书架, 传统	572.00	2019/9/15
7	US-2021-3017568	华东	用品	办公用品	Kleencut 开信刀, 工业	321.00	2021/12/9
8	US-2021-1357144	华东	用品	办公用品	Fiskars 剪刀, 蓝色	130.00	2021/4/27
9	CN-2019-4497736	华东	设备	技术	柯尼卡 打印机, 红色	11,130.00	2019/10/27
10	CN-2021-4838467	西北	收纳具	办公用品	Smead 文件车, 蓝色	1,198.00	2021/11/16
11	CN-2018-4195213	西北	设备	技术	爱普生 计算器, 耐用	434.00	2018/12/22
12	CN-2021-1973789	西南	信封	办公用品	GlobeWeis 搭扣信封, 红色	125.00	2021/6/15

图 1-4

将这个数据集导入 Tableau 中，如图 1-5 所示，拖动“地区”字段到行功能区，拖动“销售额”字段到“文本”栏，可以看到“销售额”自动变成了“SUM([销售额])”。这里的“地区”是维度，它为这个视图数据提供了聚合的依据,“SUM([销售额])”是度量,是按照“地区”维度将“销售额”列的值进行了聚合，而聚合的方式是求和（SUM 函数）。

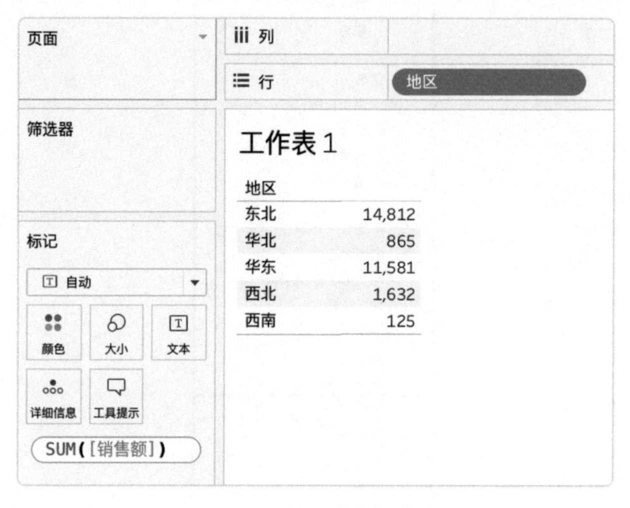

地区	
东北	14,812
华北	865
华东	11,581
西北	1,632
西南	125

图 1-5

如果再把度量区自动生成的“计数”字段加进来，如图 1-6 所示，就可以看到东北地区的销售额为 14,812 元，这是由地区是东北的 4 行数据求和得到的结果。

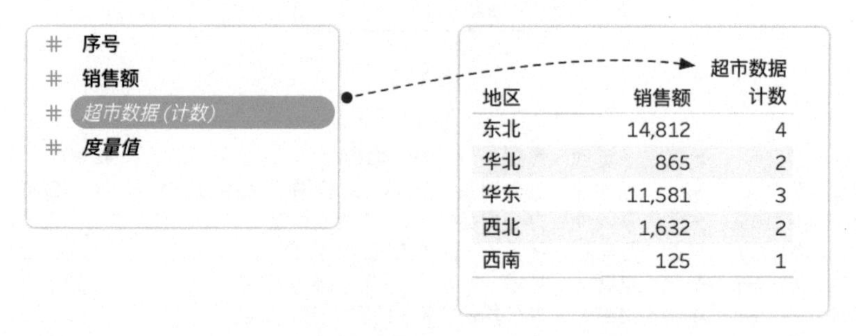

地区	销售额	超市数据计数
东北	14,812	4
华北	865	2
华东	11,581	3
西北	1,632	2
西南	125	1

图 1-6

如图 1-7 所示，通过分析数据源，会看到“地区”字段共有 5 个值，这 5 个值将数据分成了 5 个不同的组。东北地区这组共有 4 行数据,其“SUM([销售额])”就是这组里的 4 个销售额聚合（求和）的结果。华北地区这组共有两行数据，其“SUM([销售额])”就是这组里两个销售额聚合（求和）的结果。而西南地区这组只有 1 行数据,其“SUM([销售额])”就是这组里 1 个销售额聚合（求和）的结果，也就是这个数据本身。

	序号	订单 Id	地区	子类别	类别	产品名称	销售额	订单日期
1组	1	US-2020-4297166	东北	系固件	办公用品	Stockwell 订书钉，每包 12 个	138.00	2020/12/31
	2	US-2020-4297166	东北	系固件	办公用品	Accos 按钉，整包	122.00	2020/12/31
	3	CN-2021-5801711	东北	复印机	技术	惠普 墨水，红色	2,369.00	2021/6/1
	4	CN-2021-2396895	东北	电话	技术	思科 充电器，全尺寸	12,183.00	2021/6/19
2组	5	CN-2019-5717181	华北	信封	办公用品	Kraft 搭扣信封，红色	293.00	2019/9/15
	6	CN-2019-5717181	华北	书架	家具	宜家 书架，传统	572.00	2019/9/15
3组	7	US-2021-3017568	华东	用品	办公用品	Kleencut 开信刀，工业	321.00	2021/12/9
	8	US-2021-1357144	华东	用品	办公用品	Fiskars 剪刀，蓝色	130.00	2021/4/27
	9	CN-2019-4497736	华东	设备	技术	柯尼卡 打印机，红色	11,130.00	2019/10/27
4组	10	CN-2021-4838467	西北	收纳具	办公用品	Smead 文件车，蓝色	1,198.00	2021/11/16
	11	CN-2018-4195213	西北	设备	技术	爱普生 计算器，耐用	434.00	2018/12/22
5组	12	CN-2021-1973789	西南	信封	办公用品	GlobeWeis 搭扣信封，红色	125.00	2021/6/15

图 1-7

因此可以说，维度的作用就是将数据集进行分组，而度量就是在维度划分的组内进行聚合计算。**聚合的结果就是将同一组内的维度和度量都聚合成一个值。**

如果再拖动“类别”维度到列功能区，虽然“SUM([销售额])”度量值并没有变化，但是数据结果已经完全不一样了（图 1-8）。

图 1-8

这是因为视图中增加了新的维度，现在“SUM([销售额])”就由“地区”和“类别”这两个维度共同决定，所以“SUM([销售额])”这个度量的计算结果就由 5 个数据变成了 9 个数据，也就是说数据集被这两个维度分成了 9 组。因为聚合的依据变化了，结果自然就不一样了。“SUM([销售额])”依据“地区”和“类别”这两个维度分成的 9 组数据，重新聚合生成了 9 个不同的值（图 1-9）。

	序号	订单 Id	地区	子类别	类别	产品名称	销售额	订单日期
1组	1	US-2020-4297166	东北	系固件	办公用品	Stockwell 订书钉, 每包 12 个	138.00	2020/12/31
	2	US-2020-4297166	东北	系固件	办公用品	Accos 按钉, 整包	122.00	2020/12/31
2组	3	CN-2021-5801711	东北	复印机	技术	惠普 墨水, 红色	2,369.00	2021/6/1
	4	CN-2021-2396895	东北	电话	技术	思科 充电器, 全尺寸	12,183.00	2021/6/19
3组	5	CN-2019-5717181	华北	信封	办公用品	Kraft 搭扣信封, 红色	293.00	2019/9/15
4组	6	CN-2019-5717181	华北	书架	家具	宜家 书架, 传统	572.00	2019/9/15
5组	7	US-2021-3017568	华东	用品	办公用品	Kleencut 开信刀, 工业	321.00	2021/12/9
	8	US-2021-1357144	华东	用品	办公用品	Fiskars 剪刀, 蓝色	130.00	2021/4/27
6组	9	CN-2019-4497736	华东	设备	技术	柯尼卡 打印机, 红色	11,130.00	2019/10/27
7组	10	CN-2021-4838467	西北	收纳具	办公用品	Smead 文件车, 蓝色	1,198.00	2021/11/16
8组	11	CN-2018-4195213	西北	设备	技术	爱普生 计算器, 耐用	434.00	2018/12/22
9组	12	CN-2021-1973789	西南	信封	办公用品	GlobeWeis 搭扣信封, 红色	125.00	2021/6/15

图 1-9

假如在视图中不放任何维度（图 1-10），在这种特殊情况下，“SUM([销售额])”的计算依据是什么呢？实际上，系统将整个数据集作为一个统一的维度进行计算，所得到的结果 29,015 就是这个数据集中所有销售额的合计值。

图 1-10

因此可以这样说，在视图中维度是聚合的依据，度量是聚合的结果。度量必然依赖于维度，不存在脱离于维度计算的度量。

维度是大数据分析中最重要的概念，是一切分析的基础，也是 Tableau 中构造视图数据的依据。在 Tableau 中，几乎所有的重要概念，比如 LOD 表达式、表计算、分区、筛选器等都跟维度有关，可以说对维度的理解程度决定了使用 Tableau 的高度，理解了维度就掌握了打开 Tableau 大门的钥匙。

1.2.2 行 / 列功能区（绘图逻辑）

与维度和度量不同，标记栏和行 / 列功能区对应的是 Tableau 绘制图表的逻辑。通过这两个功能区对维度和度量进行排列组合可得到可视化图表。首先介绍行 / 列功能区的作用。

行 / 列功能区主要有以下两个作用：

1. 决定如何排列数据。

2. 决定视图的详细级别。

这里必须引入两个重要的概念：离散和连续。在 Tableau 中离散数据用蓝色表示（蓝色胶囊），连续数据用绿色表示（绿色胶囊）。如果你注意观察过维度和度量功能区（图 1-11），就会发现默认的维度都是蓝色的，默认的度量都是绿色的。但这是不是意味着维度都是离散数据，度量都是连续数据呢？答案是否定的。维度和度量、离散和连续，是 Tableau 中两组不同的概念，不能混淆。

图 1-11

Tableau 的**帮助文档里提到离散数据的作用是绘制标题**，这个解释可能让人不太理解。什么是标题？起初这也是困扰我的一个知识点。我认为**离散数据的作用是创建表格**，这种说法可能会让人容易理解一点。

如图 1-12 所示，拖动“类别”字段到列功能区，拖动“地区”字段到行功能区，再拖动“销售额”字段到“文本”栏，这样就形成了一个交叉表。单击每一个列或每一个值，会发现这些值都是独立存在的。前面说到 Tableau 的帮助文档里提到离散数据的作用是绘制标题，这里说的标题其实就是表格的标题或者表头，其本质上还是生成了一个表格。因此，我认为离散数据的作用是创建表格的解释可能更贴切，更易于理解。

因为这两个离散字段同时还是维度，所以，这个视图的详细级别就被这两个维度决定了。关于详细级别会在第 2 章做更进一步的讲解，这里受篇幅影响，暂且略过。

地区	办公用品	技术	家具
东北	¥824,673	¥936,196	¥920,698
华北	¥745,814	¥781,744	¥919,744
华东	¥1,408,629	¥1,599,654	¥1,676,224
西北	¥267,871	¥230,956	¥316,212
西南	¥347,693	¥453,898	¥501,534
中南	¥1,270,911	¥1,466,576	¥1,399,928

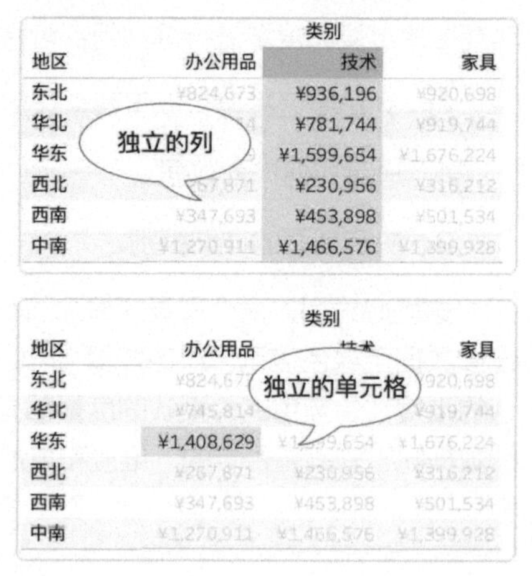

图 1-12

在菜单栏上选择“分析→查看数据”选项，可以查看这个视图的底层数据（图 1-13）。绘制这个表格的视图数据由 3 列构成，“地区”和“类别”列是维度，决定了视图的详细级别，“销售额”列是度量，是销售额在这个详细级别下聚合的结果。这个 3 列 18 行的数据，就是绘制出图 1-12 中交叉表的视图数据。

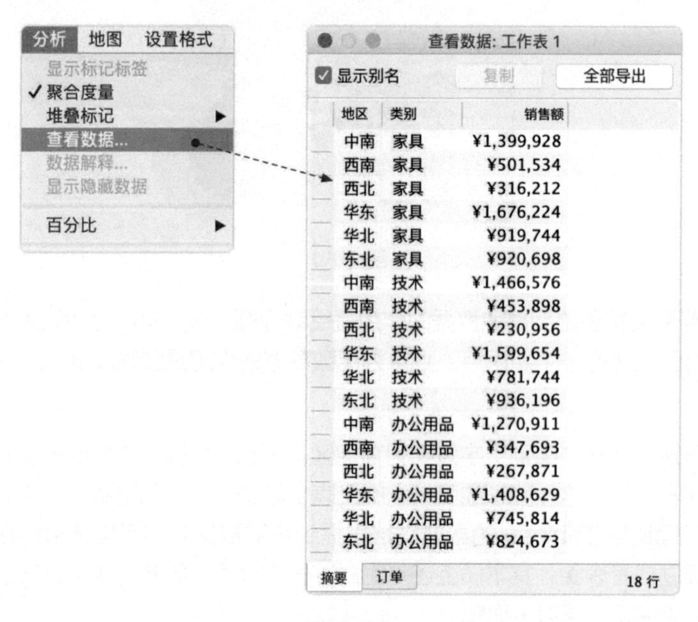

地区	类别	销售额
中南	家具	¥1,399,928
西南	家具	¥501,534
西北	家具	¥316,212
华东	家具	¥1,676,224
华北	家具	¥919,744
东北	家具	¥920,698
中南	技术	¥1,466,576
西南	技术	¥453,898
西北	技术	¥230,956
华东	技术	¥1,599,654
华北	技术	¥781,744
东北	技术	¥936,196
中南	办公用品	¥1,270,911
西南	办公用品	¥347,693
西北	办公用品	¥267,871
华东	办公用品	¥1,408,629
华北	办公用品	¥745,814
东北	办公用品	¥824,673

图 1-13

连续数据的作用是创建坐标轴。如图 1-14 所示，拖动“地区”字段到列功能区，拖动“销售额”字段到行功能区，这样就生成了一个简单的柱状图。从图中可以看到，绿色的“销售额”字段形成了一个纵轴，也就是 *Y* 轴，而这个轴是一个连续的整体。在这个视图中，“地区”维度决定了视图的详细级别，“销售额”受“地区”维度的影响聚合成了 6 个值，对应柱状图里的 6 根柱子。

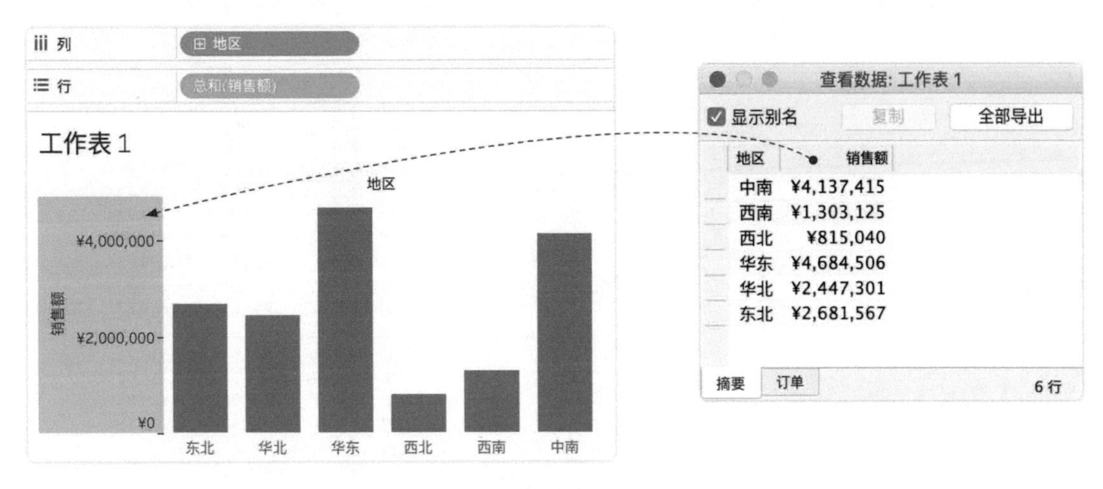

图 1-14

如果把离散字段“地区”转换成连续字段“利润”（图 1-15），那么多了一个横轴，也就是 *X* 轴，得到一个散点图。但是这个散点图上只有一个点，因为目前没有拖动任何维度到视图里，所以视图数据的详细级别在整个数据集层次上，数据没有被任意维度分割成不同的组。看一下底层数据就知道，其中只有一行数据，所以在散点图上只会有一个点。

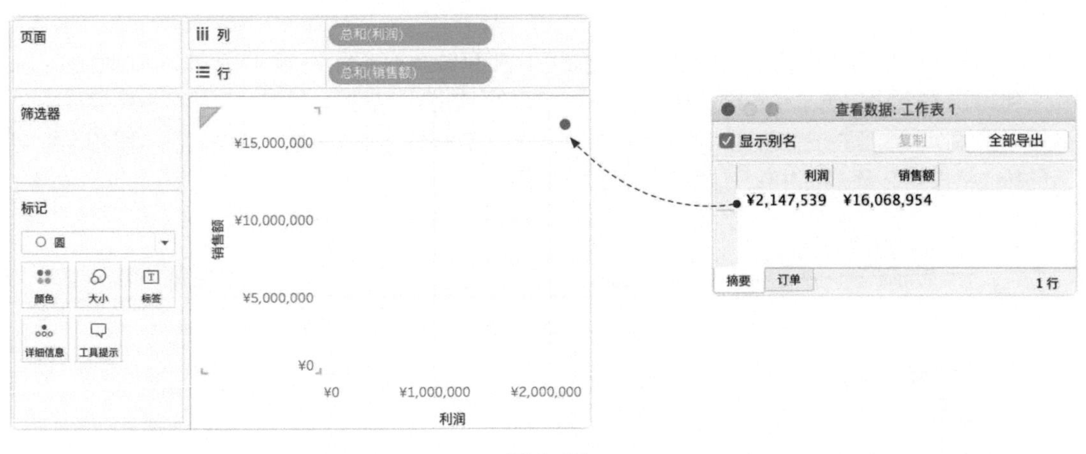

图 1-15

当然，离散数据和连续数据是可以一起使用的（图 1-16）。比如，在图 1-12 所示的使用“地区”

字段和“类别”字段构成的表格中，将“销售额”和“利润”分别拖到行/列功能区，就可以在表格中嵌套坐标轴。从视图数据中可以看到，“地区”和“类别”这两个维度共同决定了视图的详细级别，“利润”和“销售额”根据这两个维度被分成了18组数据，对应图表里的18个点。

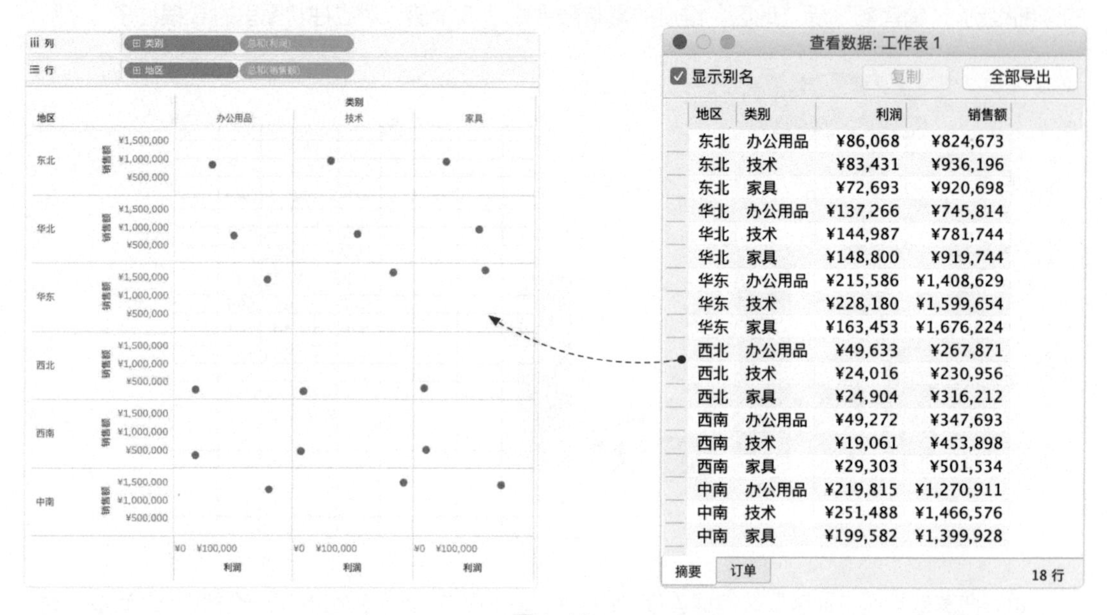

地区	类别	利润	销售额
东北	办公用品	¥86,068	¥824,673
东北	技术	¥83,431	¥936,196
东北	家具	¥72,693	¥920,698
华北	办公用品	¥137,266	¥745,814
华北	技术	¥144,987	¥781,744
华北	家具	¥148,800	¥919,744
华东	办公用品	¥215,586	¥1,408,629
华东	技术	¥228,180	¥1,599,654
华东	家具	¥163,453	¥1,676,224
西北	办公用品	¥49,633	¥267,871
西北	技术	¥24,016	¥230,956
西北	家具	¥24,904	¥316,212
西南	办公用品	¥49,272	¥347,693
西南	技术	¥19,061	¥453,898
西南	家具	¥29,303	¥501,534
中南	办公用品	¥219,815	¥1,270,911
中南	技术	¥251,488	¥1,466,576
中南	家具	¥199,582	¥1,399,928

图 1-16

但是，如果尝试把绿色的连续字段拖到蓝色的离散字段前面，是不被系统允许的，也就是说坐标轴里是不能嵌套表格的，因为系统无法在一个连续的坐标轴里对表格进行定位，这个逻辑应该很好理解。

当然，离散和连续并不是一成不变的，也是可以相互转换的（图 1-17）。比如，在绿色的“总和（利润）”胶囊上单击鼠标右键，从弹出的快捷菜单中勾选“离散”，将其从连续数据转换成离散数据。虽然视图数据并没有改变，但视图的展现形式从条形图变成了表格。有关离散字段和连续字段的转换将在第2章详细讲解，这里并不做过多介绍。

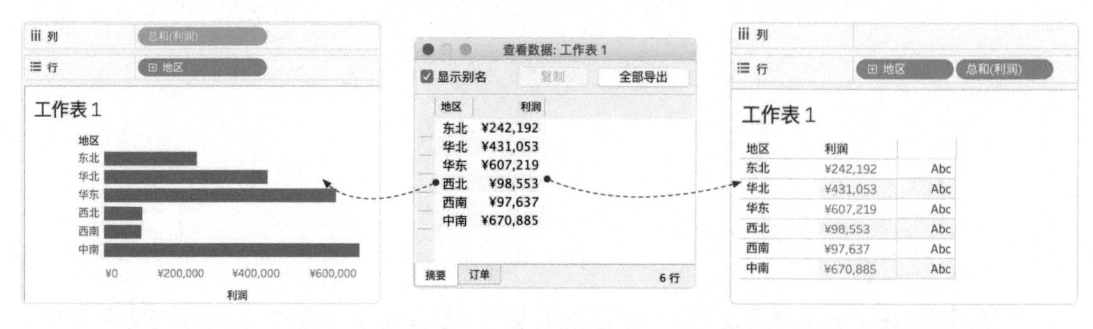

地区	利润
东北	¥242,192
华北	¥431,053
华东	¥607,219
西北	¥98,553
西南	¥97,637
中南	¥670,885

图 1-17

1.2.3　标记栏（绘图逻辑）

标记栏的作用主要有以下两个：

1. 决定使用的图形及图形的属性。

2. 决定视图的详细级别（与行 / 列功能区一致）。

如图 1-18 所示，首先，把“标记”调整为“圆”，拖动“销售额”字段到“详细信息”栏，这时视图中出现了 1 个圆点，此时底层数据只有 1 个数值。

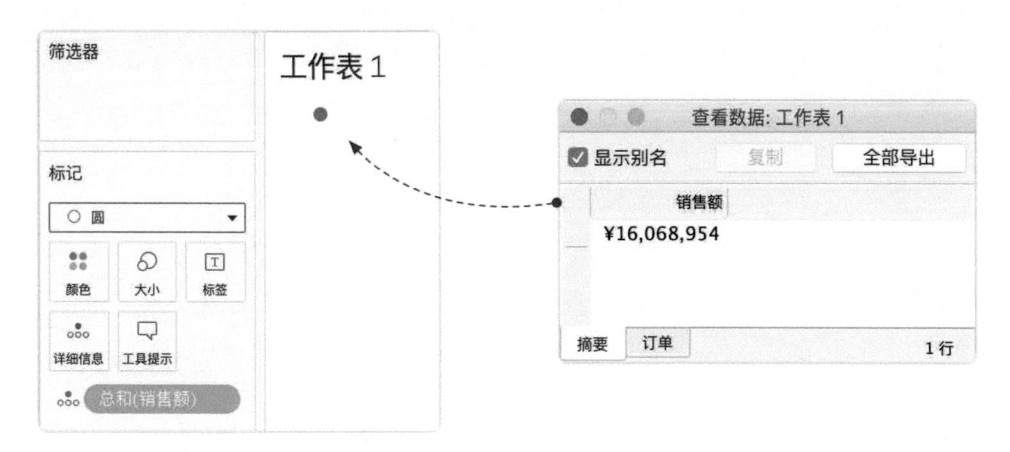

图 1-18

然后，拖动“类别”字段到“颜色”栏（图 1-19），视图中就有了 3 个圆点。此时查看底层数据，发现数据已经发生了变化。因为“类别”是维度字段，所以视图的详细级别被改变了，数据集被分成了 3 组，“销售额”也聚合成了 3 个值，因此得到了 3 个圆点。同时，“类别”又决定了圆的颜色属性，所以 3 个圆点被标记为不同的颜色。也就是说，将“类别”放到“颜色”栏后，视图的详细级别和图形的颜色都发生了改变。

再将“地区”字段拖到“大小”栏上（图 1-20），视图中的图形又变化了。此时查看底层数据，因为又多了一个维度——地区，所以视图的详细级别又被改变了。由于数据被分成更多的组，所以随着数据增多，圆点也相应增多，同时圆点的大小属性也根据“地区”的不同而有所区别。

从图 1-20 中还可以看出，这 18 个圆点只是并排堆积在一起，并没有经过任何的排列，现在就可以结合第 1.2.2 节介绍的行 / 列功能区的作用，对图形进行重新排列组合，从而得到不同的图形。

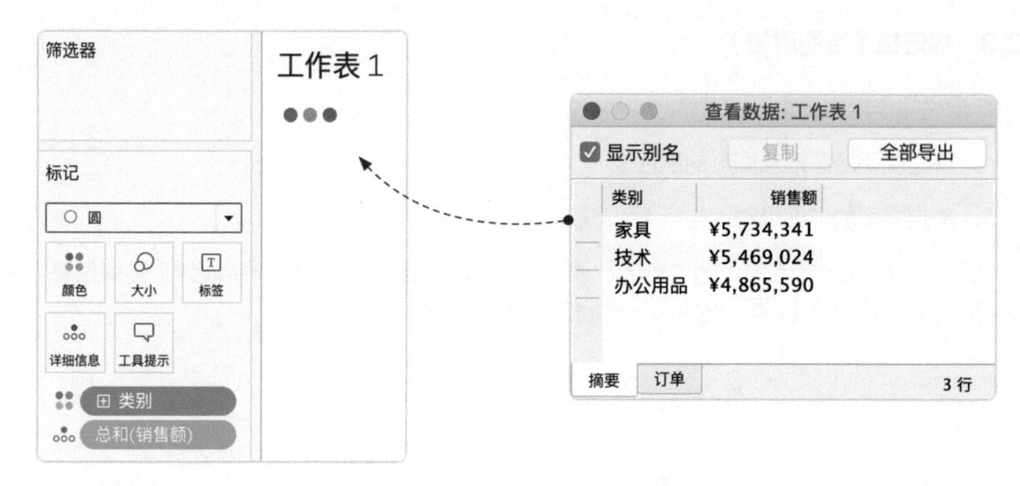

图 1-19

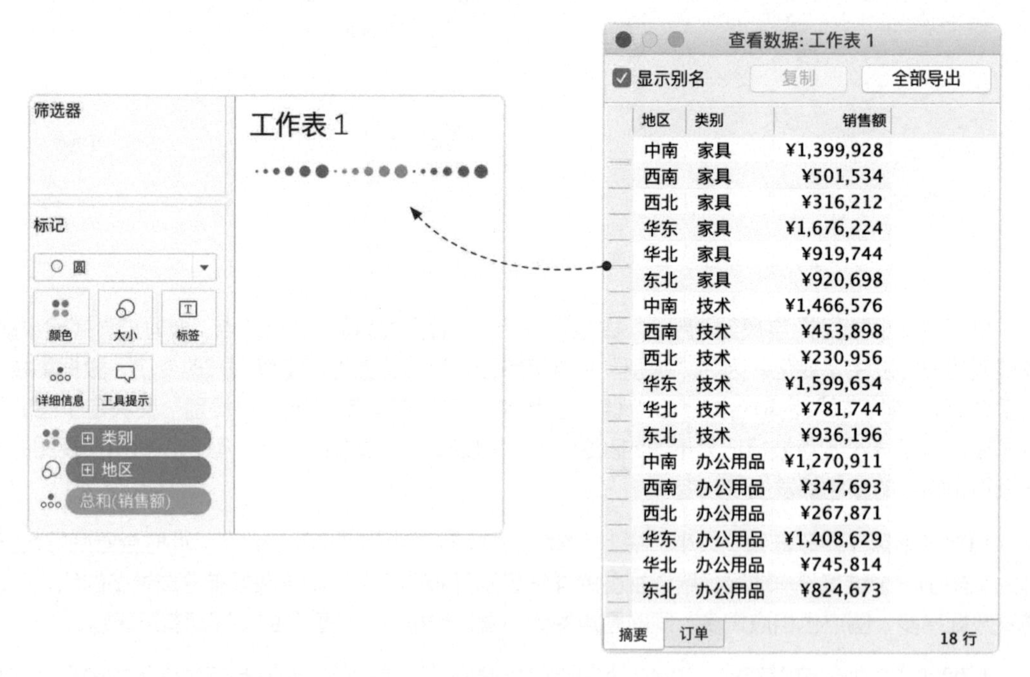

图 1-20

如果把视图中“地区”胶囊拖到列功能区(图 1-21),圆点就被分到了不同的单元格里。因为“地区”是蓝色的离散数据，之前提过用离散数据创建表格，那么圆点自然也就被分割到了表格的不同单元格里，此时视图数据仍然是 18 行，并没有任何改变。

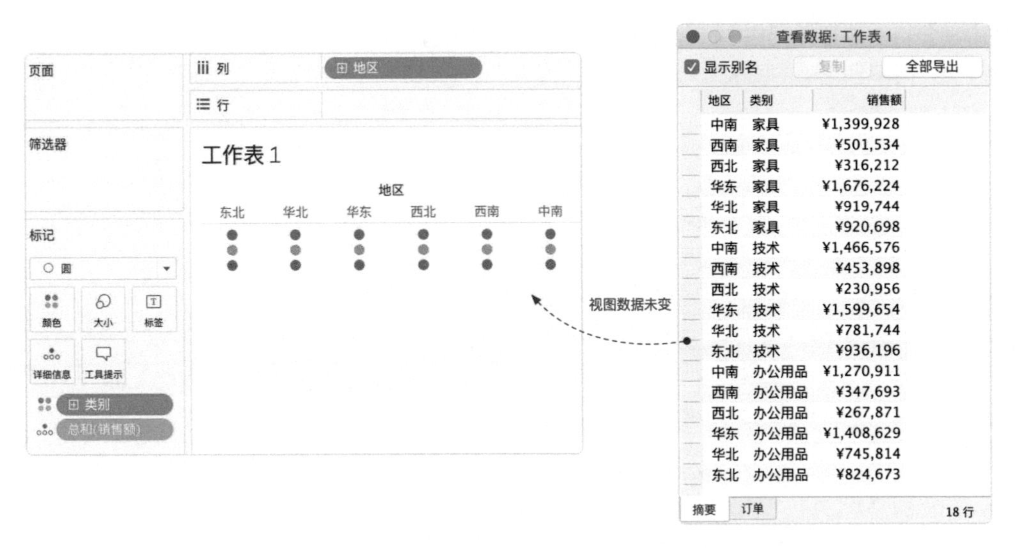

图 1-21

如果再把视图中的“销售额”胶囊拖到行功能区（图 1-22），就生成了一个 *Y* 轴，这样数据就可以被显示在坐标轴的不同位置上，不再像图 1-21 那样等距排列了。当然还可以重新选择图形，比如条形图、线等图形，但无论选择什么图形，此时的视图数据同样没有任何变化。

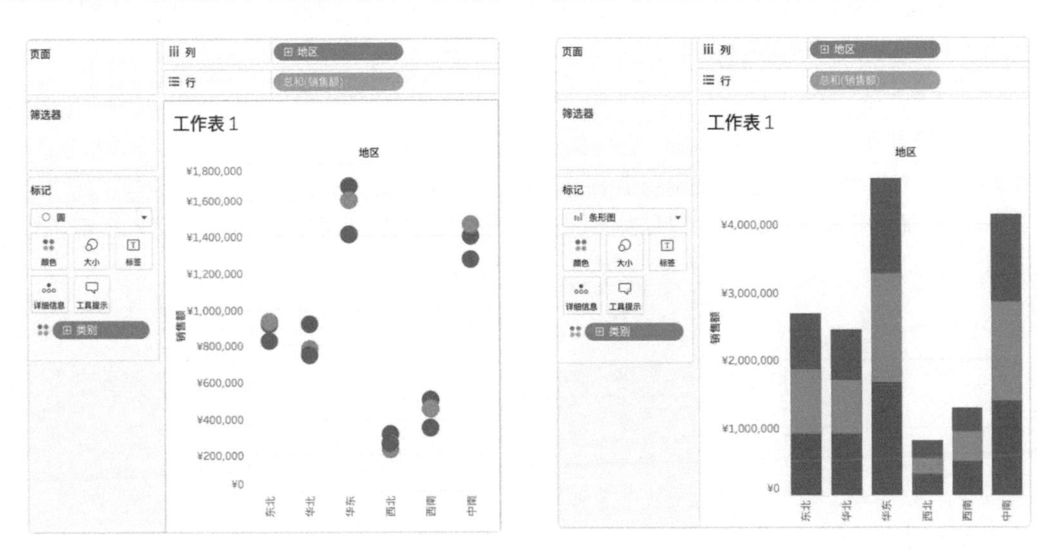

图 1-22

标记栏中有 12 种图形可供选择（图 1-23），这些标记类型就是构建各种高级图表的基础图形。如果选择了“形状”或者“线”，就会看到图形属性被分成了 6 个部分，在这 6 个图形属性中，除了“工具提示”，如果在其他 5 个属性中使用了维度字段，则会改变视图的详细级别。在制作高级图表的过程中需要特别注意标记栏中的维度字段，如果使用不当就会改变视图的详细级别，导致视图数据随之改变，得不到正确的图表。

图 1-23

以上就是 Tableau 绘图逻辑的基础理论部分，其核心就是对维度和度量、离散和连续、行 / 列功能区、标记栏的灵活运用。

读者可能已经注意到了，在上面的讲解过程中，我一直在提示读者注意视图数据的变化情况，因为视图数据是构建一切图表的基础。在构建图表前应先把需要的视图数据计算好，再根据自己的需求重新排列这些数据，这一点在绘制高级图表的过程中尤为重要。当你已经考虑清楚了视图的详细级别、所用图形、图形的属性，以及视图是放到表格里还是放到坐标轴上时，图表也就自然而然地被制作出来了。

第2章　Tableau中的数据概念

2.1　维度与详细级别

第 1 章已经提及了维度和详细级别，但并未展开讲解。本节会详细地解释维度和详细级别。

对数据分析师来说，在日常的分析过程中，基本上不会注意最细颗粒度的数据，那是 IT 人员更关注的问题。对数据分析师而言，他们大多是站在某个层次或者级别上对数据进行分析。有层次就一定有聚合，因为不同层次的数据往往不止一行，所以一定是在聚合多行数据之后才能得到我们想要的结果。至于聚合的方式是用 SUM 函数求和、用 MAX 函数求最大值，抑或是用 COUNT 函数计数，都需要根据业务的需求来决定。分析关注的数据层次越高，比如国家、类别、年度等，那么数据的聚合度就越高，数据颗粒度就越粗；分析关注的数据层次越低，比如客户、产品、某一天等这些数据，那么数据的聚合度就越低，数据颗粒度也就越细。

这里就要引出一个重要的概念“详细级别”，也就是数据聚合的层次或者说级别，英文是 Level Of Detail，这里的级别（Level）代表着不同的数据聚合度，它由视图中的维度构成。

如图 2-1 所示，拖动不同的维度到行 / 列功能区或者标记栏，视图的详细级别随着维度的增减也发生着改变，视图中所有的维度组合起来共同决定了这个视图的级别，将其总结成一个公式就是：视图的详细级别 = 视图中维度的组合。

图 2-1

维度的作用是对数据集进行分组，一般来说视图中的维度越多，数据被分割得越细，也就是被分的组越多，那么视图的详细级别也就越低，反之，被分的组越少，详细级别也就越高，最直观的感受就是，由维度构成的交叉表行数的多少。

在日常使用 Tableau 的过程中，我们并不需要刻意关注数据聚合度的高低，更重要的是要清楚视图中到底有几个维度，也就是我们要更关注哪几个维度构成了视图的详细级别。一般来说，默认的维度胶囊是蓝色的，默认的度量胶囊是绿色的，但视图中有几个蓝色胶囊，并不一定就有几个维度，因为颜色只能用来区分离散数据和连续数据。

如图 2-2 所示，视图中有两个蓝色胶囊，但是只有“类别”字段是维度，另一个蓝色胶囊“总和(数量)”是度量字段，所以这个视图的详细级别只由“类别”这一个维度决定。在实际使用过程中，如果蓝色胶囊较多，分不清有几个维度，就可以在任意一个度量上单击鼠标右键，在弹出的快捷菜单中选择“添加表计算”选项,在特定维度中快速查看视图中的维度。从图 2-2 中可以看到，确实只有“类别”这一个维度。

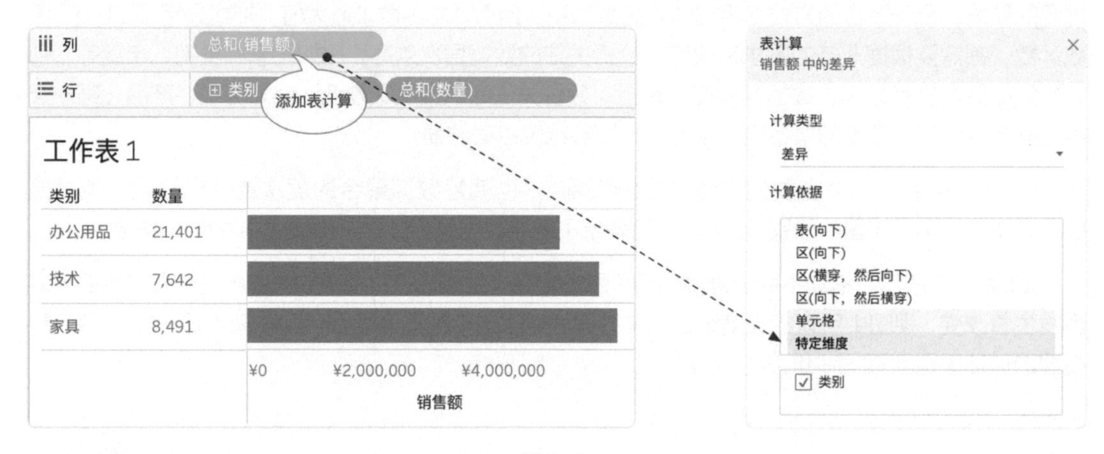

图 2-2

维度是构建视图数据的基础，不能快速在视图中确定维度，这让我着实感到了不便，这对于初学者也不是特别友好。如果维度能用长方形胶囊表示，度量还保留长圆形胶囊的形状，这样就能让用户更直观、更快速地确定视图的详细级别，达到事半功倍的效果。希望 Tableau 在日后的版本迭代中可以考虑此方面的改进。

2.2 计算类型

Tableau 中的计算类型主要分为行级别计算、聚合计算、LOD 计算和表计算 4 大类。无论是维度还是度量都支持这 4 种计算类型。

2.2.1 行级别计算

行级别的计算最好理解，在导入数据之后，数据源明细表中已有的字段都是行级别的，因为每行的数据都是确定的值，对应具体的业务对象是进行下一步数据分析的基础。

基于每一行的值在单行内的计算也是行级别的。假如需要计算每个订单商品的“单价”，那么计算公式是“销售额 / 数量”。如果在 Excel 里操作，就应该是先在 D2 单元格中输入：=B2/C2，然后向下填充（图 2-3）。

A	B	C	D	E
订单 Id	销售额	数量	单价	
US-2021-1357144	¥130	2	=B2/C2	
CN-2021-1973789	¥125	2	¥63	
CN-2021-1973789	¥32	2	¥16	
US-2021-3017568	¥321	4	¥80	向下填充
CN-2020-2975416	¥1,376	3	¥459	
CN-2019-4497736	¥11,130	9	¥1,237	
CN-2019-4497736	¥480	2	¥240	
CN-2019-4497736	¥8,660	4	¥2,165	
CN-2019-4497736	¥588	5	¥118	

图 2-3

而在 Tableau 中，要得到和 Excel 中同样的结果，则需要直接增加一个计算字段“单价”，其等于“**[销售额]/[数量]**”。这样操作后会在数据源中增加一列“单价”（图 2-4）。新的字段“单价”和数据源中已有的“销售额”“数量”字段一样都是行级别的。虽然是新增的，但可以认为“单价”这个字段就是数据源中的一列。本质上，Tableau 中的行级别计算与 Excel 中的计算非常类似，计算的每一步都是横向进行的，只在本行内生效，之后逐行迭代得到最终结果。

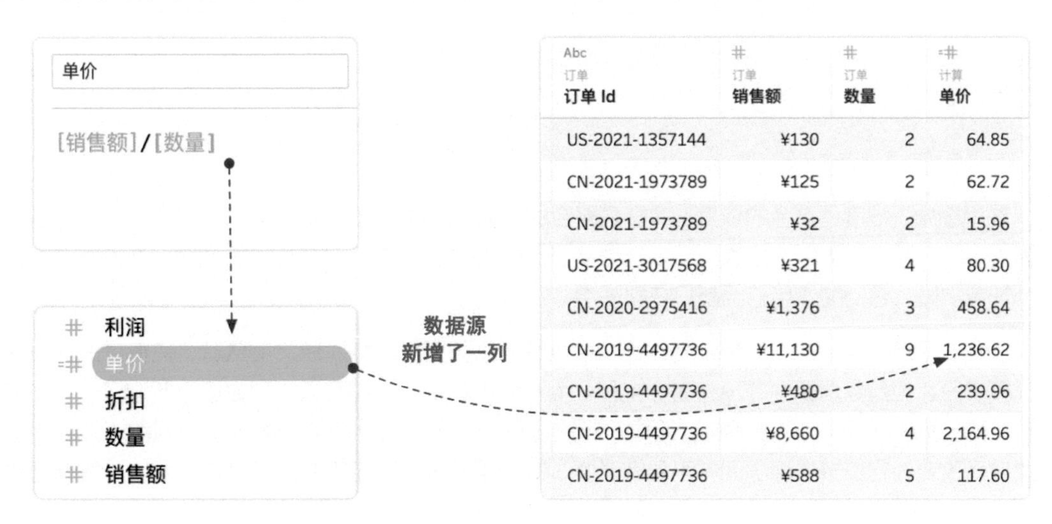

订单 订单 Id	订单 销售额	订单 数量	计算 单价
US-2021-1357144	¥130	2	64.85
CN-2021-1973789	¥125	2	62.72
CN-2021-1973789	¥32	2	15.96
US-2021-3017568	¥321	4	80.30
CN-2020-2975416	¥1,376	3	458.64
CN-2019-4497736	¥11,130	9	1,236.62
CN-2019-4497736	¥480	2	239.96
CN-2019-4497736	¥8,660	4	2,164.96
CN-2019-4497736	¥588	5	117.60

图 2-4

当拖动行级别的计算字段到视图中时（图 2-5），系统会自动将其聚合，因为视图数据永远是聚合的，即使是一行数据也需要聚合，这是行级别计算的特点。

图 2-5

2.2.2 聚合计算

从图 2-5 中可以看到，将“销售额”字段拖到视图中，“销售额”就直接变成了“SUM([销售额])”，当然也可以新建一个计算字段“销售额总计”：SUM([销售额])。如图 2-6 所示，这个“销售额总计”就是典型的聚合计算，它使用聚合函数“SUM()”对行级别字段“销售额”进行求和计算。所以说，**聚合计算的本质是使用聚合函数对行级别字段进行聚合计算。**

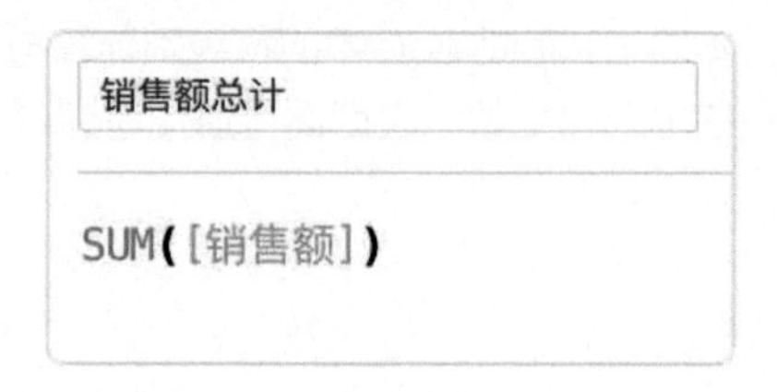

图 2-6

在视图中，维度是聚合的依据，度量是聚合的结果。当然，这里有一个前提条件——在视图中，因为绘制图形是在视图中进行的，所以无论是自动生成的“SUM([销售额])”，还是“销售额总计”这个计算字段，它们的作用范围都只在视图中。

我们在早期的 Tableau Desktop 版本中查看数据源页面时会发现，虽然有“销售额总计”这个计算字段，但是数据源中并没有这个字段。而在新版本中，已经可以看到数据源新增了“销售额总计”的新列（图 2-7），这其实会造成一定的混淆，因为聚合计算的结果会根据视图中详细级别的改变而改变，它在数据源层面并不具有意义，其结果并不是固定不变的值。这是聚合计算与行级别计算在本质上的区别。

Abc 订单 产品名称	# 订单 销售额	# 订单 数量	# 折	#	=# 计算 销售额总计	=# 计算 利润率
Fiskars 剪刀, 蓝色	¥129.70	2	40%	-¥61	129.70	-47%
GlobeWeis 搭扣信封, ...	¥125.44	2	0%	¥43	125.44	34%
Cardinal 孔加固材料, ...	¥31.92	2	40%		31.92	13%
Kleencut 开信刀, 工业	¥321.22	4	40%		321.22	-8%
KitchenAid 搅拌机, 黑色	¥1,375.92	3	0%	¥550	1,375.92	40%
柯尼卡 打印机, 红色	¥11,129.58	9	0%	¥3,784	11,129.58	34%
Ibico 订书机, 实惠	¥479.92	2	0%	¥173	479.92	36%

有蓝色标记的是数据源字段

虽然可以看到值，但值并不固定

图 2-7

聚合计算是在行级别字段之上的聚合计算，只作用于视图中，计算结果依赖于维度。由于行级别计算与聚合计算的性质完全不一样，所以无法混合使用。如图 2-8 所示，对于“**[销售额]**-AVG(**[销售额]**)”这样的表达式，Tableau 会显示错误消息：“无法将聚合和非聚合参数与此函数混合。”这对初学者来说是一个常见错误。

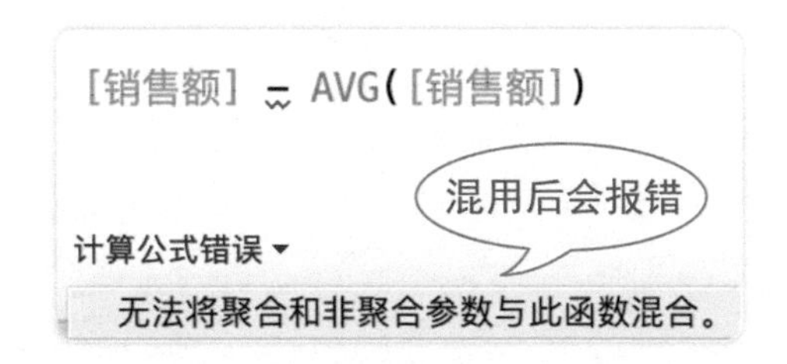

图 2-8

2.2.3 LOD 计算

本节所讲的 LOD 计算，特指使用 FIXED函数的 LOD 计算。FIXED 计算是一种特殊的、预先指定了维度的聚合计算，介于行级别计算与聚合计算之间，兼具两种计算的特点。

下面来看一个简单的例子：{FIXED [地区]: SUM([**销售额**])}，这是一个典型的 FIXED 计算字段，指定了维度“地区”。如果没有指定维度（图 2-6），那么“SUM([销售额])”就是聚合度量，必须依赖于视图中的维度，在没有指定维度的情况下，也就是没有放到视图中时，其结果并不确定。通过“FIXED [地区]”指定了维度以后，计算的结果也就固定了。假如使用“迷你超市数据”，图

2-9 中的交叉表就可以被看作这个计算结果的直观反映。

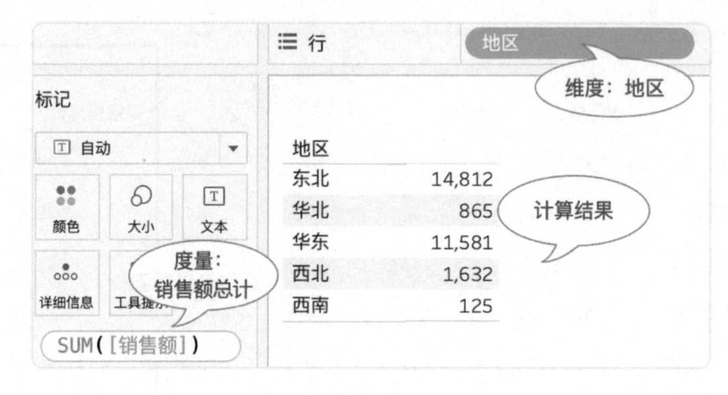

图 2-9

不过这只是第一步，接下来这个结果表还会连接[1]（Join）回数据源，但是在数据源中并没有看到 FIXED 计算的结果，这是让大多数初学者对于 FIXED 计算感到困惑的地方，下面可以通过 Tableau Prep 来模拟这个过程。如图 2-10 所示，先通过“地区”字段聚合得到每个地区的销售额，然后通过“地区”字段将结果连接回数据源。

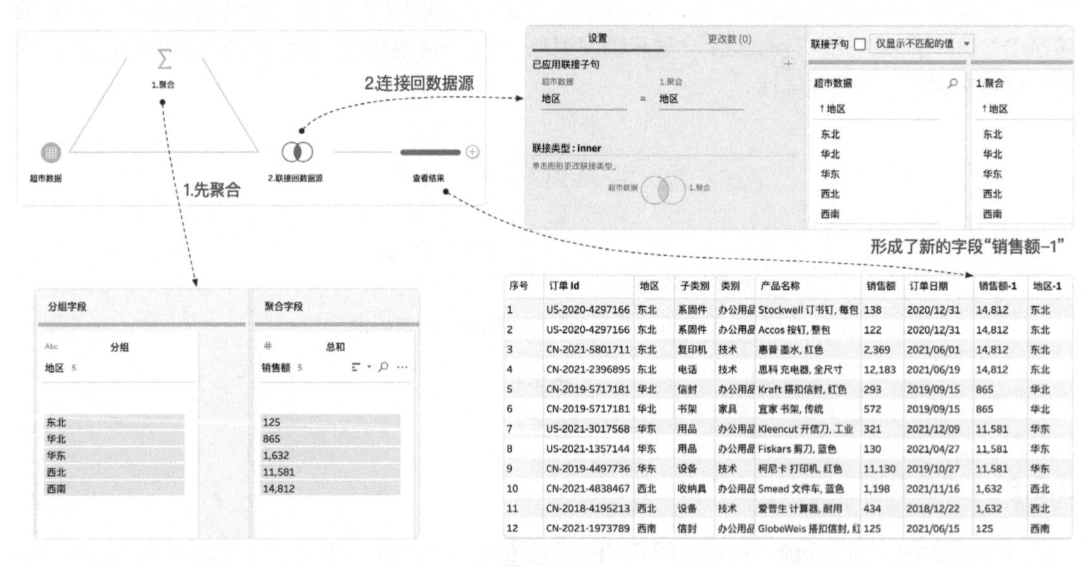

图 2-10

接着可以在 Tableau Prep 中通过直接添加 FIXED 计算字段的方式来验证数据。如图 2-11 所示，“FIXED 销售额”和“销售额 -1”字段的计算结果是完全一致的。在 Tableau Prep 没有加入 FIXED 函数以前，都是通过这种方式来达到 FIXED 计算的效果的。

1 本书正文中的“连接”即本书图中出现的“联接”。

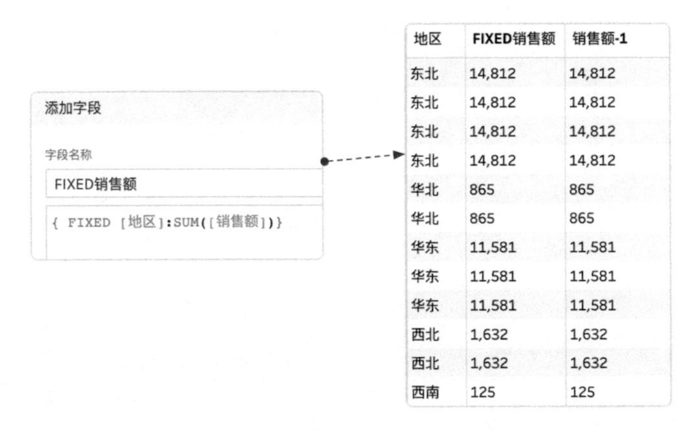

地区	FIXED销售额	销售额-1
东北	14,812	14,812
东北	14,812	14,812
东北	14,812	14,812
东北	14,812	14,812
华北	865	865
华北	865	865
华东	11,581	11,581
华东	11,581	11,581
华东	11,581	11,581
西北	1,632	1,632
西北	1,632	1,632
西南	125	125

图 2-11

从上面的讲解可以看出 FIXED 计算的过程分为以下两个步骤：

1. 在指定的维度上聚合计算。

2. 将结果连接回数据源。

从这个意义上说，FIXED 计算在本质上是一种行级别计算，但是我们已经知道行级别计算是可以在数据源里看到的，那为什么 FIXED 计算字段不能在 Tableau Desktop 的数据源里显示呢？可能是考虑到 FIXED 函数在视图中进行聚合计算时的原理。

图 2-12 中新建了一个计算字段"FIXED 地区销售额"：{FIXED [**地区**]:SUM([**销售额**])}，将"FIXED 地区销售额"字段拖到视图中以后，其自动变成了"总和 (FIXED 地区销售额)"，这与行级别计算的特点是一样的，在视图中会被自动聚合，并且行级别计算字段的每行值都是确定不变的，所以 FIXED 计算也应该是行级别的，值是确定的。

但是 FIXED 计算字段再聚合的结果不是将每行数据进行简单的聚合，而是兼具了维度和度量的双重属性。读者如果不理解这里并不要紧，随着学习的深入，大家对此的理解会越来越深。

因此，可以说 FIXED 计算字段是一种特殊的行级别字段。由于和 FIXED 函数作用的原理不一样，INCLUDE 和 EXCLUDE 函数更类似于聚合级别的计算，这一点将在后面的章节中进行讨论。

2.2.4 表计算

表计算也是 Tableau 中被普遍使用的一种高级计算，它是在聚合计算的基础上的二次计算，也就是说它依赖于聚合计算，符合聚合计算的特性。

如图 2-13 所示，下面来看一个最简单的表计算：WINDOW_SUM(SUM([**销售额**]))，可以看到其中包含了"SUM([销售额])"，也就是系统首先计算"SUM([销售额])"，然后在计算结果的基础之上，再根据所选择的计算依据进行第二次聚合计算。

图 2-12

图 2-13

至于窗口的大小和计算的方向，就要通过“编辑表计算”来选择，编辑的依据仍然是维度，相关内容将在后面的章节中详细介绍。这里大家只需要记住：**表计算是在聚合计算的基础上进行的二次计算，与聚合计算一样只作用于视图中，其计算结果依赖于维度。**因此，表计算仍然是一种聚合计算。

2.3 维度与度量的转换

维度与度量是两个相对的概念，并不是一成不变的，需要根据业务需求来判定。如图 2-14 所示，如果业务场景需要计算“订单价格为 100 元的订单数量”（假设一个订单为一行数据），此时的度量“销售额”就变成了聚合的依据，维度“订单 ID”则需要聚合计数。

图 2-14

所以，业务分析的场景决定了字段的性质。字段是被用作维度还是被用作度量，需要根据实际需求对维度和度量进行必要的转换：可以通过拖动度量到维度功能区，进行默认属性的转换，也可以通过在视图中的胶囊上单击鼠标右键，在弹出的快捷菜单中勾选“维度”或“度量”选项，进行临时性转换。

但并不是所有的度量都可以转换为维度，因为维度是数据聚合的依据，它的值必须是确定的。而聚合度量和表计算度量，也包括使用 INCLUDE 和 EXCLUDE 计算的度量，必须依赖于维度，它的值并不固定，是随着视图中的维度变化而变化的，所以并不能转换成维度。如图 2-15 所示，拖动一个聚合度量到维度功能区并不能将这个度量转为维度。

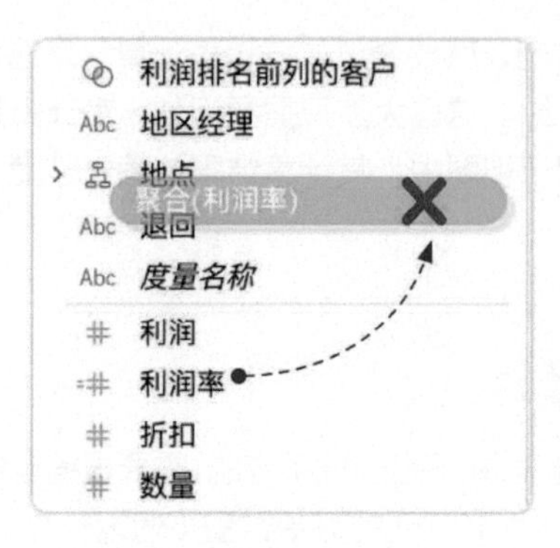

图 2-15

根据前面学习过的计算知识，可以将数据字段类型分为“行级别计算”和“聚合计算”。“行级别计算”的每行都具有固定值，因此“行级别计算”（包括 FIXED 计算）可以转换成维度。而“聚合计算”受维度影响，其计算结果并不固定，因此只能是度量，不能转换成维度。

2.4 数据类型与离散、连续数据

关于数据分类的方法有很多，在统计学中可以分为定性数据和定量数据两大类。

定性数据是表示事物性质、规定事物类别的文字表述型数据，不能量化，只能定性。将定性数据对应到 Tableau 中就是字符串型数据，也包括布尔类型数据，因为 TRUE 和 FALSE 本质上也是字符串。一般来说，由于无法对字符串类型数据进行计算，所以它们是离散数据，Tableau 默认将其划分为维度，即使将这些维度拖到度量区，它们也会自动通过聚合函数（如 COUNT 函数）转换成度量。

定量数据的特征在于它们都是以数值形式出现的，理论上可以对这类数据进行加、减、乘、除等数学运算。但进行这种运算是否有实际意义就要从实际业务场景出发，比如把男性定义为 1，女性定义为 2，虽然是数值型数据，但对其进行数学运算并不具有实际意义。将定量数据对应到 Tableau 中就包括浮点型、整数型和日期型数据。

日期型数据是一种特殊的数值型数据，可以转换为时间戳。时间戳是指从格林威治时间 1970 年 01 月 01 日 00 时 00 分 00 秒（北京时间 1970 年 01 月 01 日 08 时 00 分 00 秒）起至某一时间点的总秒数。比如，“2022/01/01 8:01:46”转换为时间戳就是 1640995306 秒，所以日期型数据本质上也是数值型数据。

Tableau 会默认将普通的数值型数据划分为度量（连续），日期型数据划分为维度（离散），但用户可以根据业务或构建视图的实际需求，进行维度和度量、离散和连续的相互转换。

2.5　离散数据与视图分区

在使用 Tableau 的过程中，绝大部分的初学者都会遇到一个问题，在 Tableau 中是否可以像在 Excel 中一样制作多柱图与折线图的组合图表（图 2-16）。在默认条件下，这样的图表是不被允许的，因为这违反了 Tableau 绘图的基本原则。

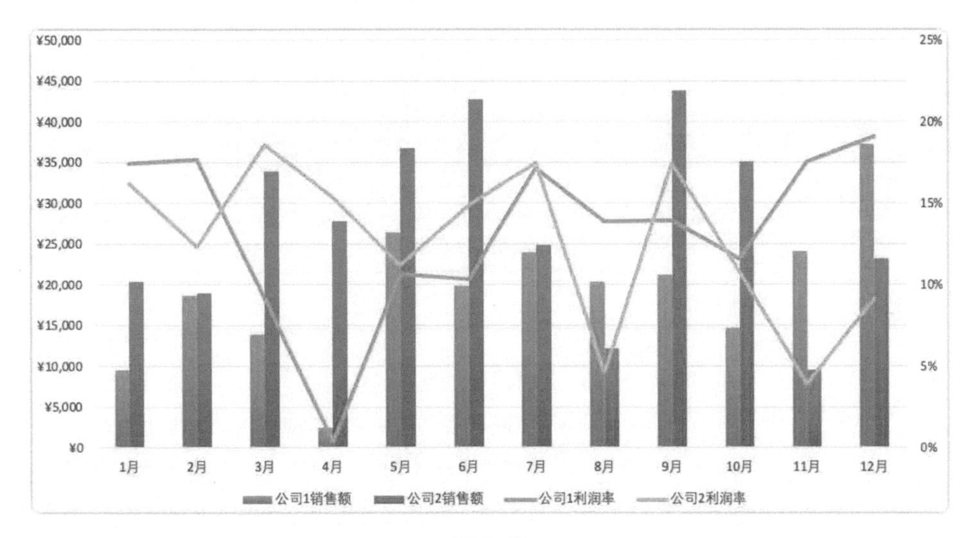

图 2-16

如图 2-17 所示，随意拖动 1 个离散字段到行功能区会形成 1 个表格，通过单击菜单栏上的“设置格式→边界”选项修改默认设置，用于区分单元格、区和标题。从图 2-17 中可以直观地看出 3 个单元格（蓝色虚线）和 1 个分区（红色实线），这里每个离散值都构成了 1 个单元格，1 个离散字段构成了 1 个分区。

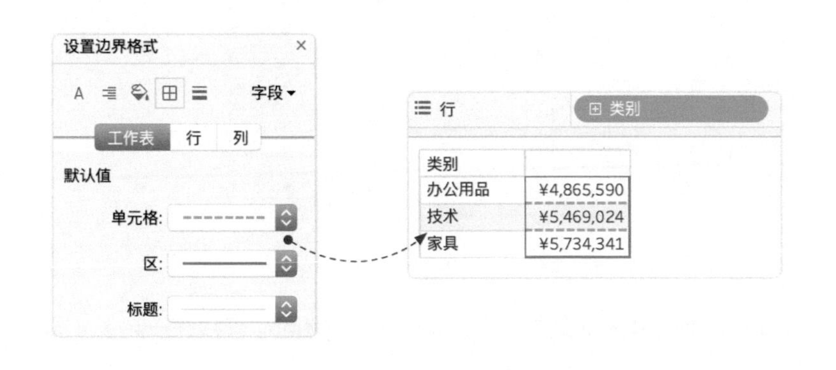

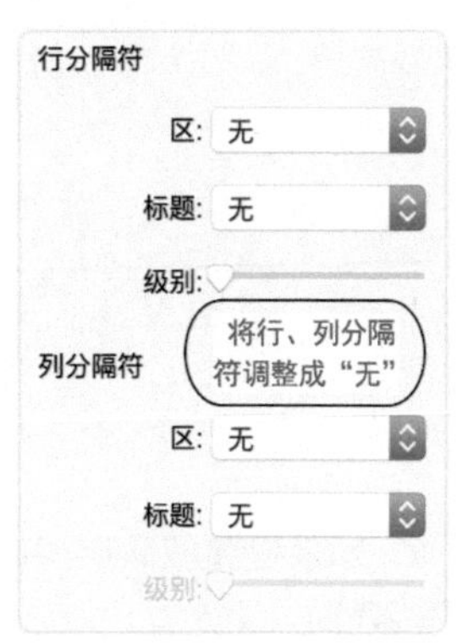

图 2-17

图 2-18 是由两个离散字段构建的折线图，此时“类别”字段在前，“子类别”字段在后，可以很清楚地看出红色区域就像一堵墙一样，截断了折线图，这就是分区的作用。

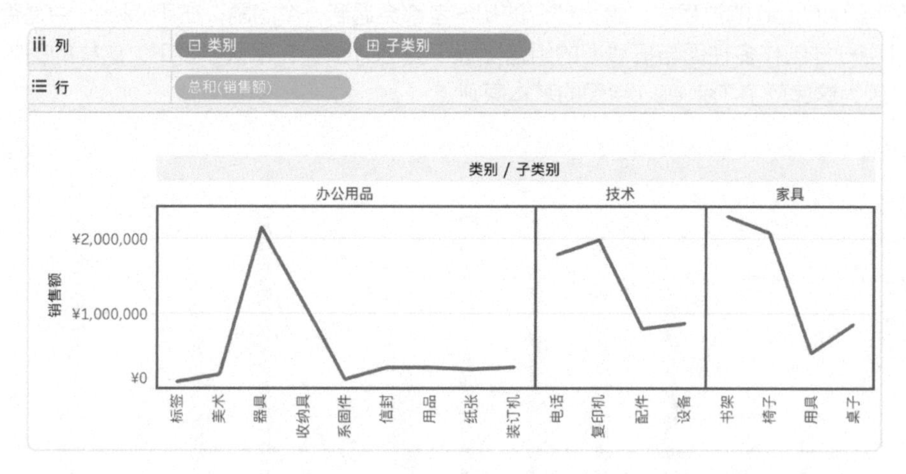

图 2-18

如果将两个维度互换位置，原来的红色区域就被分割成了更小的区域，虽然标记类型是“线”，但每个分区只有 1 个值，此时折线也就无法形成了（图 2-19）。所以说，**视图中的分区决定了图形的范围，如果视图被离散数据分割成了不同的区域，那么这些区域之间是彼此独立的，图形不能被跨越分区。**

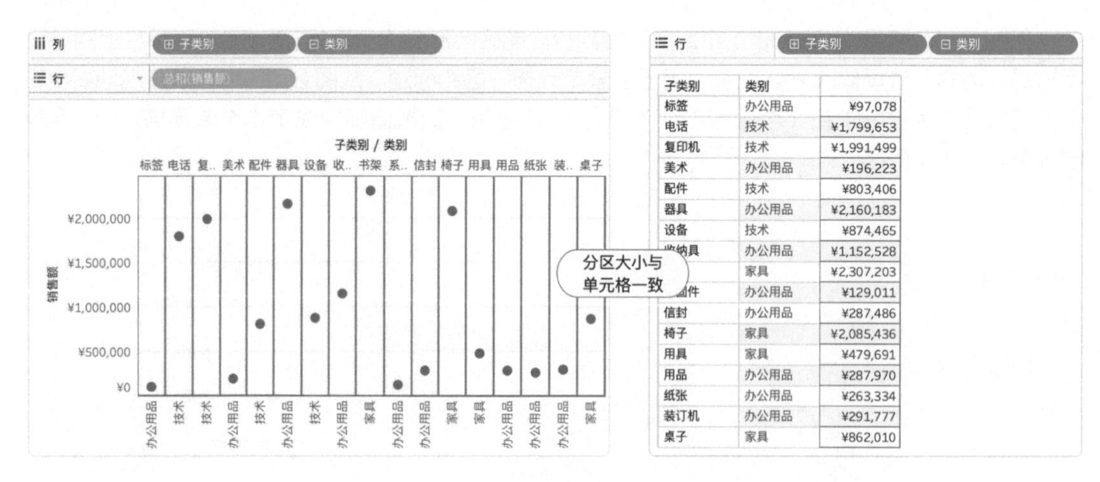

子类别	类别	
标签	办公用品	¥97,078
电话	技术	¥1,799,653
复印机	技术	¥1,991,499
美术	办公用品	¥196,223
配件	技术	¥803,406
器具	办公用品	¥2,160,183
设备	技术	¥874,465
收纳具	办公用品	¥1,152,528
[illegible]	家具	¥2,307,203
[illegible]	办公用品	¥129,011
信封	办公用品	¥287,486
椅子	家具	¥2,085,436
用具	家具	¥479,691
用品	办公用品	¥287,970
纸张	办公用品	¥263,334
装订机	办公用品	¥291,777
桌子	家具	¥862,010

图 2-19

如果将离散数据换成连续数据，那么分区将变成 1 个，此时折线图就可以连接在一起了（图 2-20）。

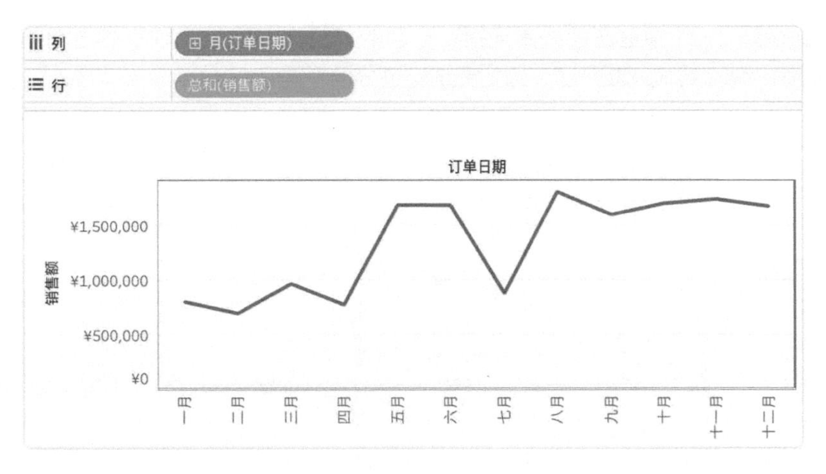

图 2-20

如果要做出像 Excel 中一样的多柱图与折线图的组合图表，就需要遵守 Tableau 的绘图逻辑，将离散数据转换为连续数据，才能不受分区的影响，但这个过程对初学者来说，可能略有难度，在后面的章节中将通过一个例子，讲解这种图表的制作方法。

当然，在一些高级图表的绘制过程中，可以通过一些小技巧制造出跨越分区的假象，来做出更加复杂的图形。Tableau Zen Master Toan Hoang 在其撰写的文章“Tableau Magic EpicViz”里介绍的图形就很好地说明了这一点，如图 2-21 所示。

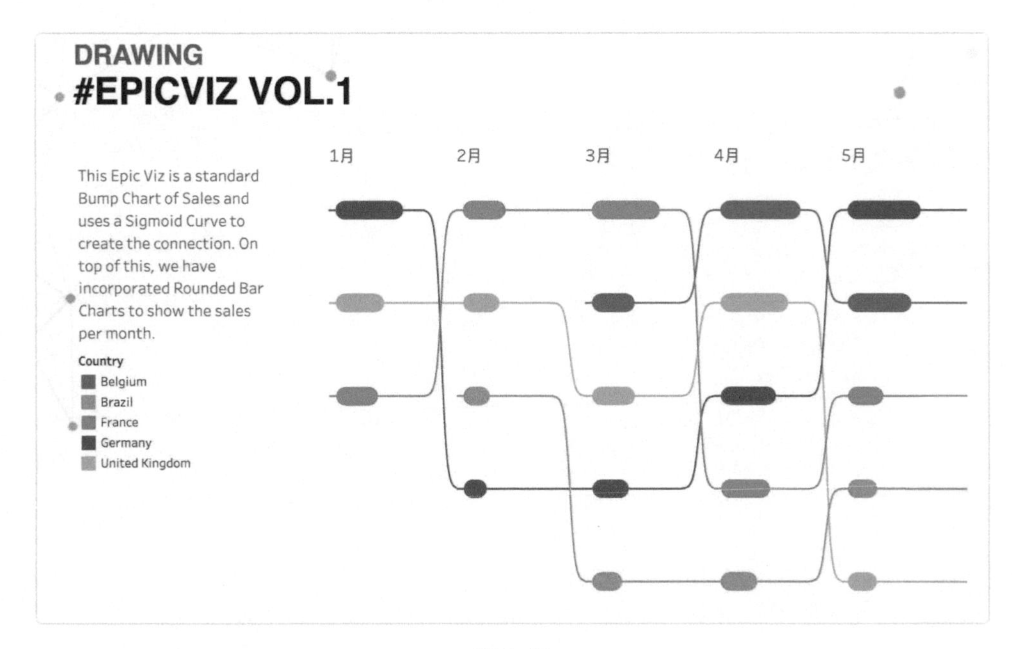

图 2-21

可以看到在图 2-21 中这些曲线是连接在一起的，复现以后把 X 轴右侧值调整为大于 200，再调整出分区线，那么线段就断开了，因为无法穿过分区（图 2-22）。

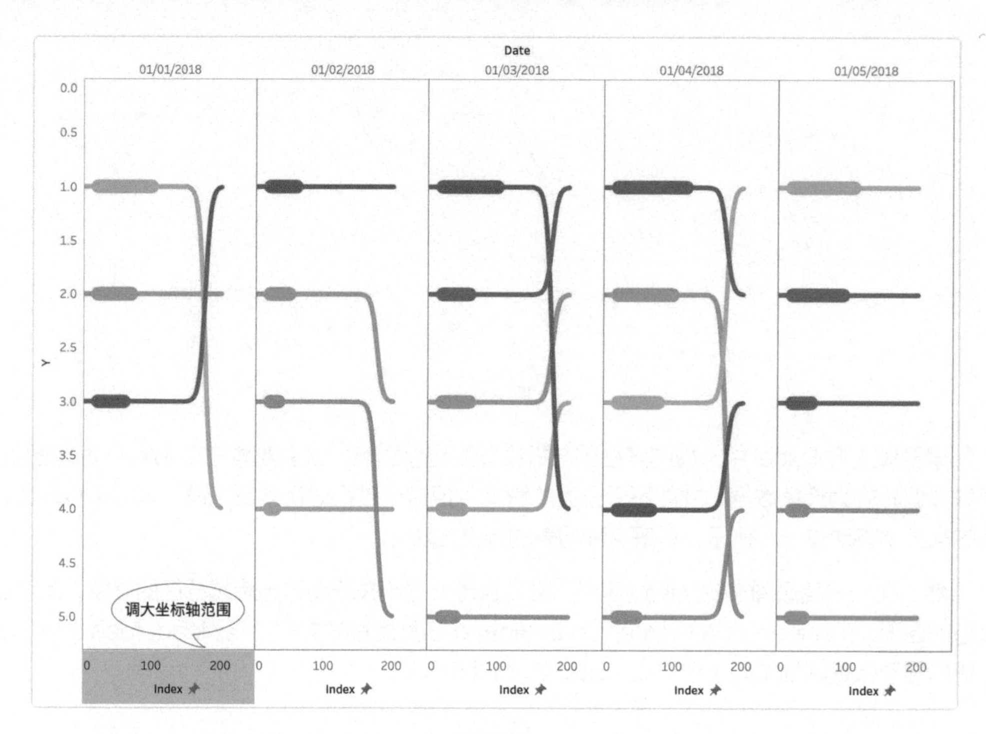

图 2-22

当然，复现这个 Viz 对初学者来说略有难度，还需要对表计算有比较深入的理解，这里只需要记住离散数据决定分区这个基本的绘图逻辑。

第3章　LOD表达式

LOD 表达式是 Tableau 中最重要的计算形式，在没有 LOD 表达式之前，要在 Tableau 中实现不同详细级别的运算，都要通过构造数据源来完成，非常烦琐。LOD 表达式的诞生是 Tableau 版本迭代中的一次革命性的成果，它将复杂的跨详细级别的计算简化为 3 个函数——FIXED、INCLUDE、EXCLUDE。它以一种极为“优雅”的方式解决了这个棘手的问题，目前很多国产的 BI 软件也竞相效仿。

这里展示一下 LOD 表达式的结构：{ [FIXED | INCLUDE | EXCLUDE] <**维度声明**> : <**聚合表达式**>}，主要分为 3 个部分，如下所示。

1. 指定表达式的计算方式，FIXED、INCLUDE、EXCLUDE。
2. 指定一个或多个维度（多个维度间用逗号分隔），例如：[地区], [细分], [类别]。
3. 指定聚合计算表达式。

例如，“{FIXED [**地区**]: SUM([**销售额**])}”就是典型的 LOD 表达式，表达式的计算方式是 FIXED，指定的维度是“地区”，聚合计算是“SUM([销售额])”。

理解 LOD 表达式的关键就是维度。在第 2 章已经介绍过，维度与详细级别密切相关，指定了维度也就固定了详细级别，以及指定了数据源如何分组。而分组确定了，聚合的依据也就确定了。“{FIXED [**地区**]: SUM([**销售额**])}”的计算逻辑解释成文字就是：首先将数据源按照地区进行分组，然后计算各地区的销售额合计值。

在实际使用中也会出现“{FIXED: SUM([**销售额**])}”或“{SUM([**销售额**])}”的写法。如果视图中没有维度，聚合就在整个数据集中进行。所以，使用这样的写法后计算的是数据集中所有销售额的合计值。

这里需要重点提示一下，维度只是分组的依据，并不能在维度中进行条件计算。图 3-1 是初学者经常会犯的错误，虽然系统并不会提示语法错误，但结果并不是我们想要的。

```
{ FIXED [地区]="东北":SUM(销售额)}                                  ✗
{ FIXED [地区]:SUM(IF 地区="东北" THEN [销售额] END)}               ✓
```

图 3-1

3.1 FIXED 函数

3.1.1 FIXED 函数初探

FIXED 详细级别表达式是 3 种 LOD 表达式里使用最为广泛的一个，Tableau 的帮助文档对其的解释是 :“FIXED 详细级别表达式使用指定的维度计算值，而不引用视图详细级别”。

首先要说明的就是“视图详细级别”。视图的详细级别由视图中的维度决定，页面功能区、行 / 列功能区和标记栏中（除工具提示外）的所有维度字段都对视图的详细级别产生作用。这意味着视图中聚合计算的结果，无一例外都会受到当前视图的详细级别的影响，视图的详细级别一旦改变，结果也就相应地发生改变。

假如需要计算的字段不受到当前视图详细级别的影响，也就是独立于视图详细级别，或者说固定在某个维度，就可以使用 FIXED 函数指定计算的维度。

如图 3-2 所示，视图中有两个维度，“类别”和“子类别”，那么视图的详细级别就由这两个维度决定，由于这两个维度有层次结构，所以“SUM([销售额])”实际上就是“子类别”商品销售额的合计值。如果希望得到每个“类别”的销售额,那么再拖动一个“销售额”到视图中是没有用的，因为“SUM([销售额])”必然会受到视图中“类别”和“子类别”这两个维度的影响。这里要计算的销售额必须固定在“类别”这个维度上，所以此时 FIXED 函数就可以派上用场了。

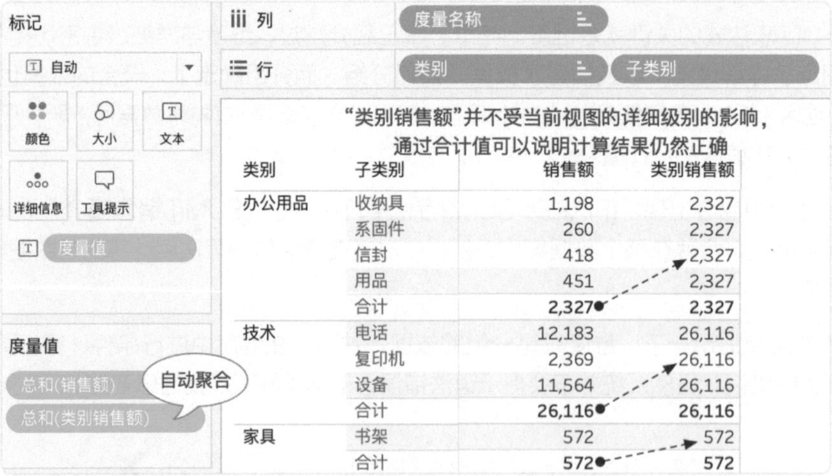

标记
自动
颜色 大小 文本
详细信息 工具提示
度量值
度量值
总和(销售额)
总和(类别销售额)
自动聚合
列 度量名称
行 类别 子类别

“类别销售额”并不受当前视图的详细级别的影响，
通过合计值可以说明计算结果仍然正确

类别	子类别	销售额	类别销售额
办公用品	收纳具	1,198	2,327
	系固件	260	2,327
	信封	418	2,327
	用品	451	2,327
	合计	**2,327**	**2,327**
技术	电话	12,183	26,116
	复印机	2,369	26,116
	设备	11,564	26,116
	合计	**26,116**	**26,116**
家具	书架	572	572
	合计	**572**	**572**

图 3-2

新增一个计算字段“类别销售额”: { FIXED [**类别**]:SUM([**销售额**])}，并将其拖到视图中，就可以看到“类别销售额”字段并不受当前视图详细级别的影响，通过销售额合计计算出来的类别销售额与“类别销售额”的计算结果一致，说明计算正确。同时，也可以看到视图中“类别销售额”

被再次聚合，默认变成了"SUM([类别销售额])"，这说明FIXED计算的字段具有行级别字段的特点，在行级别上具有意义，但在聚合时数据没有翻倍，这又说明它具有特殊性。

3.1.2 FIXED函数原理

关于FIXED函数的原理，在前面的章节已经有所论述，本节再详细分析一下。之前已经讲过FIXED计算的结果是行级别的，但是由于没有显示在Tableau的数据源中，官方文档中也没有明确提及FIXED函数的计算原理，所以给初学者造成了巨大的困扰。

FIXED函数的计算过程实际上分为以下两个步骤：

1. 在指定的维度上聚合计算。

2. 将计算结果连接回数据源。

在Tableau Prep的早期版本中还没有FIXED函数，但可以通过两个步骤实现FIXED函数的效果（图3-3）。第一步，根据"类别"字段聚合销售额；第二步，将聚合的结果再通过"类别"字段连接回数据源。本节仍然使用"迷你超市数据"讲解FIXED函数的计算原理。

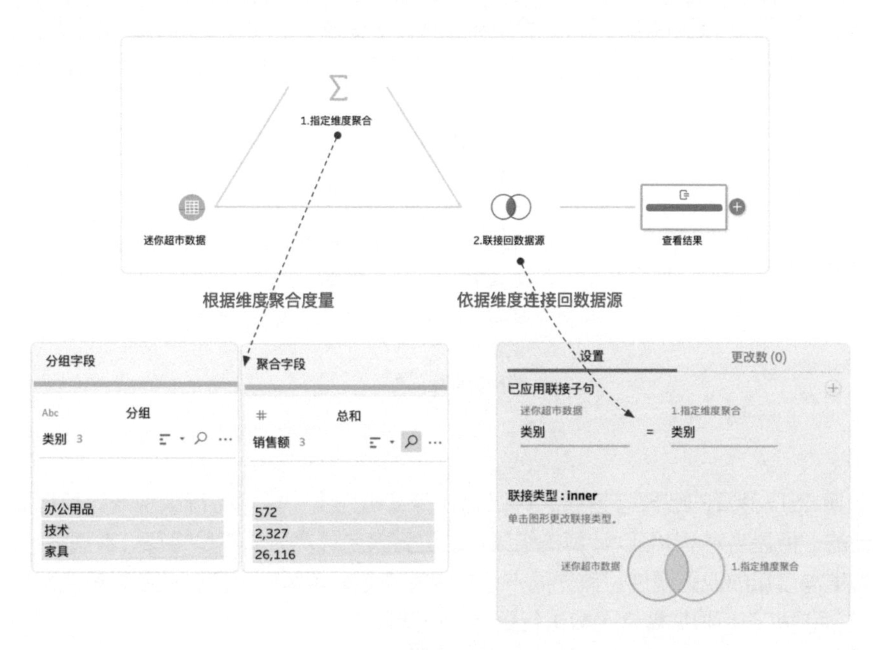

图3-3

如图3-4所示，通过Tableau Prep查看结果，可以看到"类别销售额"被合并到数据源中，已经作为数据源的一部分了。实际上可以认为在Tableau Desktop中，FIXED计算的结果就是数据源中新增加的一列数据，虽然在数据源中并未看到这一列。

序号	订单 Id	子类别	类别	产品名称	订单日期	地区	销售额	1.类别销售额	1.类别
1	US-2020-4297166	系固件	办公用品	Stockwell 订书钉, 每包 12·	2020/12/31	东北	138	2,327	办公用品
2	US-2020-4297166	系固件	办公用品	Accos 按钉, 整包	2020/12/31	东北	122	2,327	办公用品
3	CN-2021-5801711	复印机	技术	惠普 墨水, 红色	2021/06/01	东北	2,369	26,116	技术
4	CN-2021-2396895	电话	技术	思科 充电器, 全尺寸	2021/06/19	东北	12,183	26,116	技术
5	CN-2019-5717181	信封	办公用品	Kraft 搭扣信封, 红色	2019/09/15	华北	293	2,327	办公用品
6	CN-2019-5717181	书架	家具	宜家 书架, 传统	2019/09/15	华北	572	572	家具
7	US-2021-3017568	用品	办公用品	Kleencut 开信刀, 工业	2021/12/09	华东	321	2,327	办公用品
8	US-2021-1357144	用品	办公用品	Fiskars 剪刀, 蓝色	2021/04/27	华东	130	2,327	办公用品
9	CN-2019-4497736	设备	技术	柯尼卡 打印机, 红色	2019/10/27	华东	11,130	26,116	技术
10	CN-2021-4838467	收纳具	办公用品	Smead 文件车, 蓝色	2021/11/16	西北	1,198	2,327	办公用品
11	CN-2018-4195213	设备	技术	爱普生 计算器, 耐用	2018/12/22	西北	434	26,116	技术
12	CN-2021-1973789	信封	办公用品	GlobeWeis 搭扣信封, 红色	2021/06/15	西南	125	2,327	办公用品

图 3-4

在上面的例子里，FIXED 计算的结果默认是度量，但并不是所有的 FIXED 计算的结果都是度量，也可能是维度，比如计算“客户的首次购买日期”：**{FIXED [客户名称]:MIN([订单日期])}**，计算结果是日期，默认就是维度。不论计算结果是维度还是度量，FIXED 计算的结果都是行级别的，每行的值固定不变，因此，度量可以转换成维度使用（图 3-5），也可以作为数据源的筛选器使用。

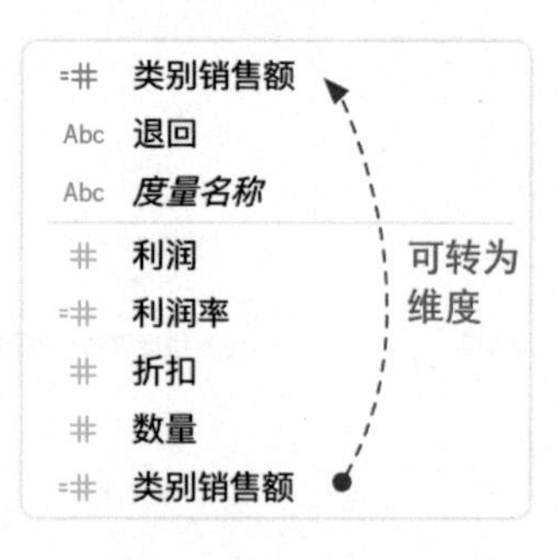

图 3-5

但是，FIXED 计算的结果与普通的行级别计算又不完全一样。将行级别的计算拖到视图里是需要被聚合的，但是当对 FIXED 计算的结果再次进行聚合计算时却不是将每行数据进行简单聚合，它兼具了维度与度量的双重属性，首先同一分组内的结果只保留一个值，或者说聚合成一个值（维度属性），然后这些值再根据聚合函数进行聚合（度量属性）。

如图 3-6 所示，“SUM([销售额])”作为普通的聚合度量，在计算办公用品的销售额 2327 这个值的时候，是将 7 行数据求和所得。“类别销售额”在视图中再次聚合变成“SUM([类别销售额])”，在计算时并不是对所有 7 行的 2327 求和，那样就失去了 LOD 计算的意义，而是在办公用品这个分组内只保留一个值 2327，求和后仍然是 2327。所以，FIXED 函数生成的是特殊字段，虽然具有行级别字段的属性，但又消除了数据合并带来的数据重复，不得不让人感叹这种设计的巧妙之处。

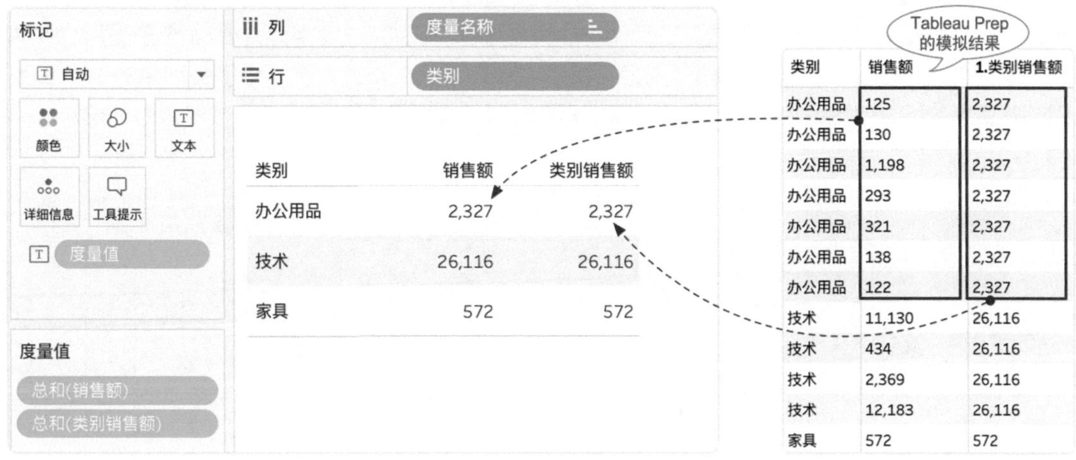

图 3-6

3.1.3 FIXED 函数再探

接下来，再进一步地探究 FIXED 函数的作用原理。

创建一个“子类别销售额”:{FIXED [**子类别**]:SUM([**销售额**])}，构建如图 3-7 所示的交叉表，结果发现“SUM([子类别销售额])”与“SUM([销售额])”的结果完全一致，也就是说“SUM([子类别销售额])”的结果就是类别销售额的合计值。因为“子类别”与“类别”有层次关系，所以这样的计算结果比较容易理解。

图 3-7

根据第 3.1.2 节讲述的 FIXED 函数计算原理，下面可以模拟一下这个计算的过程。如图 3-8 所示，首先，因为“子类别销售额”的计算结果是行级别计算，所以将其模拟到数据源中。然后，再通过交叉表模拟“子类别销售额”在视图中的聚合过程。例如，办公用品中的 4 个子类别，收纳具、系固件、信封、用品的销售额分别为 1198、260、418、451，这 4 个子类别中的 3 个子类别都有重复的行，但是销售额只保留 1 个值，取到的 4 个结果再通过 SUM 函数聚合为 2327。

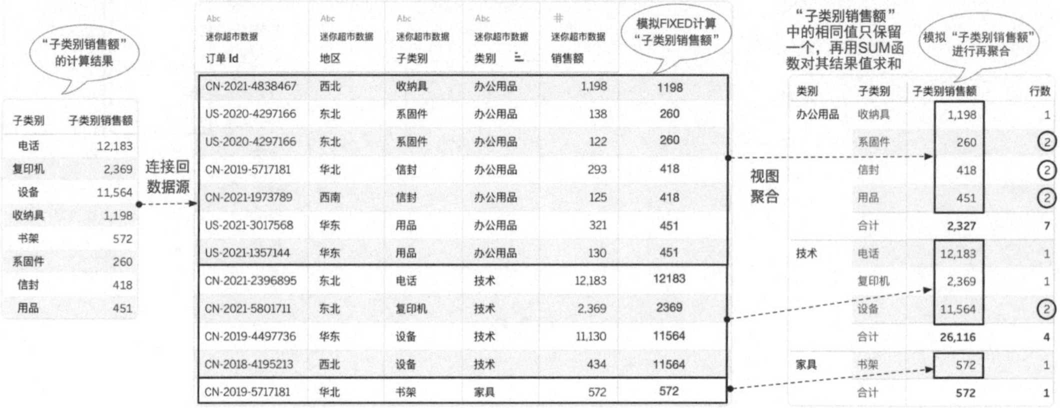
“子类别销售额”的计算结果
子类别 子类别销售额
电话 12,183
复印机 2,369
设备 11,564
收纳具 1,198
书架 572
系固件 260
信封 418
用品 451
连接回数据源
迷你超市数据 订单 Id
迷你超市数据 地区
迷你超市数据 子类别
迷你超市数据 类别
迷你超市数据 销售额
模拟FIXED计算“子类别销售额”
CN-2021-4838467 西北 收纳具 办公用品 1,198 1198
US-2020-4297166 东北 系固件 办公用品 138 260
US-2020-4297166 东北 系固件 办公用品 122 260
CN-2019-5717181 华北 信封 办公用品 293 418
CN-2021-1973789 西南 信封 办公用品 125 418
US-2021-3017568 华东 用品 办公用品 321 451
US-2021-1357144 华东 用品 办公用品 130 451
CN-2021-2396895 东北 电话 技术 12,183 12183
CN-2021-5801711 东北 复印机 技术 2,369 2369
CN-2019-4497736 华东 设备 技术 11,130 11564
CN-2018-4195213 西北 设备 技术 434 11564
CN-2019-5717181 华北 书架 家具 572 572
视图聚合
“子类别销售额”中的相同值只保留一个，再用SUM函数对其结果值求和
模拟“子类别销售额”进行再聚合
类别 子类别 子类别销售额 行数
办公用品 收纳具 1,198 1
系固件 260 2
信封 418 2
用品 451 2
合计 2,327 7
技术 电话 12,183 1
复印机 2,369 1
设备 11,564 2
合计 26,116 4
家具 书架 572 1
合计 572 1

图 3-8

在这个例子中由于类别和子类别有层级关系，其计算逻辑就比较容易理解。如果将“地区”维度拖到视图中，计算“子类别销售额”（图 3-9），那么其结果理解起来可能就有一点点难度了。

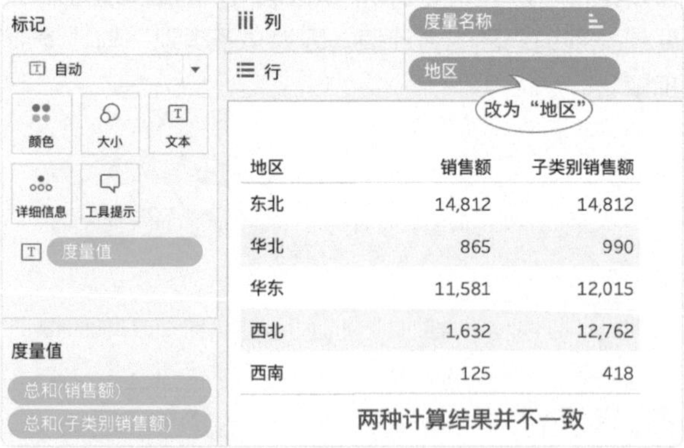
标记
自动
颜色
大小
文本
详细信息
工具提示
度量值
度量值
总和(销售额)
总和(子类别销售额)
列
度量名称
行
地区
改为“地区”
地区 销售额 子类别销售额
东北 14,812 14,812
华北 865 990
华东 11,581 12,015
西北 1,632 12,762
西南 125 418
两种计算结果并不一致

图 3-9

沿着前面所讲的知识，下面再来模拟这个计算过程（图 3-10）。例如，华东地区销售过“设备”和“用品”两种子类别的商品，这两种子类别商品的整体销售额分别是 11564 和 451，虽然有 3 行数据，但是 1 个子类别只保留 1 个值，SUM 函数聚合后的合计值是 12015。因为这两个值并不是在华东地区中两种子类别商品销售额的合计值，而是在整个数据集里计算出的这两种子类别的整

体销售额，所以计算结果与“SUM([销售额])”并不一致。而在东北地区中计算结果一致的原因是因为电话、复印件、系固件只在东北地区销售。虽然这样的计算并不具有实际的业务意义，但并不妨碍我们探索 FIXED 函数的计算原理。

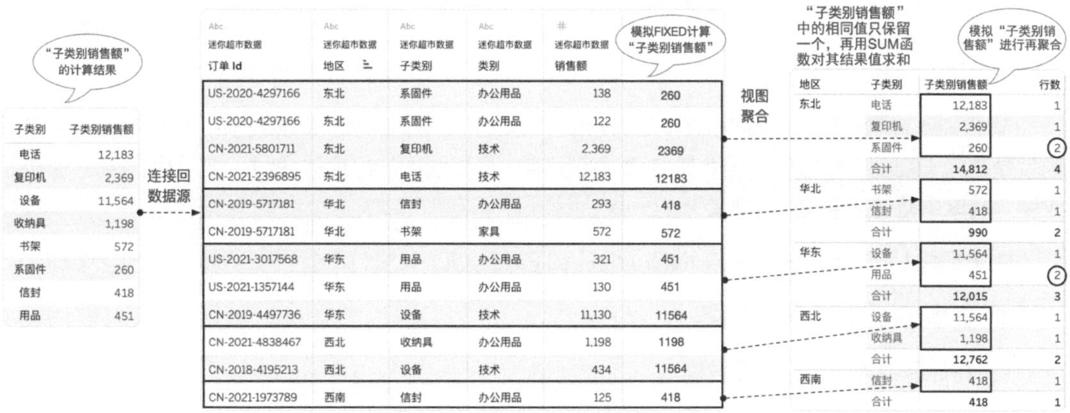

“子类别销售额”的计算结果

子类别	子类别销售额
电话	12,183
复印机	2,369
设备	11,564
收纳具	1,198
书架	572
系固件	260
信封	418
用品	451

连接回数据源

模拟FIXED计算“子类别销售额”

订单 Id	地区	子类别	类别	销售额	
US-2020-4297166	东北	系固件	办公用品	138	260
US-2020-4297166	东北	系固件	办公用品	122	260
CN-2021-5801711	东北	复印机	技术	2,369	2369
CN-2021-2396895	东北	电话	技术	12,183	12183
CN-2019-5717181	华北	信封	办公用品	293	418
CN-2019-5717181	华北	书架	家具	572	572
US-2021-3017568	华东	用品	办公用品	321	451
US-2021-1357144	华东	用品	办公用品	130	451
CN-2019-4497736	华东	设备	技术	11,130	11564
CN-2021-4838467	西北	收纳具	办公用品	1,198	1198
CN-2018-4195213	西北	设备	技术	434	11564
CN-2021-1973789	西南	信封	办公用品	125	418

视图聚合

“子类别销售额”中的相同值只保留一个，再用SUM函数对其结果值求和

模拟“子类别销售额”进行再聚合

地区	子类别	子类别销售额	行数
东北	电话	12,183	1
	复印机	2,369	1
	系固件	260	2
	合计	14,812	4
华北	书架	572	1
	信封	418	1
	合计	990	2
华东	设备	11,564	1
	用品	451	2
	合计	12,015	3
西北	设备	11,564	1
	收纳具	1,198	1
	合计	12,762	2
西南	信封	418	1
	合计	418	1

图 3-10

在以上的案例中，只使用 SUM 函数对 FIXED 计算的结果进行了再次聚合计算，也可以根据实际业务需求，使用 AVG、MAX、COUNT 这样的聚合函数进行再聚合。当然这并不意味着 FIXED 函数只能在聚合之后使用，其完全可以不加任何聚合函数，直接作为行级别的字段使用。

如图 3-11 所示，如果需要找到每个客户首次购买的订单，那么首先要计算“客户的首次购买日期”:{FIXED [**客户名称**]:MIN([**订单日期**])}，然后计算“客户首次购买订单”:IIF([**订单日期**]=[**客户的首次购买日期**],[**订单 Id**],NULL)。在“客户首次购买订单”这个计算字段中，虽然间接引用了 FIXED 计算，但依赖的其他字段都是行级别的，因此是典型的行级别计算。

行：客户名称 | 订单 Id | 订单日期 | 客户的首次购买日期 | 客户首次购买订单

客户名称	订单 Id	订单日期	客户的首次购买日期	客户首次购买订单	
白婵	CN-2018-4150128	2018/12/5	2018/7/12	Null	
	CN-2018-5908054	2018/7/12	2018/7/12	CN-2018-5908054	
	CN-2019-2595550	2019/6/15	2018/7/12	Null	
	CN-2019-2606671	2019/8/2	2018/7/12	Null	Abc
	CN-2021-2116724	2021/12/29	2018/7/12	Null	Abc
	CN-2021-4502739	2021/6/13	2018/7/12	Null	Abc
	US-2019-1103148	2019/1/4	2018/7/12	Null	Abc
	US-2021-4769676	2021/6/1	2018/7/12	Null	Abc
白聪	CN-2019-2900587	2019/4/20	2019/4/20	CN-2019-2900587	Abc
	CN-2019-3064630	2019/11/17	2019/4/20	Null	Abc
	CN-2019-5895003	2019/6/21	2019/4/20	Null	Abc
	US-2019-3279950	2019/12/31	2019/4/20	Null	Abc
	US-2020-3664982	2020/5/14	2019/4/20	Null	Abc

客户首次购买订单　行级别计算

IIF([订单日期]=[客户的首次购买日期],[订单 Id],NULL)

图 3-11

3.2 EXCLUDE 函数和 INCLUDE 函数

在 Tableau 的帮助文档中，对 EXCLUDE 函数的解释是："EXCLUDE 详细级别表达式声明要从视图详细级别中忽略的维度"，也就是需要排除视图中的某一维度再进行计算。而对 INCLUDE 函数的解释是："除视图中的任何维度之外，INCLUDE 详细级别表达式还将使用指定的维度计算值"，也就是需要在视图已有维度的基础之上，再增加维度进行计算。

与 FIXED 函数不同，INCLUDE 函数和 EXCLUDE 函数的计算依赖于视图中的详细级别，也就是依赖于视图中的维度，因此其结果并不固定。当视图中的维度改变时，结果也就相应地发生改变，从这个特性上来说，二者更接近于聚合计算。

由于都是 LOD 表达式，所以 INCLUDE 和 EXCLUDE 的计算过程也分为以下两个步骤：

1. 在指定的维度上聚合度量。

2. 将计算结果连接回视图数据。

由 INCLUDE 函数和 EXCLUDE 函数构造的计算字段并非行级别字段，这与 FIXED 函数有本质上的区别，所以计算结果并不是连接回数据源，而是连接回视图数据。因此，INCLUDE 和 EXCLUDE 计算依赖于视图详细级别，无法脱离视图使用。在有些情境下，如果要计算的详细级别相同，INCLUDE 函数和 EXCLUDE 函数就可以与 FIXED 函数互换使用，但是如果需要将计算结果作为维度使用，则只能使用 FIXED 函数。

3.2.1 EXCLUDE 函数解析

如图 3-12 所示，视图中已存在两个维度"地区"和"类别"，此时"SUM([销售额])"计算的是各地区、各类别的销售额，如果只计算各地区的销售额，就可以使用 FXIED 函数将计算字段写成：{ FIXED [地区]:SUM([**销售额**])}。

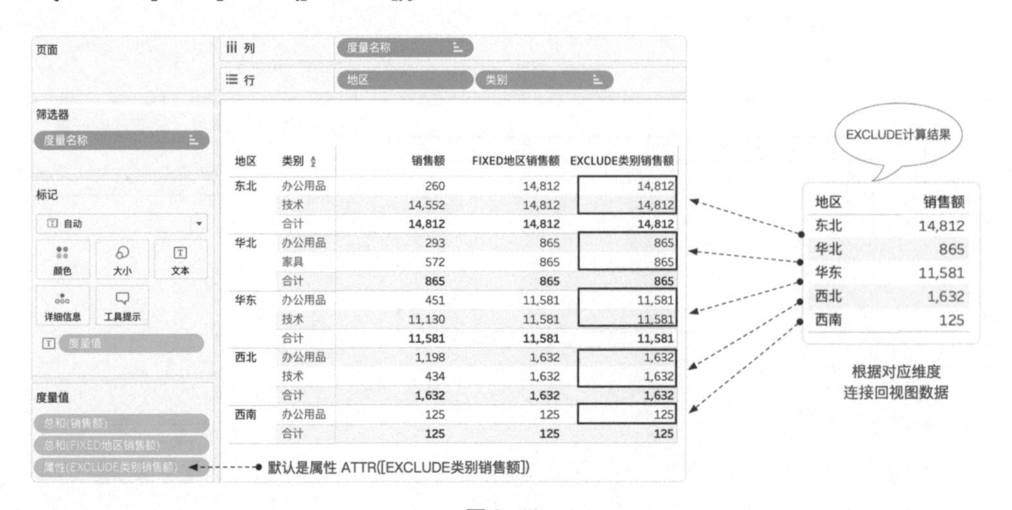

地区	类别	销售额	FIXED地区销售额	EXCLUDE类别销售额
东北	办公用品	260	14,812	14,812
	技术	14,552	14,812	14,812
	合计	14,812	14,812	14,812
华北	办公用品	293	865	865
	家具	572	865	865
	合计	865	865	865
华东	办公用品	451	11,581	11,581
	技术	11,130	11,581	11,581
	合计	11,581	11,581	11,581
西北	办公用品	1,198	1,632	1,632
	技术	434	1,632	1,632
	合计	1,632	1,632	1,632
西南	办公用品	125	125	125
	合计	125	125	125

地区	销售额
东北	14,812
华北	865
华东	11,581
西北	1,632
西南	125

图 3-12

而在使用 EXCLUDE 函数前，首先应清楚这个视图的详细级别由“地区”和“类别”这两个维度构成，那么只需要剔除“类别”这个维度，计算得到的销售额合计值就是各地区的整体销售额了。所以新建计算字段“EXCLUDE 类别销售额”:{ EXCLUDE [**类别**]:SUM([**销售额**])}，排除掉“类别”这个维度，计算的结果同样正确。

排除掉“类别”维度后，实际上“EXCLUDE 类别销售额”字段只能根据剩下的“地区”这个维度对数据进行聚合，之后将聚合结果连接回视图数据中。这里还需要注意，EXCLUDE 表达式会导致视图中出现重复值。因为 EXCLUDE 函数计算的结果详细级别越高，也就意味着计算出的结果越少，所以将数据合并到视图中就会出现重复值。FIXED 函数也是同样的道理，当 FIXED 计算的详细级别比视图高时，也就是当维度更少时，同样会出现重复值（参考图 3-2）。

另外，将包含 EXCLUDE 表达式的字段放在功能区上时，Tableau 默认会进行 ATTR 聚合 [1]，这是一种特殊的聚合方式，只返回聚合结果的唯一值。在某些情况下，如果 ATTR 的结果出现多个值，系统就会用 * 号表示结果不唯一，这时可以根据需要改成 SUM、AVG、MAX、MIN 等聚合函数，以免影响计算结果。

如图 3-13，调整“地区”和“类别”的位置，在“类别”维度进行合计时，由于“地区”出现多个值，ATTR 的结果返回 * 号，换成 SUM 函数后就可以对多个地区的销售额进行再次聚合，得到的结果与 FIXED 函数一致（此处仅做示例，合计结果并不具有实际业务意义）。

类别	地区	FIXED地区销售额	EXCLUDE类别销售额	EXCLUDE类别销售额总和
办公用品	东北	14,812	14,812	14,812
	华北	865	865	865
	华东	11,581	11,581	11,581
	西北	1,632	1,632	1,632
	西南	125	125	125
	合计	**29,015**	*	**29,015**
技术	东北	14,812	14,812	14,812
	华东	11,581	11,581	11,581
	西北	1,632	1,632	1,632
	合计	**28,025**	*	**28,025**
家具	华北	865	865	865
	合计	**865**	**865**	**865**

图 3-13

1　ATTR 是一个特殊的聚合函数，它的原理是比较聚合结果的最大值和最小值是否相等，如果相等就返回一个结果，若不相等就返回 * 号。通常当需要某些维度的值，但又不希望维度影响视图的详细级别时，就可以尝试使用 ATTR 聚合。

3.2.2 INCLUDE 函数解析

假设需要计算各地区、各类别在 4 年里销售额的平均值（本例使用“示例 - 超市”数据集，以下简称“超市数据集”），通过图 3-14 可以看到，视图中已经有了“地区”和“类别”两个维度，要计算年度销售额的平均值还需要增加“年”这个维度，此时可以增加计算字段“INCLUDE 年销售额”：{ INCLUDE DATEPART('year',[订单日期]):SUM([销售额])}。

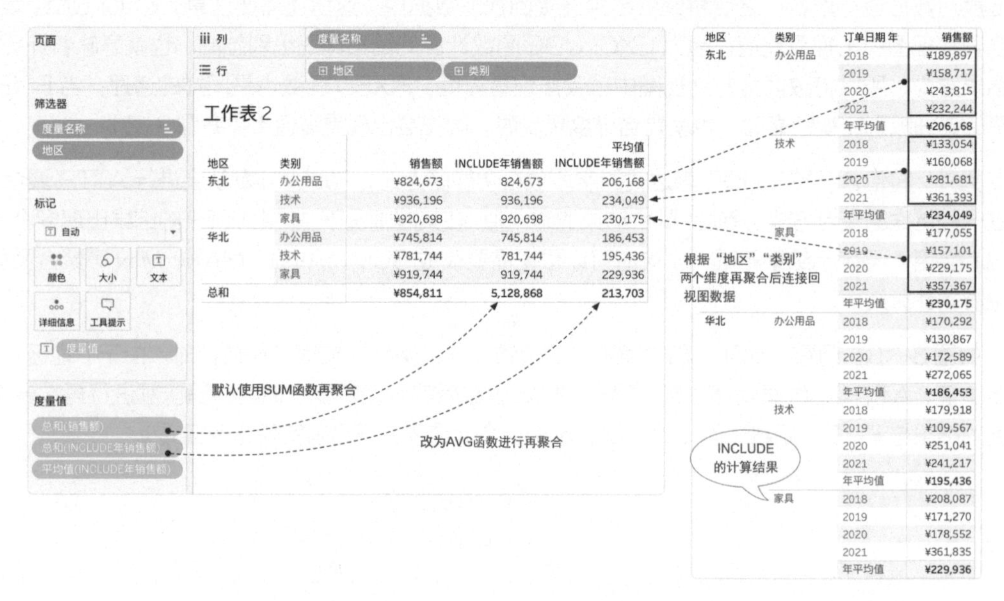

图 3-14

“INCLUDE 年销售额”这个计算字段就由“地区”“类别”“年”共 3 个维度对数据进行聚合，聚合之后的结果只需要根据“地区”和“类别”两个维度连接回视图数据。因为 INCLUDE 函数计算的结果详细级别更低，也就是计算出的结果更多，所以将其拖到视图中时需要对结果进行再聚合，在默认情况下系统使用 SUM 函数聚合，本例中需要改用 AVG 函数进行再聚合，才可以求出 4 年里销售额的平均值。

这里需要特别提醒读者的是，前面我们将 LOD 表达式计算的过程理解为在指定维度上聚合并连接回数据源（视图数据）。这样的描述有助于帮助读者更加直观地理解 LOD 表达式计算的原理，但带来了一个明显的问题：数据重复。因此，在计算原理中有“只保留一个值”的描述。

而 LOD 表达式计算的本质更接近于关系（Relationship），聚合计算的结果在相同维度上与数据源（视图数据）建立关系，并根据视图的要求按需计算，这样可避免数据重复，逻辑上更严谨。

但考虑到大部分读者对关系的理解并不深入，因此本书采用以上的逻辑进行讲解。关系的原理请参考喜乐君的《数据可视化分析（第 2 版）：分析原理和 Tableau、SQL 实践》，本书不再赘述。

第4章　表计算

表计算与 LOD 表达式都是 Tableau 高级计算中的重要知识点，相较于 LOD 表达式，表计算对初学者来说可能更抽象，更难以深入探究，但是在绘制高级图表的过程中，要呈现很多复杂图形都需要运用大量的表计算，所以它是进阶 Tableau 专家的必经之路。

第 2 章介绍过，表计算是在聚合计算的基础上进行的二次计算，比如常用的“WINDOW_SUM(SUM([销售额]))”这样的表计算函数，它的值会依据视图中的详细级别和所选的计算依据的变化，发生相应的改变。表计算的计算过程可以分成以下 4 个步骤来理解：

1. 根据视图中的详细级别（维度）计算出“SUM([销售额])”。
2. 根据选择的计算依据确定分区与方向（维度）。
3. 确定计算窗口的范围。
4. 在每个分区确定的范围内，依据方向和窗口大小进行相应的二次计算。

在理解表计算过程时，需要对表计算中的 3 个重要概念有充分的理解，才能保证计算结果的准确，3 个概念如下所示。

1. 分区与方向（在 Tableau 的帮助文档中的名称是：分区与寻址）。
2. 相对地址和绝对地址。
3. 表计算的窗口。

下面就来抽丝剥茧，对这 3 个概念逐一进行细致剖析。

4.1　分区和方向

第 1 个重要的概念就是分区与方向。通常，可以通过在视图中的表计算字段上单击鼠标右键，在弹出的快捷菜单中选择“计算依据”或“编辑表计算”，来确定表计算的分区和方向（图 4-1）。表计算的计算依据分为相对地址和绝对地址。但不论是相对地址的表计算还是绝对地址的表计算，其依据都由视图中的维度决定。

对大多数初学者来说，如何确定分区和方向是一件令人头疼的事情，官方文档中也并没有给出清晰的解释。为了更加直观地理解这两个概念，我建议在学习表计算的过程中，使用 INDEX 和 SIZE 函数辅助理解。如图 4-2 所示，INDEX 函数可以用于确定表计算的方向，SIZE 函数可以用于确定分区范围。

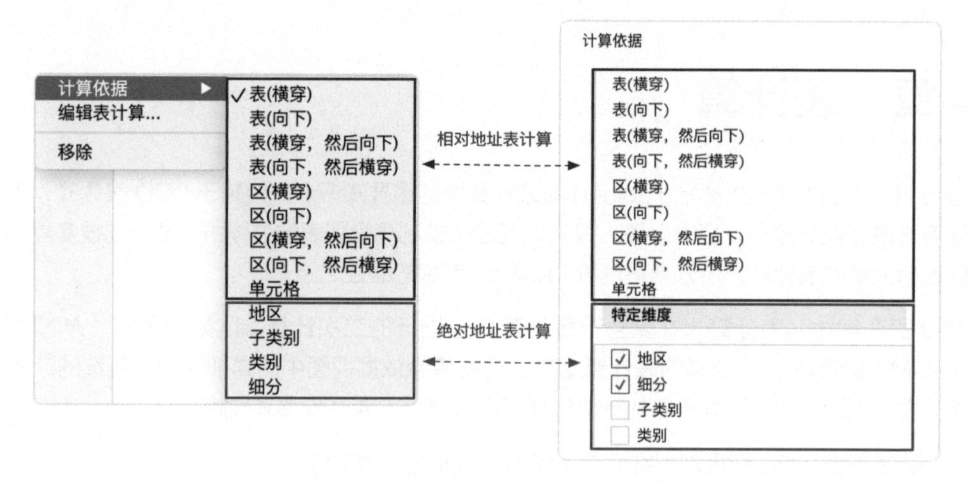

图 4-1

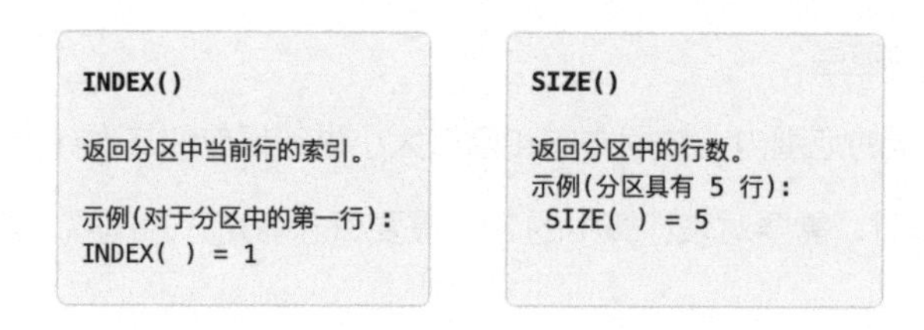

图 4-2

比如，可以先将 INDEX() 和 SIZE() 作为文本放到标记栏，然后选择同样的计算依据，就可以判断在这个计算依据之下的分区和方向。如图 4-3 所示，计算依据选择“表（向下，然后横穿）”，此时整个表格作为一个大的分区，整个分区（表）是 54 个单元格，分区的顺序通过 INDEX() 可以看出是一个倒 N 字形。

按照这个逻辑，如果要计算“累计销售数量”：RUNNING_SUM(SUM([数量]))，选择同样的计算依据，那么累加的区域就是整个工作表的 54 个单元格，累加的方向就是沿着箭头所指的方向（图 4-4）。

假如，计算依据选择“区（横穿，然后向下）”，此时分区的大小就改变了，现在每个分区是 9 个单元格，方向变成了之字形。方向随着分区的结束而结束，在下一个分区重新开始计算（图 4-5）。

如果计算依据选择单元格，那么分区和方向都是 1，值也就是单元格本身，当然在实际业务中很少使用这种计算依据（图 4-6）。

地区	细分	办公用品	技术	家具
		类别		
东北	公司	1(54)	19(54)	37(54)
	消费者	2(54)	20(54)	38(54)
	小型企业	3(54)	21(54)	39(54)
华北	公司	4(54)	22(54)	40(54)
	消费者	5(54)	23(54)	41(54)
	小型企业	6(54)	24(54)	42(54)
华东	公司	7(54)	25(54)	43(54)
	消费者	8(54)	26(54)	44(54)
	小型企业	9(54)	27(54)	45(54)
西北	公司	10(54)	28(54)	46(54)
	消费者	11(54)	29(54)	47(54)
	小型企业	12(54)	30(54)	48(54)
西南	公司	13(54)	31(54)	49(54)
	消费者	14(54)	32(54)	50(54)
	小型企业	15(54)	33(54)	51(54)
中南	公司	16(54)	34(54)	52(54)
	消费者	17(54)	35(54)	53(54)
	小型企业	18(54)	36(54)	54(54)

图 4-3

SUM([数量])

地区	细分	办公用品	技术	家具
		类别		
东北	公司	1,148	387	452
	消费者	1,836	671	739
	小型企业	638	313	279
华北	公司	841	300	344
	消费者	1,586	427	661
	小型企业	593	200	194
华东	公司	1,834	745	765
	消费者	3,326	1,049	1,191
	小型企业	1,181	389	561
西北	公司	313	104	131
	消费者	537	198	279
	小型企业	120	45	58
西南	公司	581	260	278
	消费者	976	392	436
	小型企业	301	75	100
中南	公司	1,797	707	594
	消费者	2,802	1,037	1,030
	小型企业	991	343	399

计算累计数量，表（向下，然后横穿）

RUNNING_SUM(SUM([数量]))

地区	细分	办公用品	技术	家具
		类别		
东北	公司	1,148	21,788	29,495
	消费者	2,984	22,459	30,234
	小型企业	3,622	22,772	30,513
华北	公司	4,463	23,072	30,857
	消费者	6,049	23,499	31,518
	小型企业	6,642	23,699	31,712
华东	公司	8,476	24,444	32,477
	消费者	11,802	25,493	33,668
	小型企业	12,983	25,882	34,229
西北	公司	13,296	25,986	34,360
	消费者	13,833	26,184	34,639
	小型企业	13,953	26,229	34,697
西南	公司	14,534	26,489	34,975
	消费者	15,510	26,881	35,411
	小型企业	15,811	26,956	35,511
中南	公司	17,608	27,663	36,105
	消费者	20,410	28,700	37,135
	小型企业	21,401	29,043	37,534

图 4-4

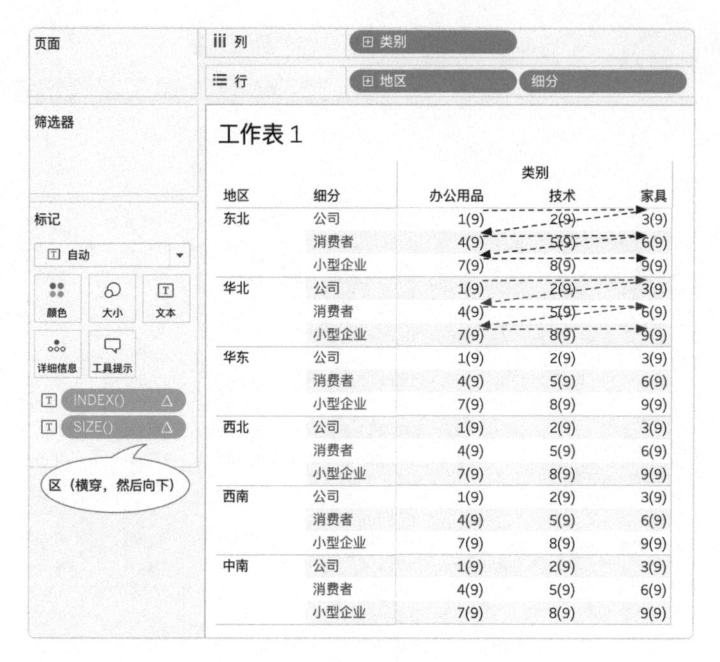

地区	细分	办公用品	技术	家具
东北	公司	1(9)	2(9)	3(9)
	消费者	4(9)	5(9)	6(9)
	小型企业	7(9)	8(9)	9(9)
华北	公司	1(9)	2(9)	3(9)
	消费者	4(9)	5(9)	6(9)
	小型企业	7(9)	8(9)	9(9)
华东	公司	1(9)	2(9)	3(9)
	消费者	4(9)	5(9)	6(9)
	小型企业	7(9)	8(9)	9(9)
西北	公司	1(9)	2(9)	3(9)
	消费者	4(9)	5(9)	6(9)
	小型企业	7(9)	8(9)	9(9)
西南	公司	1(9)	2(9)	3(9)
	消费者	4(9)	5(9)	6(9)
	小型企业	7(9)	8(9)	9(9)
中南	公司	1(9)	2(9)	3(9)
	消费者	4(9)	5(9)	6(9)
	小型企业	7(9)	8(9)	9(9)

图 4-5

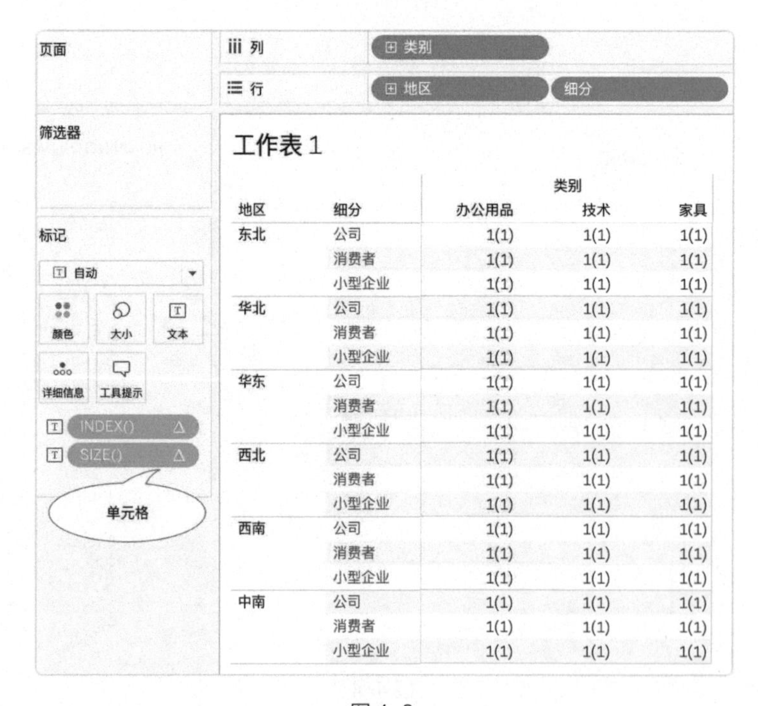

地区	细分	办公用品	技术	家具
东北	公司	1(1)	1(1)	1(1)
	消费者	1(1)	1(1)	1(1)
	小型企业	1(1)	1(1)	1(1)
华北	公司	1(1)	1(1)	1(1)
	消费者	1(1)	1(1)	1(1)
	小型企业	1(1)	1(1)	1(1)
华东	公司	1(1)	1(1)	1(1)
	消费者	1(1)	1(1)	1(1)
	小型企业	1(1)	1(1)	1(1)
西北	公司	1(1)	1(1)	1(1)
	消费者	1(1)	1(1)	1(1)
	小型企业	1(1)	1(1)	1(1)
西南	公司	1(1)	1(1)	1(1)
	消费者	1(1)	1(1)	1(1)
	小型企业	1(1)	1(1)	1(1)
中南	公司	1(1)	1(1)	1(1)
	消费者	1(1)	1(1)	1(1)
	小型企业	1(1)	1(1)	1(1)

图 4-6

4.2 相对地址表计算

前面的例子只简单列举了 3 种表计算依据“表(向下,然后横穿)”,“区(横穿,然后向下)”和“单元格”，这 3 种表计算都是相对地址的表计算。实际上，相对地址的表计算总共分为 3 类 9 种，表类 4 种，区类 4 种，单元格单独作为一类（图 4-7）。

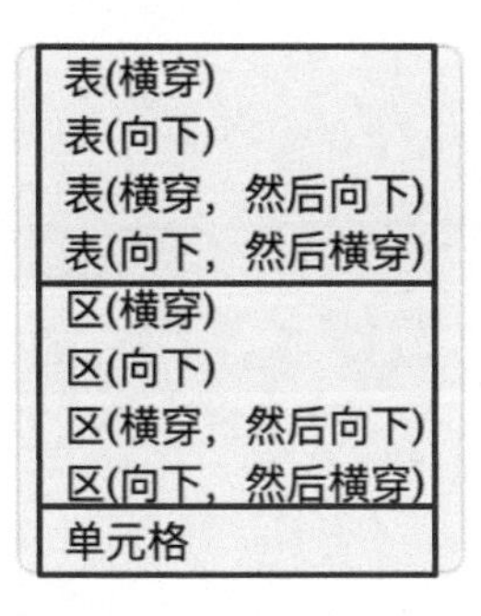

图 4-7

相对地址的表计算的特点是简单、直观，易于理解，特别适合交叉表形式的视图，但是其受视图结构的影响较大，视图结构稍有调整，计算的结果就会改变。如图 4-8 所示，左右两个视图使用同样的度量、同样的表计算依据“表（向下）”，但由于维度的位置不同，表结构随之发生变化，导致最终的结果完全不一样。

页面 列：类别 行：地区 细分
筛选器
标记 自动 颜色 大小 文本 详细信息 工具提示 累计销售数量 △
表（向下）

工作表 1 (2)

地区	细分	办公用品	技术	家具
东北	公司	1,148	387	452
	消费者	2,984	1,058	1,191
	小型企业	3,622	1,371	1,470
华北	公司	4,463	1,671	1,814
	消费者	6,049	2,098	2,475
	小型企业	6,642	2,298	2,669
华东	公司	8,476	3,043	3,434
	消费者	11,802	4,092	4,625
	小型企业	12,983	4,481	5,186
西北	公司	13,296	4,585	5,317
	消费者	13,833	4,783	5,596
	小型企业	13,953	4,828	5,654
西南	公司	14,534	5,088	5,932
	消费者	15,510	5,480	6,368
	小型企业	15,811	5,555	6,468
中南	公司	17,608	6,262	7,062
	消费者	20,410	7,299	8,092
	小型企业	21,401	7,642	8,491

页面 列：类别 行：细分 地区
筛选器
计算依据相同，表格结构不同
标记 自动 颜色 大小 文本 详细信息 工具提示 累计销售数量 △
表（向下）

工作表 1 (2)

细分	地区	办公用品	技术	家具
公司	东北	1,148	387	452
	华北	1,989	687	796
	华东	3,823	1,432	1,561
	西北	4,136	1,536	1,692
	西南	4,717	1,796	1,970
	中南	6,514	2,503	2,564
消费者	东北	8,350	3,174	3,303
	华北	9,936	3,601	3,964
	华东	13,262	4,650	5,155
	西北	13,799	4,848	5,434
	西南	14,775	5,240	5,870
	中南	17,577	6,277	6,900
小型企业	东北	18,215	6,590	7,179
	华北	18,808	6,790	7,373
	华东	19,989	7,179	7,934
	西北	20,109	7,224	7,992
	西南	20,410	7,299	8,092
	中南	21,401	7,642	8,491

图 4-8

本节并不会全部演示这 9 种相对地址的表计算，因为相对地址的表计算比较简单，所以并不是本书的重点。相信读者通过 INDEX() 和 SIZE() 配合使用的方法，即可自行完成学习。在实际使用过程中，相对地址的表计算的应用场景受到较大的限制，所以更推荐大家使用绝对地址的表计算。

4.3 绝对地址表计算

在一般情况下，绝对地址的表计算都是通过“特定维度”的选择来确定的。实际上每一种相对地址的表计算底层都对应着一种绝对地址的表计算（图 4-9），所以说，绝对地址的表计算才是学习表计算的重中之重。

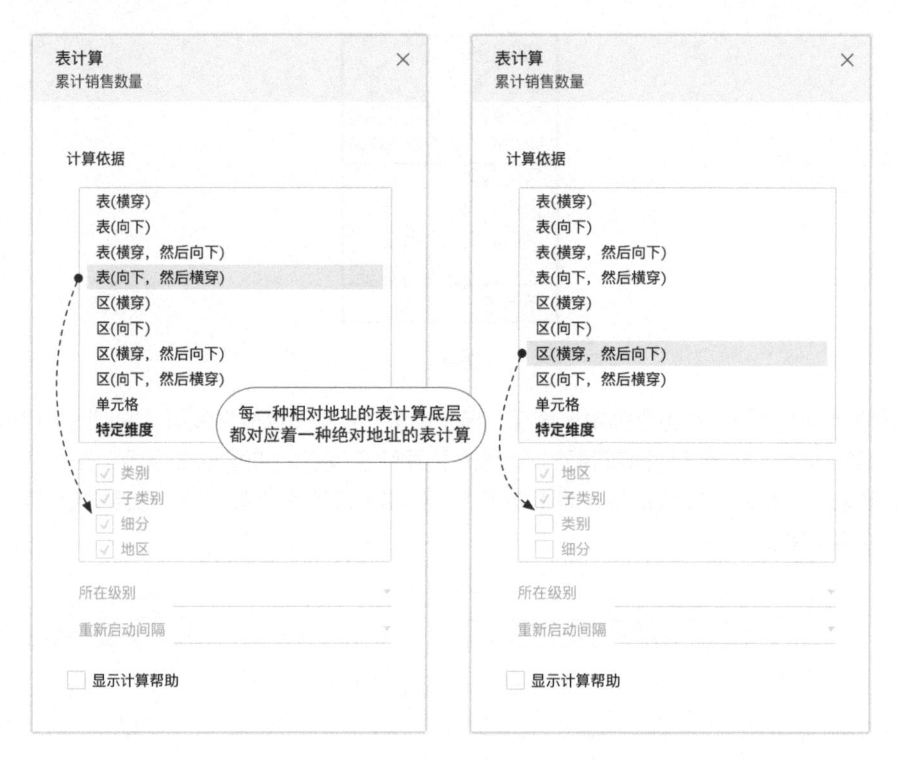

图 4-9

但使用了“特定维度”后，分区和方向的选择就不像相对地址的表计算那么直观易懂了。因此，它也成了 Tableau 进阶路上难以翻越的一座大山。其实，这座大山并非高不可攀，只要通过一定的规则构建好交叉表，仍然可以快速分辨表计算的分区和方向。

如图 4-10 所示，根据视图中的交叉表结构，计算各地区、各类别在 4 年里的累计销售额，使用相对地址的表计算计算依据应选择“区（向下）”。实际上可以看到针对这个视图结构，“区（向下）”对应的特定维度只选中“订单日期 年”这个维度。

如果此时改变交叉表的结构，因为使用相对地址的表计算要保证计算结果正确，那么意味着必须修改计算依据。但是如果使用绝对地址的表计算，也就是在特定维度中选择“订单日期 年”，那么无论怎么修改视图的形式，计算结果都不受影响（图 4-11）。从这个例子中可以体会到绝对地址表计算的优势，只要计算依据确定，计算结果就保持不变。

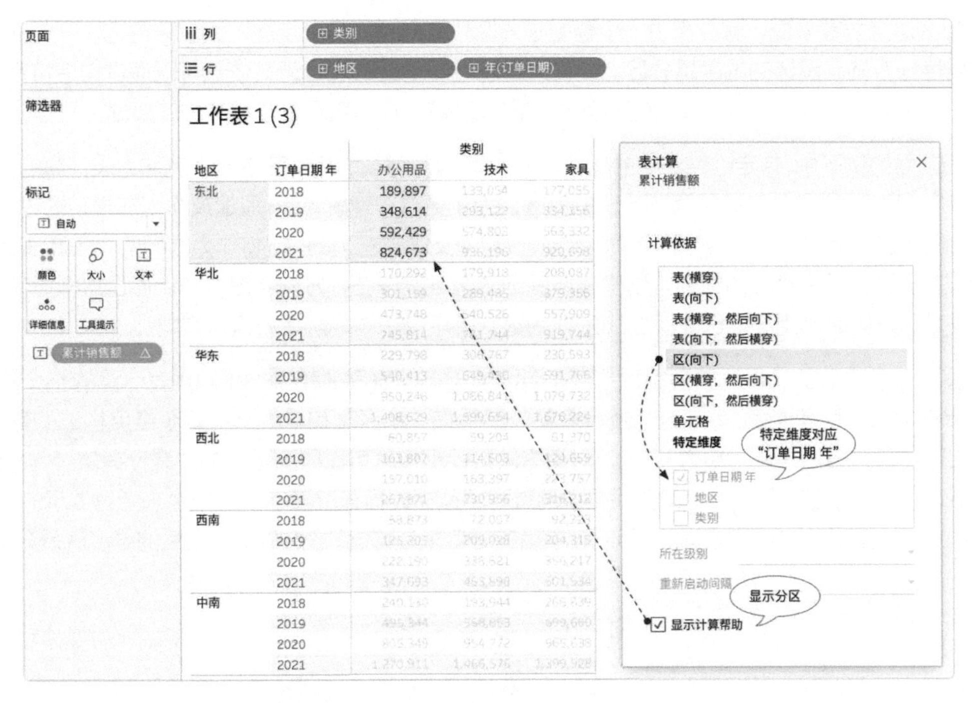
页面
列
类别
行
地区
年(订单日期)
筛选器
工作表1(3)
标记
自动
颜色
大小
文本
详细信息
工具提示
累计销售额
类别
地区
订单日期 年
办公用品
技术
家具
东北
华北
华东
西北
西南
中南
2018
2019
2020
2021
189,897
348,614
592,429
824,673
表计算
累计销售额
计算依据
表(横穿)
表(向下)
表(横穿，然后向下)
表(向下，然后横穿)
区(向下)
区(横穿，然后向下)
区(向下，然后横穿)
单元格
特定维度
特定维度对应“订单日期 年”
订单日期 年
地区
类别
所在级别
重新启动间隔
显示分区
显示计算帮助

图 4-10

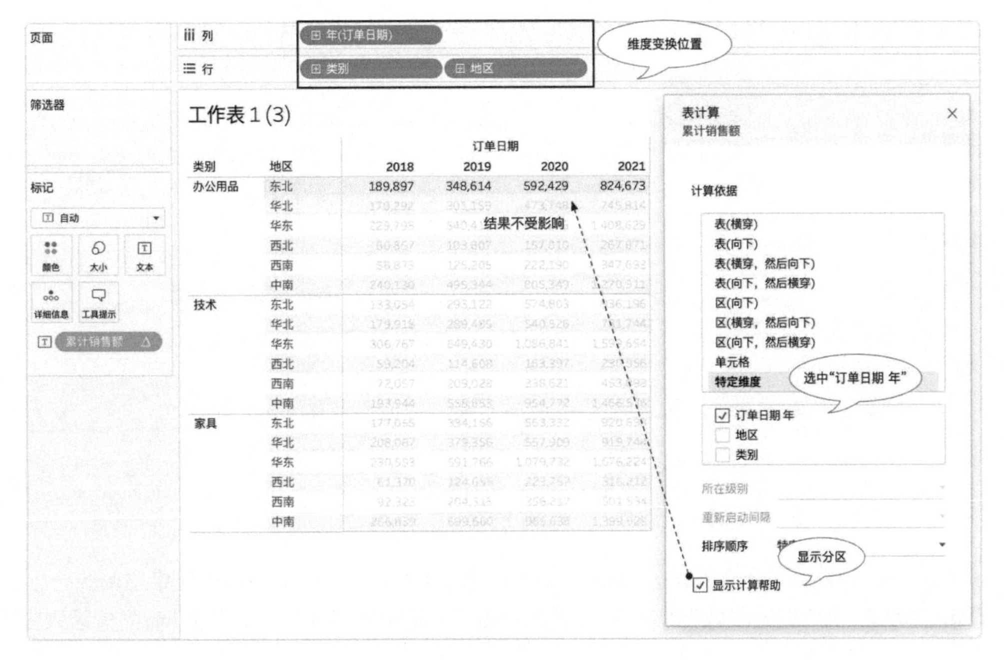
页面
列
年(订单日期)
行
类别
地区
维度变换位置
筛选器
工作表1(3)
标记
自动
颜色
大小
文本
详细信息
工具提示
累计销售额
订单日期
类别
地区
2018
2019
2020
2021
办公用品
技术
家具
东北
华北
华东
西北
西南
中南
189,897
348,614
592,429
824,673
结果不受影响
表计算
累计销售额
计算依据
表(横穿)
表(向下)
表(横穿，然后向下)
表(向下，然后横穿)
区(向下)
区(横穿，然后向下)
区(向下，然后横穿)
单元格
特定维度
选中“订单日期 年”
订单日期 年
地区
类别
所在级别
重新启动间隔
排序顺序
显示分区
显示计算帮助

图 4-11

那么对初学者来说，就会产生一个疑问：分区和方向是如何确定的？大家只需记住一句话：**选中的维度是方向，没选的维度是分区**。要深入理解绝对地址的表计算，依然可以通过构造特定的交叉表，使用 SIZE() 和 INDEX() 确定分区和方向的方法，快速直观地学习其中的原理。

在前面的例子中，特定维度选中的是“订单日期 年”，那么“订单日期 年”就作为表计算的方向，“地区”和“类别”两个维度就作为表计算的分区。为了更易于理解，我一般建议学生在学习的过程中，将作为分区的“地区”和“类别”这两个维度放到交叉表靠左边的列，将作为方向的“订单日期 年”这个维度放到交叉表靠右边的列，这样就能保证分区字段在左，方向字段在右。通过这样重新排列的交叉表，再配合使用 INDEX() 和 SIZE() 函数，就可以清晰地辨认分区与方向。

图 4-12 展示了“累计总销售额”：RUNNING_SUM(SUM([**销售额**])) 表计算的整个过程。首先计算“SUM([销售额]) ”这个聚合度量，然后在“地区”和“类别”两个维度构成的最小分区中沿着“订单日期 年”确定的方向，对销售额累计相加就可以得到正确的“累计销售额”。在使用熟练之后，也可以不打开表计算对话框，通过利用鼠标光标在度量字段上悬停来查看提示的方式，快速确定这个度量的分区和方向，“已沿”之后的维度就是方向，“为每个”之后的维度就是分区。

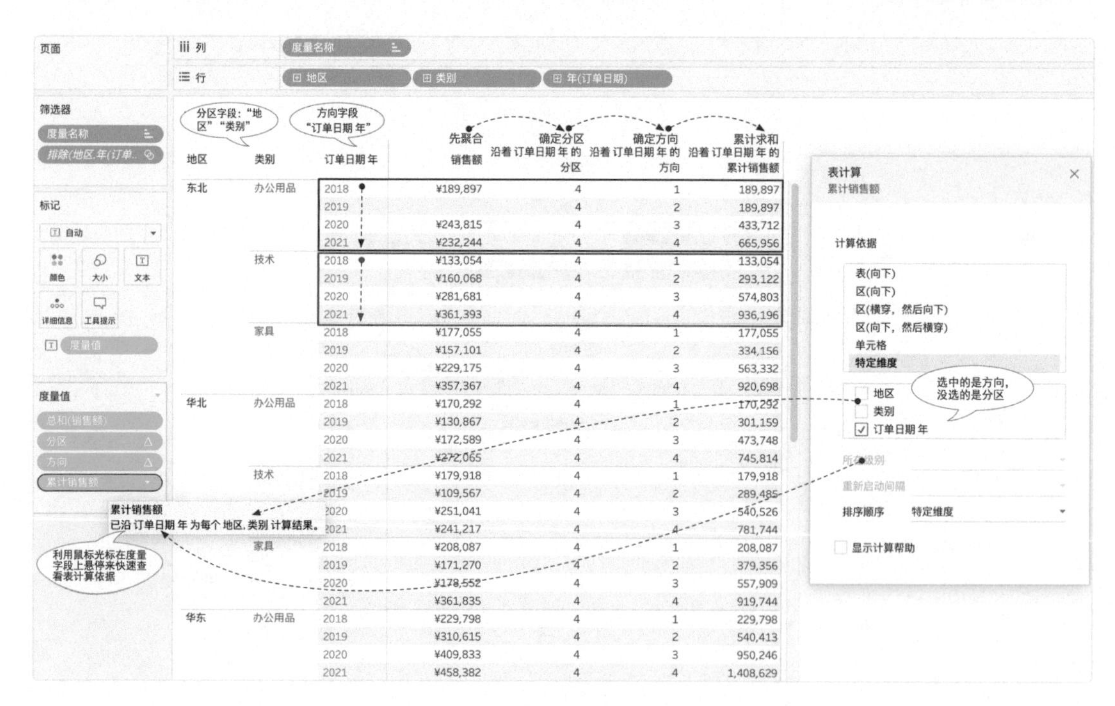

图 4-12

这个例子中只选择了一个维度作为方向，其余维度作为分区。如果将选中的维度修改一下，勾选“订单日期 年”和“地区”两个维度，那么这两个维度就同时决定了表计算的方向，而分区只由“类别”一个维度来决定。

如图 4-13 所示，通过前面学习的方法，先将作为分区的“类别”维度放到交叉表最左侧。由于选择了两个维度来决定方向，这时两个维度的上下关系就有分别了，此时“订单日期 年”在上，“地区”在下，那么要把“订单日期 年”放到交叉表里偏左侧的列，“地区”放到偏右侧的列。此时分区和方向就很明显了，最终的累计销售额是沿着“订单日期 年”和“地区”两个维度共同构成的方向累计相加而得。当然这样的计算在现实业务中并没有实际意义，只是用来解释表计算的原理。

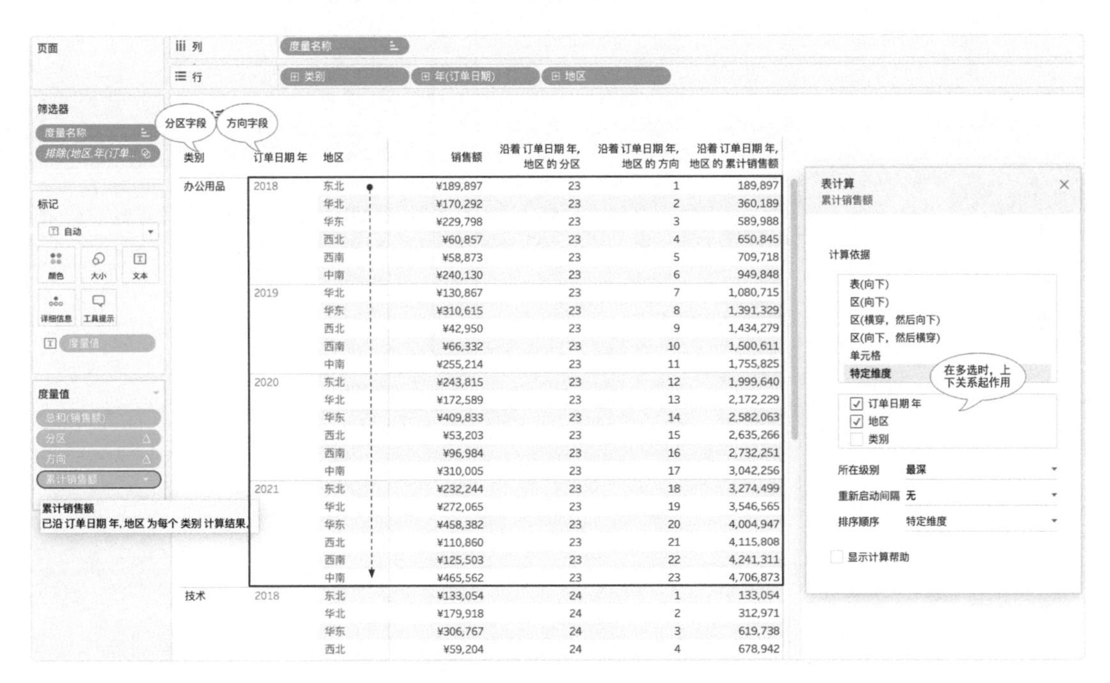

图 4-13

特别要强调的是，在学习的过程中务必要注意方向、维度的上下关系，因为方向是有先后顺序的。如图 4-14 所示，如果将交叉表里的“订单日期 年”和“地区”这两个维度互换位置，而表计算中维度的位置保持不变，那么在表计算时仍按照原有的方向计算，此时表计算的结果并不正确，但分区维度不受上下关系的影响。

所以，建议全部勾选维度，通过选择“重新启动间隔”的方式来确定分区和方向，这种方法的逻辑是：**重新启动间隔及以上的维度是分区，以下的维度是方向**。如图 4-15 所示，通过 4 个维度计算“累计销售额”。如果重新启动间隔选择“地区”这个维度，那么“地区”及以上的维度就是分区，以下的维度就是方向，这种方式与选中“细分”“类别”“子类别”3 个维度的效果等价，利用鼠标光标在字段上悬停来快速查看提示，可以看到通过这两种方式得到的表计算依据完全一致。如果“重新启动间隔”选择“细分”这个维度，那么“细分”及以上的维度就是分区，以下的维度就是方向。同理，如果重新启动间隔选择“类别”这个维度，那么“类别”及以上的维度就是分区，以下的维度就是方向。

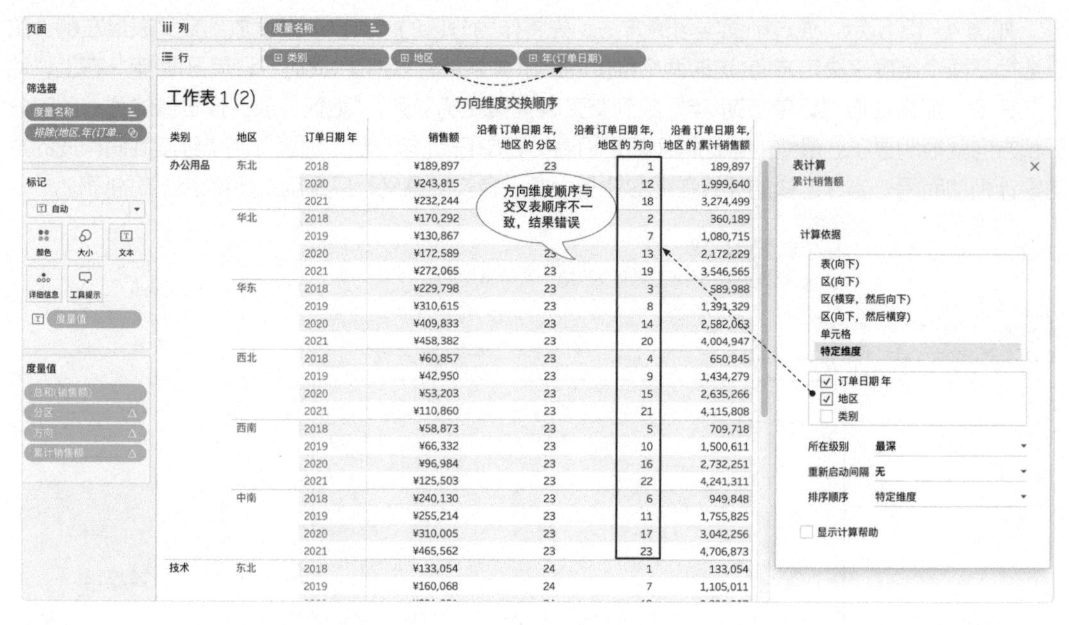
方向维度交换顺序
工作表 1 (2)
方向维度顺序与交叉表顺序不一致，结果错误
表计算
累计销售额
计算依据
表(向下)
区(向下)
区(横穿，然后向下)
区(向下，然后横穿)
单元格
特定维度
订单日期 年
地区
类别
所在级别 最深
重新启动间隔 无
排序顺序 特定维度
显示计算帮助

图 4-14

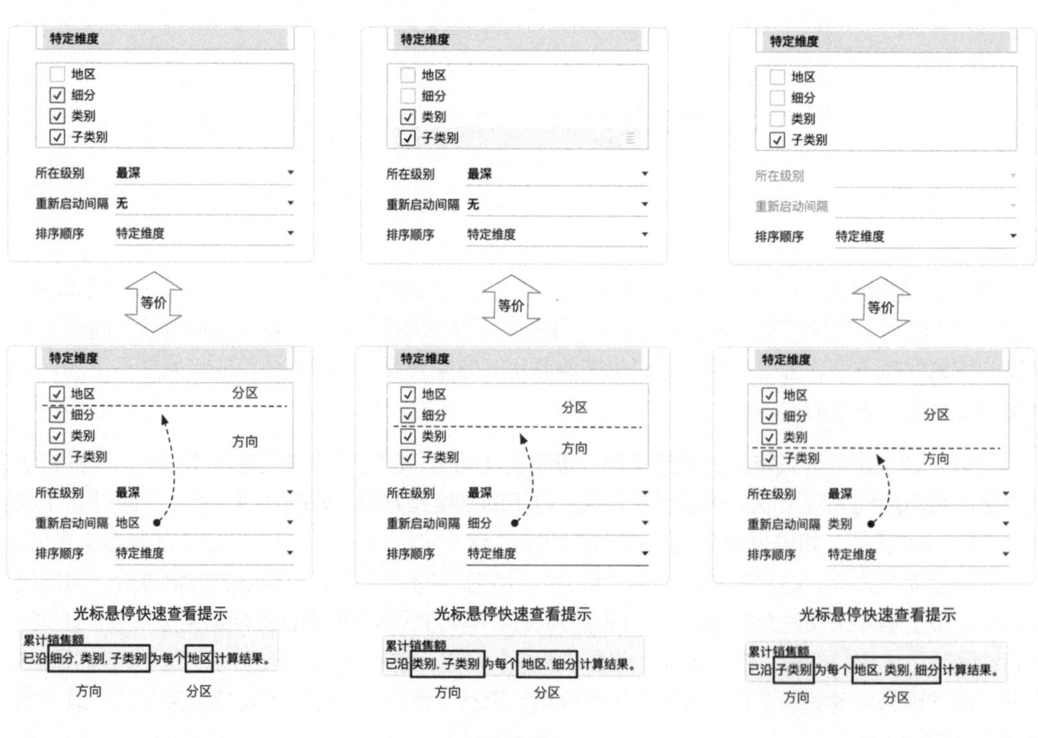
特定维度
地区
细分
类别
子类别
所在级别 最深
重新启动间隔 无
排序顺序 特定维度
等价
分区
方向
重新启动间隔 地区
重新启动间隔 细分
重新启动间隔 类别
光标悬停快速查看提示
累计销售额
已沿细分, 类别, 子类别为每个地区计算结果。
已沿类别, 子类别为每个地区, 细分计算结果。
已沿子类别为每个地区, 类别, 细分计算结果。
方向
分区

图 4-15

由于“子类别”以下没有了维度，那么重新启动间隔无法选择“子类别”这个维度。这是因为在表计算时必须选择方向，也就是说至少要选中一个维度，不能只有分区没有方向。这并不难理解，假设在计算“累计销售额”时没有确定方向，系统就无法确定累加的顺序，也就无法进行运算。不过可以将所有维度都选中作为方向字段，这样整个视图数据就作为一个大的分区。

4.4　表计算的窗口

在本章关于表计算的简介中已经提到过，在确定分区和方向之后还需要确定窗口的大小，但在上面的例子中，为了减少窗口因素的干扰，使逻辑更加清晰，只讨论了分区和方向。实际上，在表计算的过程中，窗口的大小也是一个重要的因素，如果没有指定窗口大小，表计算就只受分区的限制，如果确定了窗口，那么表计算同时还要受到窗口范围的限制。

如图 4-16 所示，“WINDOW_SUM(SUM([销售额]))”是“WINDOW_SUM(SUM([销售额]),FIRST(),LAST())”的简写，其中省略的“FIRST()”表示返回从当前行到第一行的行数，而“LAST()”表示返回从当前行到最后一行的行数，两个函数确定的窗口大小和分区大小一致。[1] 如果使用“WINDOW_SUM(SUM([销售额]),FIRST(),FIRST())”或者“WINDOW_SUM(-SUM([销售额]), LAST(),LAST())”，就可以分别得到分区的第一个值和最后一个值。这就是窗口的作用，可以通过控制窗口的大小来确定在分区内如何取值。

图 4-16

1　结合本节的知识，在表计算的过程中，实际上当前行一直在变化，FIRST() 和 LAST() 返回的值也在变化，因此才能动态地调整窗口的大小。

下面尝试用计算移动平均值的例子来讲解窗口范围是如何确定的。假如要计算不同类别销售额 3 个月的移动平均值，可以新建计算字段“3 月平均销售额”：WINDOW_AVG(SUM([销售额]),-2,0)。这里的“-2”就是窗口的开始，“0”就是窗口的结束。如图 4-17 所示，在计算办公用品 1 月份的移动平均值时，窗口的当前行，也就是相对位置 0 是 1 月，往上数无值，往下数是正值，由于窗口内只有一个值，所以此时的移动平均值就是 93,013（图 4-17 中的平均销售额皆为取整数后的结果）。在计算办公用品 6 月份的移动平均值时，窗口的相对位置 0 是 6 月，往上数是负值，往下数是正值，根据 -2 到 0 确定的窗口大小就是 4、5、6 这 3 个月，计算移动平均值得到 165,889。在计算技术 1 月份的移动平均值时，窗口的相对位置 0 值也是 1 月，但由于受分区的限制不能跨分区取值，所以窗口内也只有 1 月销售额这一个值，因此移动平均值是 72,056。

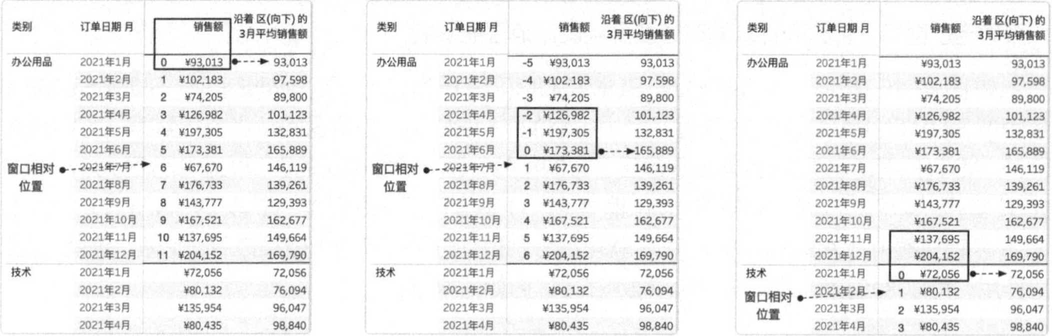

类别	订单日期 月	窗口相对位置	销售额	沿着 区(向下) 的 3月平均销售额
办公用品	2021年1月	0	¥93,013	93,013
	2021年2月	1	¥102,183	97,598
	2021年3月	2	¥74,205	89,800
	2021年4月	3	¥126,982	101,123
	2021年5月	4	¥197,305	132,831
	2021年6月	5	¥173,381	165,889
	2021年7月	6	¥67,670	146,119
	2021年8月	7	¥176,733	139,261
	2021年9月	8	¥143,777	129,393
	2021年10月	9	¥167,521	162,677
	2021年11月	10	¥137,695	149,664
	2021年12月	11	¥204,152	169,790
技术	2021年1月		¥72,056	72,056
	2021年2月		¥80,132	76,094
	2021年3月		¥135,954	96,047
	2021年4月		¥80,435	98,840

类别	订单日期 月	窗口相对位置	销售额	沿着 区(向下) 的 3月平均销售额
办公用品	2021年1月	-5	¥93,013	93,013
	2021年2月	-4	¥102,183	97,598
	2021年3月	-3	¥74,205	89,800
	2021年4月	-2	¥126,982	101,123
	2021年5月	-1	¥197,305	132,831
	2021年6月	0	¥173,381	165,889
	2021年7月	1	¥67,670	146,119
	2021年8月	2	¥176,733	139,261
	2021年9月	3	¥143,777	129,393
	2021年10月	4	¥167,521	162,677
	2021年11月	5	¥137,695	149,664
	2021年12月	6	¥204,152	169,790
技术	2021年1月		¥72,056	72,056
	2021年2月		¥80,132	76,094
	2021年3月		¥135,954	96,047
	2021年4月		¥80,435	98,840

类别	订单日期 月	窗口相对位置	销售额	沿着 区(向下) 的 3月平均销售额
办公用品	2021年1月		¥93,013	93,013
	2021年2月		¥102,183	97,598
	2021年3月		¥74,205	89,800
	2021年4月		¥126,982	101,123
	2021年5月		¥197,305	132,831
	2021年6月		¥173,381	165,889
	2021年7月		¥67,670	146,119
	2021年8月		¥176,733	139,261
	2021年9月		¥143,777	129,393
	2021年10月		¥167,521	162,677
	2021年11月		¥137,695	149,664
	2021年12月		¥204,152	169,790
技术	2021年1月	0	¥72,056	72,056
	2021年2月	1	¥80,132	76,094
	2021年3月	2	¥135,954	96,047
	2021年4月	3	¥80,435	98,840

图 4-17

窗口的大小和相对位置是理解表计算窗口的关键所在。在上面的例子中，窗口的大小是相对固定的，但窗口的相对位置是在不断变化的。如果使用“WINDOW_SUM(SUM([销售额]),FIRST(),0)”固定窗口的开始位置（图 4-18），那么窗口的开始位置始终固定在窗口第一个值，这样就得到了一个不断变化的窗口，计算所得的数值就是首值到当前值的求和，也是累计求和，因此这个公式等价于“RUNNING_SUM(SUM([销售额]))”。

如图 4-19 所示，稍微修改了一下公式，改为“WINDOW_SUM(SUM([销售额]),FIRST()+1,LAST()-2)”，将首值加 1，尾值减 2，这样仍然得到一个固定大小的窗口，虽然窗口的当前行和相对位置都在不断变化，但所得的结果都是窗口内所有数据的合计值。

类别	订单日期 月		销售额	沿着 区(向下) 的 WINDOW_SUM (FIRST,0)
办公用品	2021年1月	-1	¥93,013	93,013
	2021年2月	0	¥102,183	195,196
	2021年3月	1	¥74,205	269,401
	2021年4月	2	¥126,982	396,383
	2021年5月	3	¥197,305	593,688
	2021年6月	4	¥173,381	767,069
	2021年7月	5	¥67,670	834,739
	2021年8月	6	¥176,733	1,011,472
	2021年9月	7	¥143,777	1,155,249
	2021年10月	8	¥167,521	1,322,770
	2021年11月	9	¥137,695	1,460,466
	2021年12月	10	¥204,152	1,664,618
技术	2021年1月		¥72,056	72,056
	2021年2月		¥80,132	152,188
	2021年3月		¥135,954	288,142
	2021年4月		¥80,435	368,577

类别	订单日期 月		销售额	沿着 区(向下) 的 WINDOW_SUM (FIRST,0)
办公用品	2021年1月	-11	¥93,013	93,013
	2021年2月	-10	¥102,183	195,196
	2021年3月	-9	¥74,205	269,401
	2021年4月	-8	¥126,982	396,383
	2021年5月	-7	¥197,305	593,688
	2021年6月	-6	¥173,381	767,069
	2021年7月	-5	¥67,670	834,739
	2021年8月	-4	¥176,733	1,011,472
	2021年9月	-3	¥143,777	1,155,249
	2021年10月	-2	¥167,521	1,322,770
	2021年11月	-1	¥137,695	1,460,466
	2021年12月	0	¥204,152	1,664,618
技术	2021年1月		¥72,056	72,056
	2021年2月		¥80,132	152,188
	2021年3月		¥135,954	288,142
	2021年4月		¥80,435	368,577

图 4-18

类别	订单日期 月		销售额	沿着 订单日期 月 的 WINDOW_SUM (FIRST+1,LAST-2)
办公用品	2021年1月	-1	¥93,013	1,229,757
	2021年2月	0	¥102,183	1,229,757
	2021年3月	1	¥74,205	1,229,757
	2021年4月	2	¥126,982	1,229,757
	2021年5月	3	¥197,305	1,229,757
	2021年6月	4	¥173,381	1,229,757
	2021年7月	5	¥67,670	1,229,757
	2021年8月	6	¥176,733	1,229,757
	2021年9月	7	¥143,777	1,229,757
	2021年10月	8	¥167,521	1,229,757
	2021年11月	9	¥137,695	1,229,757
	2021年12月	10	¥204,152	1,229,757
技术	2021年1月		¥72,056	1,394,314
	2021年2月		¥80,132	1,394,314
	2021年3月		¥135,954	1,394,314
	2021年4月		¥80,435	1,394,314

类别	订单日期 月		销售额	沿着 订单日期 月 的 WINDOW_SUM (FIRST+1,LAST-2)
办公用品	2021年1月	-9	¥93,013	1,229,757
	2021年2月	-8	¥102,183	1,229,757
	2021年3月	-7	¥74,205	1,229,757
	2021年4月	-6	¥126,982	1,229,757
	2021年5月	-5	¥197,305	1,229,757
	2021年6月	-4	¥173,381	1,229,757
	2021年7月	-3	¥67,670	1,229,757
	2021年8月	-2	¥176,733	1,229,757
	2021年9月	-1	¥143,777	1,229,757
	2021年10月	0	¥167,521	1,229,757
	2021年11月	1	¥137,695	1,229,757
	2021年12月	2	¥204,152	1,229,757
技术	2021年1月		¥72,056	1,394,314
	2021年2月		¥80,132	1,394,314
	2021年3月		¥135,954	1,394,314
	2021年4月		¥80,435	1,394,314

图 4-19

4.5 所在级别

通过前面的讲解会发现，在表计算的过程中，视图中的每个维度都会影响表计算的结果，一个维度在表计算中的作用是："非方向即分区"。但有时候，用户并不希望某些维度参与表计算，那么就可以使用“所在级别”来控制。

如图 4-20 所示，首先将不需要参与表计算的维度拖到“特定维度”的最下方，然后通过“所在级别”选择参与表计算的维度，被选中的维度及以上维度都参与表计算，以下的维度不参与表计算。如果有需要，也可以再通过“重新启动间隔”来控制余下的维度要作为分区还是作为方向使用。图 4-20 中，“INDEX1”字段中的“子类别”参与表计算，那么返回的索引号是由“类别”和“子类别”共同决定的，结果是 1 到 17，“INDEX2”中的“子类别”不参与表计算，由“类别”这个维度决定方向，返回的索引号只是类别的索引，结果就是 1 到 3。

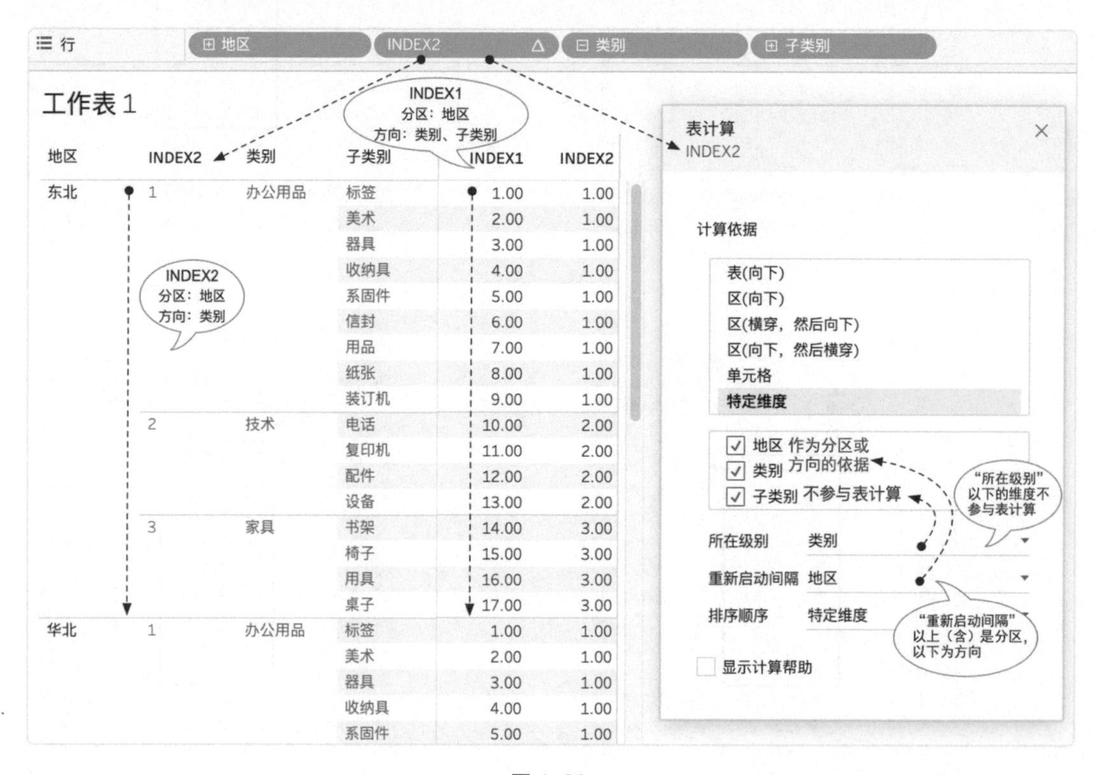

地区	INDEX2	类别	子类别	INDEX1	INDEX2
东北	1	办公用品	标签	1.00	1.00
			美术	2.00	1.00
			器具	3.00	1.00
			收纳具	4.00	1.00
			系固件	5.00	1.00
			信封	6.00	1.00
			用品	7.00	1.00
			纸张	8.00	1.00
			装订机	9.00	1.00
	2	技术	电话	10.00	2.00
			复印机	11.00	2.00
			配件	12.00	2.00
			设备	13.00	2.00
	3	家具	书架	14.00	3.00
			椅子	15.00	3.00
			用具	16.00	3.00
			桌子	17.00	3.00
华北	1	办公用品	标签	1.00	1.00
			美术	2.00	1.00
			器具	3.00	1.00
			收纳具	4.00	1.00
			系固件	5.00	1.00

图 4-20

第5章　参数动作和集动作

5.1 参数动作

参数动作（Parameter Action）功能的加入，大大提升了 Tableau 交互式报表的体验。通过参数动作，就可以使用单击、悬停、选择等操作直接获取视图中的数据，并将获取到的数据传递给参数，改变参数值，进而改变视图。由于参数本身独立于数据集，可以跨数据集使用，所以参数动作也可以用于在不同数据集之间传递参数，从而提升仪表板整体的交互体验。对初学者来说，参数动作确实是进阶学习的难点之一，主要是因为没有厘清参数动作的运作原理和过程。

参数动作的操作顺序和逻辑如图 5-1 所示，在设置参数动作时需要通过 4 步操作完成视图中数据对参数的传值过程。

设置参数运动
创建参数
创建视图
指定适用范围，工作表/工作簿
指定操作方式
指定视图中的字段
指定受影响的参数

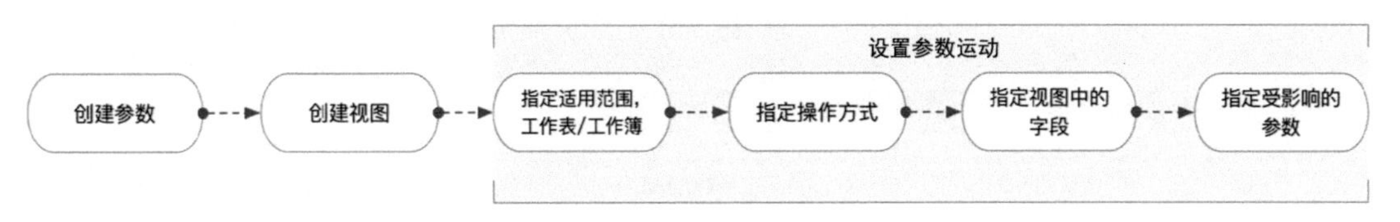

图 5-1

下面通过一个简单的例子，介绍参数动作的创建过程和交互原理。

1. 首先创建一个参数“所选销售额”（图 5-2）。

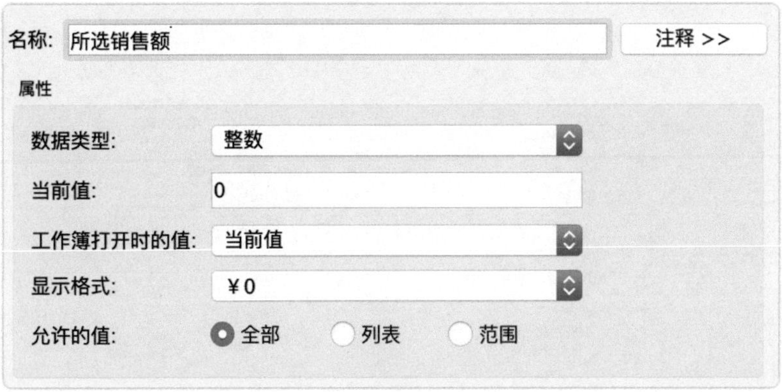

名称:
所选销售额
注释 >>
属性
数据类型:
整数
当前值:
0
工作簿打开时的值:
当前值
显示格式:
¥0
允许的值:
全部
列表
范围

图 5-2

2. 创建一个“订单日期 + 销售额”的折线图，编辑标题用于显示参数“所选销售额”的总和（图5-3）。

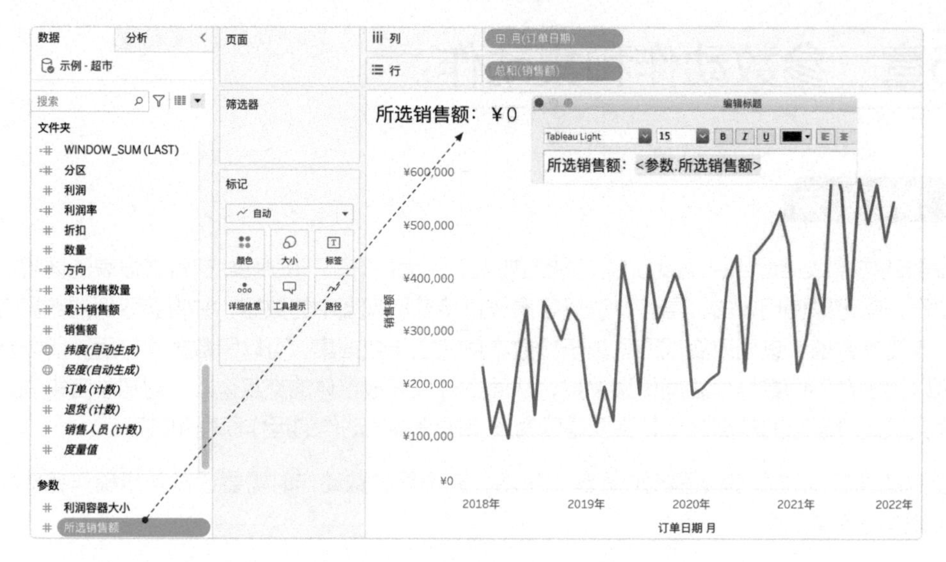

图 5-3

3. 创建并通过 4 步操作设置参数动作（图 5-4）。

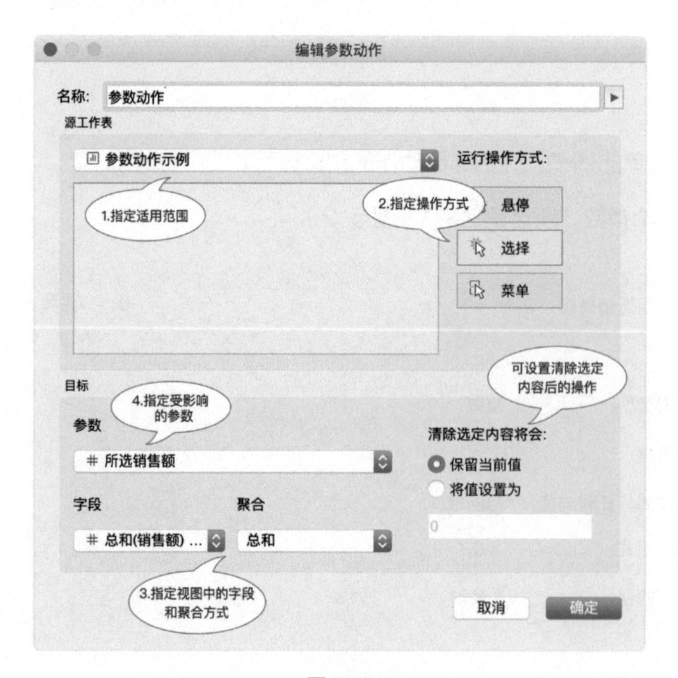

图 5-4

4. 如图 5-5 所示，在视图中选择了 7 个月的数据。通过查看数据可以看到，这 7 个月的数据包括“订单日期 月”和“销售额”两个字段，但是参数动作中指定了通过“销售额”字段再聚合(SUM)的方式将聚合结果传递给参数，因此参数值被修改为这 7 个销售额的合计值 2,638,768，标题也就随之改变了。

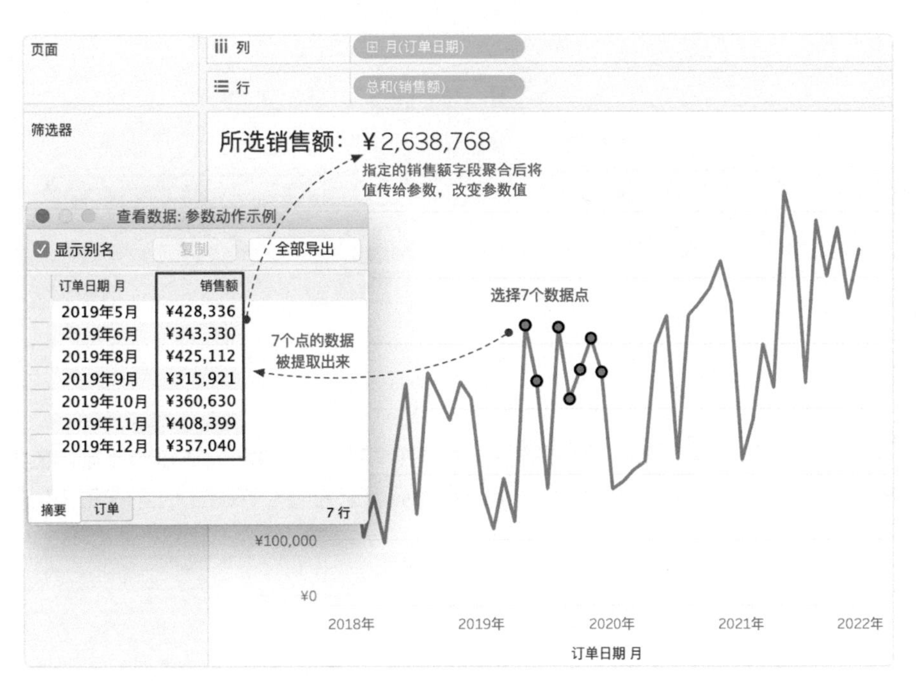

图 5-5

在设置参数动作的过程中，还有以下几个值得注意的关键点：

1. 只有视图中存在的字段才能被用于创建参数动作。

2. 被使用字段的类型和参数类型要保持一致，否则无法建立字段与参数间的传值关系。

3. 根据实际需求确定被使用的字段是否需要再聚合。

4. 只有被选中的数据才能传值给参数。

5. 参数传值只能是单一结果，获取到多个值通常需要聚合成一个值后再传递给参数。

5.2 集动作

集动作（Set Action）先于参数动作被引入 Tableau，也极大丰富了创建交互式报表的可能性。集是一个数学概念，现代的集合一般被定义为由一个或多个确定的元素所构成的整体。在 Tableau

中可以通过在一个维度上单击鼠标右键，通过弹出的菜单创建这个维度的集（图 5-6）。被选中或者符合条件的值被加入到集中，未被选中或者不符合条件的值被排除在集外。因为集本身依赖于某一数据集中的维度，所以只能在特定的数据集中使用，无法跨数据集使用。

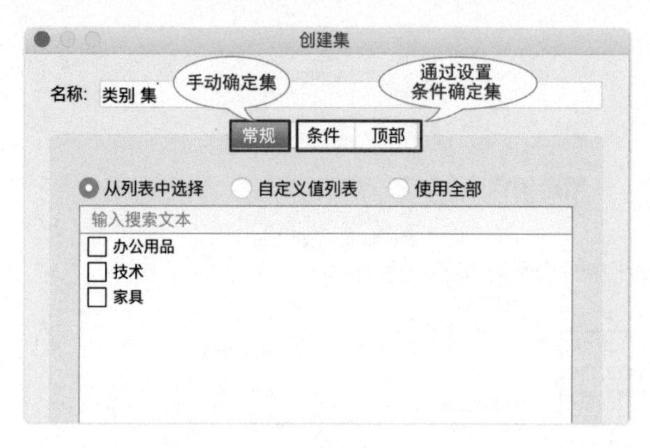

图 5-6

新建的集也是一个维度，是行级别的字段。如图 5-7 所示，系统会通过对比集内的值与维度值，确定哪些行在集内，哪些行在集外。在集内的值被标记为内（TRUE），不在集内值被标记为外（FALSE）。

行：内/外(子类别 集)　子类别

选择显示集　子类别 集：(全部)

子类别 集 内/外	子类别	
内	标签	Abc
	电话	Abc
	复印机	Abc
	美术	Abc
	配件	Abc
	器具	Abc
	设备	Abc
	收纳具	Abc
	书架	Abc
	系固件	Abc
外	信封	Abc
	椅子	Abc
	用具	Abc
	用品	Abc
	纸张	Abc
	装订机	Abc
	桌子	Abc

集内：☑标签 ☑电话 ☑复印机 ☑美术 ☑配件 ☑器具 ☑设备 ☑收纳具 ☑书架 ☑系固件

集外：☐信封 ☐椅子 ☐用具 ☐用品 ☐纸张 ☐装订机 ☐桌子

图 5-7

创建集动作的顺序和逻辑与创建参数动作的类似（图 5-8）。

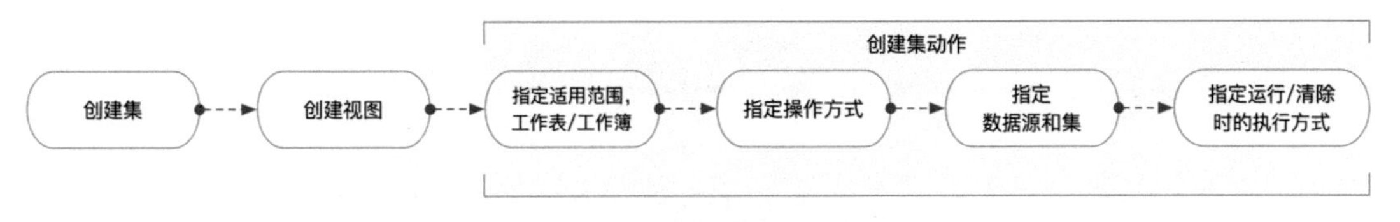

图 5-8

下面通过一个例子演示集动作的创建过程和执行逻辑。

1. 创建“子类别 集”，在“常规”选项卡下不勾选任何子类别（图 5-9），表明集中无任何值。

图 5-9

2. 创建一个简单的条形图（图 5-10）。由于“子类别 集”是由“子类别”这个字段创建的，所以“子类别”字段必须在视图中，否则在创建集动作时会提示“集动作上缺少字段”。此时，所有的子类别都不在集中，显示为在集外。

3. 创建并通过 4 步操作设置集动作（图 5-11）。

4. 通过鼠标光标的“选择”操作，选中的“子类别”被加入到“子类别 集”中（图 5-12），由于改变了集中的值，因此条形图的颜色也发生了改变。

由于“清除选定内容将会：”勾选的是“保留集值”，所以此时单击视图空白处，集值不会有任何变化。如果选择“将所有值添加到集”，那么单击视图空白处后，所有子类别都会被加入到“子类别 集”中，如图 5-13 所示，条形图颜色都变成了橙色。

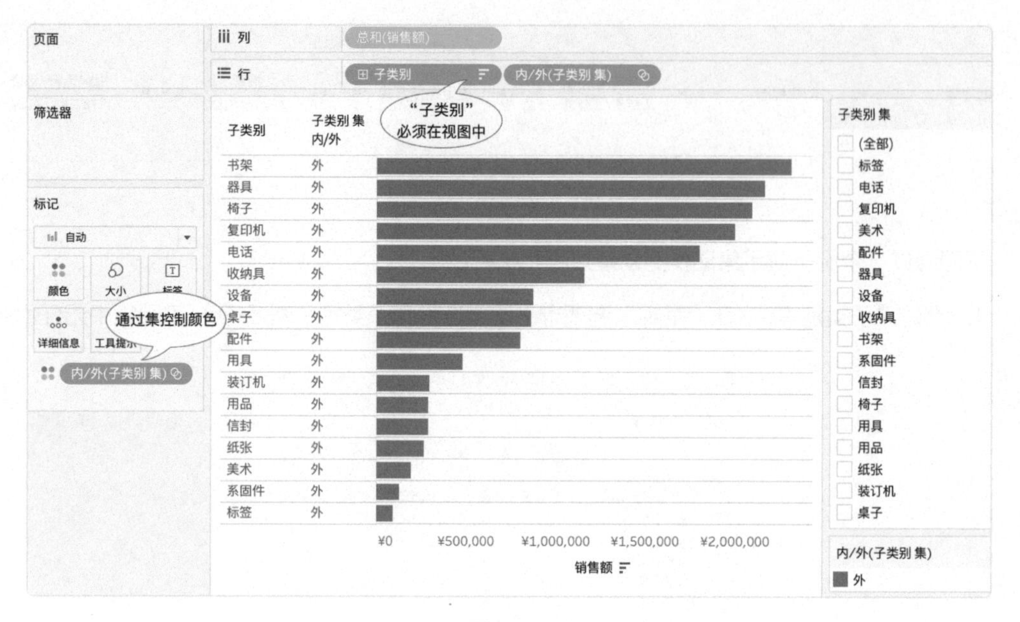
页面
列
总和(销售额)
行
子类别
内/外(子类别 集)
筛选器
"子类别"
必须在视图中
子类别
子类别 集
内/外
书架 外
器具 外
椅子 外
复印机 外
电话 外
收纳具 外
设备 外
桌子 外
配件 外
用具 外
装订机 外
用品 外
信封 外
纸张 外
美术 外
系固件 外
标签 外
¥0
¥500,000
¥1,000,000
¥1,500,000
¥2,000,000
销售额
标记
自动
颜色
大小
详细信息
工具提示
通过集控制颜色
内/外(子类别 集)
子类别 集
(全部)
标签
电话
复印机
美术
配件
器具
设备
收纳具
书架
系固件
信封
椅子
用具
用品
纸张
装订机
桌子
内/外(子类别 集)
外

图 5-10

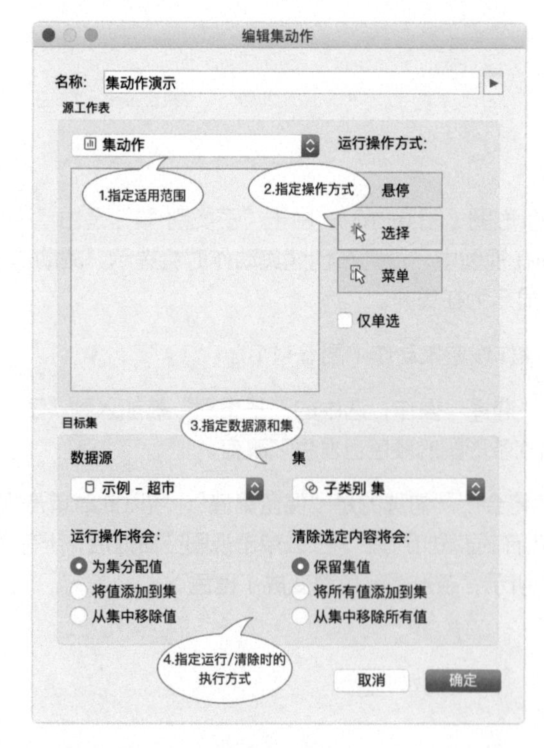
编辑集动作
名称:
集动作演示
源工作表
集动作
运行操作方式:
1.指定适用范围
2.指定操作方式
悬停
选择
菜单
仅单选
目标集
3.指定数据源和集
数据源
集
示例 - 超市
子类别 集
运行操作将会:
为集分配值
将值添加到集
从集中移除值
清除选定内容将会:
保留集值
将所有值添加到集
从集中移除所有值
4.指定运行/清除时的
执行方式
取消
确定

图 5-11

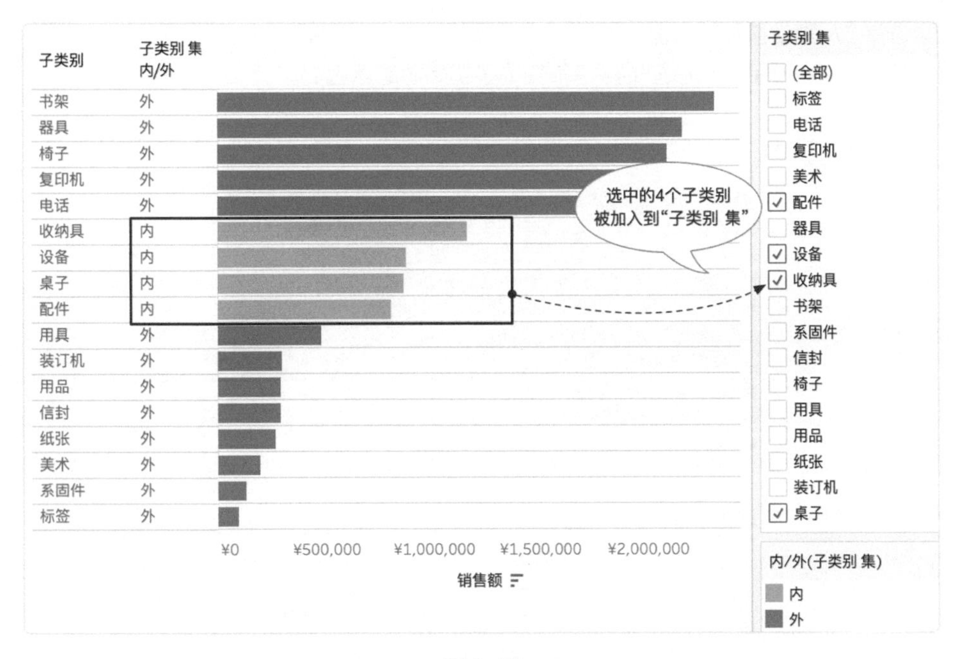
子类别
子类别 集 内/外
书架 外
器具 外
椅子 外
复印机 外
电话 外
收纳具 内
设备 内
桌子 内
配件 内
用具 外
装订机 外
用品 外
信封 外
纸张 外
美术 外
系固件 外
标签 外
¥0
¥500,000
¥1,000,000
¥1,500,000
¥2,000,000
销售额
选中的4个子类别被加入到“子类别 集”
子类别 集
(全部)
标签
电话
复印机
美术
配件
器具
设备
收纳具
书架
系固件
信封
椅子
用具
用品
纸张
装订机
桌子
内/外(子类别 集)
内
外

图 5-12

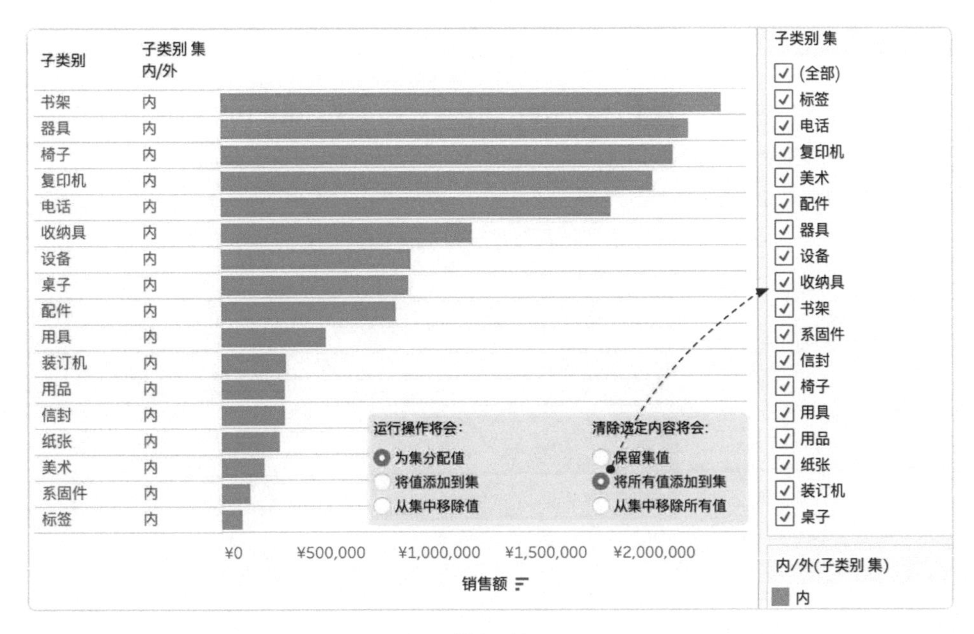
子类别
子类别 集 内/外
书架 内
器具 内
椅子 内
复印机 内
电话 内
收纳具 内
设备 内
桌子 内
配件 内
用具 内
装订机 内
用品 内
信封 内
纸张 内
美术 内
系固件 内
标签 内
运行操作将会:
为集分配值
将值添加到集
从集中移除值
清除选定内容将会:
保留集值
将所有值添加到集
从集中移除所有值
¥0
¥500,000
¥1,000,000
¥1,500,000
¥2,000,000
销售额
子类别 集
(全部)
标签
电话
复印机
美术
配件
器具
设备
收纳具
书架
系固件
信封
椅子
用具
用品
纸张
装订机
桌子
内/外(子类别 集)
内

图 5-13

如果选择“从集中移除所有值”，那么单击视图空白处后，所有已选的子类别都会从“子类别 集”中清除，如图 5-14 所示，条形图的颜色都变成了初始时的蓝色。

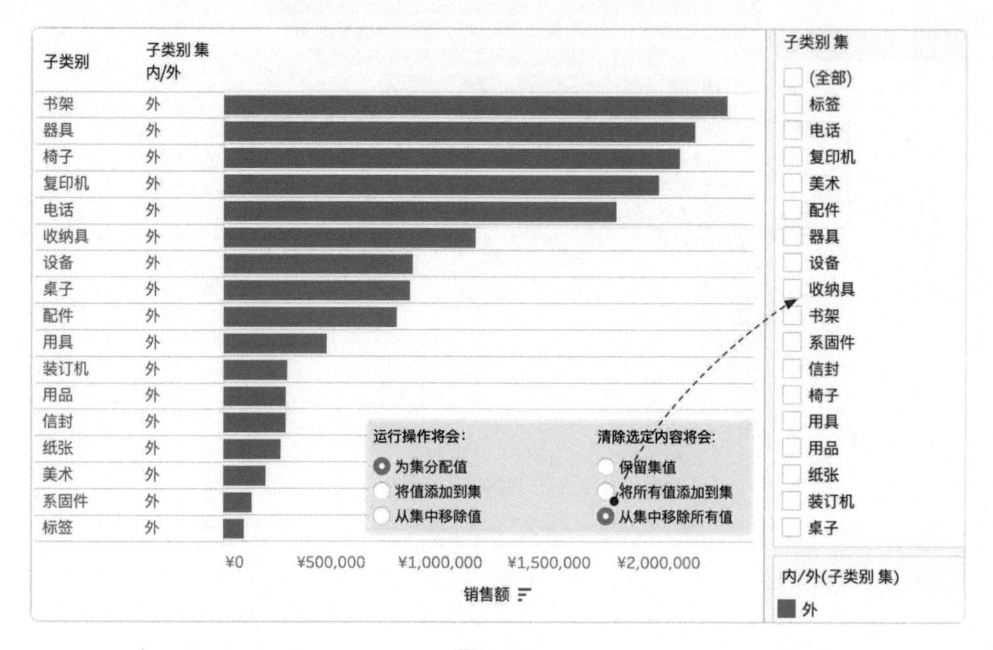

图 5-14

从这个例子中可以看出灵活搭配“运行操作将会：”和“清除选定内容将会：”两种操作，在实际使用过程中会产生各种不同的交互效果，从而大大提升视图使用的效率。

第6章　筛选器顺序

在学习 Tableau 的过程中，筛选器的操作顺序也是时常令人困惑的一个知识点。因为筛选器的类型多，其执行的先后顺序直接影响视图数据的计算结果。对初学者来说，如果不理解筛选器的执行顺序是如何影响数据计算结果的，则将直接导致自己无法完成视图的创建。只有充分领会筛选器与计算字段的相互作用，才能在计算视图数据时得心应手。

如图 6-1 所示，Tableau 主要的筛选器有 6 种，分别是数据提取筛选器、数据源筛选器、上下文筛选器、维度筛选器、度量筛选器、表计算筛选器。用户可以通过这些筛选器将数据源数据经过层层筛选，从而得到可供使用的视图数据。同时，这些筛选器由于执行顺序不同，也会直接影响不同计算类型的结果。每种计算类型得到的结果可以直接作为下一步的筛选器使用。例如，FIXED 计算的结果可以作为维度筛选器使用，表计算的结果也可以作为表计算筛选器使用。

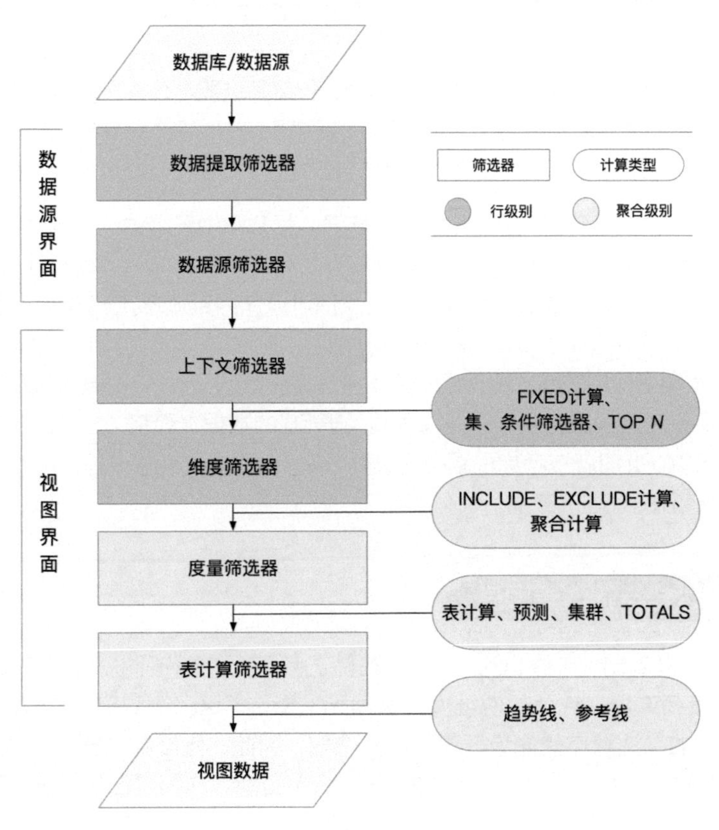

图 6-1

数据提取筛选器和数据源筛选器在数据源界面中（图 6-2），属于构建视图前的准备阶段。数据提取筛选器的作用是当数据库（数据文件）中的数据被提取到本地存储时，对数据进行筛选，以便提高数据查询的效率。数据源筛选器则将数据库（数据文件）中的数据，或数据提取后的数据，通过筛选最终推送给视图界面使用。只要是“行级别字段”都可以作为这两个筛选的过滤条件。这两种筛选器的使用比较简单，并不对视图中创建图表的过程产生影响，故不作为本书的重点。

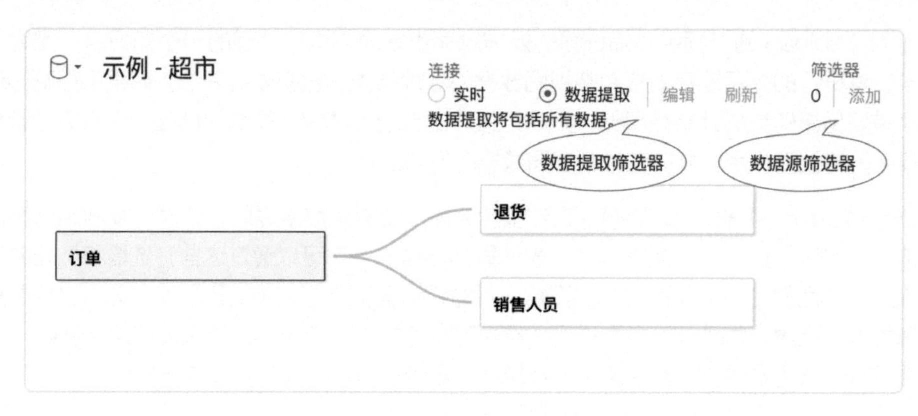

图 6-2

在视图界面中，有 4 种筛选器：上下文筛选器、维度筛选器、度量筛选器、表计算筛选器。其中，上下文筛选器是视图界面筛选器中等级最高的筛选器，其他筛选器都只能使用上下文筛选器筛选后的数据，因此，可以说它是构建视图数据的总闸门。

另外，也需要特别注意维度筛选器和度量筛选器。第 2 章中已经讲过，维度字段和度量字段是可以相互转换的，因此，这里的维度筛选器和度量筛选器并不只是通过数据源默认的维度字段和度量字段来区分的。应该说，只要是“行级别字段”都可以作为维度筛选器使用，包括使用 FIXED 函数的字段、集、TOP *N* 等。度量筛选器更确切的名称应该是“聚合度量筛选器”，指使用“聚合度量”作为筛选器的情况。比如，将“销售额”字段置于筛选器中，选择销售额大于 50，其性质是维度筛选器，保留的是数据源中每一行销售额大于 50 的数据。而将“SUM([销售额])>50”这个字段置于筛选器中，此时就应考虑视图中的维度，如视图中的维度是产品，那么视图中保留的就是各产品中总销售额大于 50 的产品。

6.1 LOD 表达式与筛选器顺序

从图 6-1 中可以看出，3 种 LOD 表达式在筛选顺序上有所不同。FIXED 表达式的筛选顺序优先级高于维度筛选器，也就是说维度筛选器无法影响 FIXED 计算的结果，而 EXCLUDE、INCLUDE 表达式的筛选顺序优先级低于维度筛选器，因此，维度筛选器可以影响 EXCLUDE、INCLUDE 计算的结果。如图 6-3 所示，如果将“订单日期”作为维度筛选器，那么当发生筛选行为时，FIXED 计算的结果不会发生改变，而 EXCLUDE、INCLUDE 计算的结果均发生了变化。

图 6-3

如果将“订单日期”改为上下文筛选器，那么“订单日期”作为视图中优先级最高的筛选器，对 3 种 LOD 表达式的结果都会产生影响。如图 6-4 所示，当筛选行为发生后，3 种 LOD 表达式的计算结果均发生了变化。

图 6-4

但是在 FIXED 表达式上还有一种极为特殊的情况，下面使用前面使用过的“迷你超市数据”进行演示。如图 6-5 所示，把新建的计算字段“子类别销售额”:{ FIXED [子类别]:SUM([销售额])}拖到视图中，将“类别”作为维度筛选器使用，并随意筛掉一个类别，此时会发现计算结果发生了变化，这好像不符合 FIXED 计算的逻辑，似乎维度筛选器也影响了 FXIED 计算的结果。

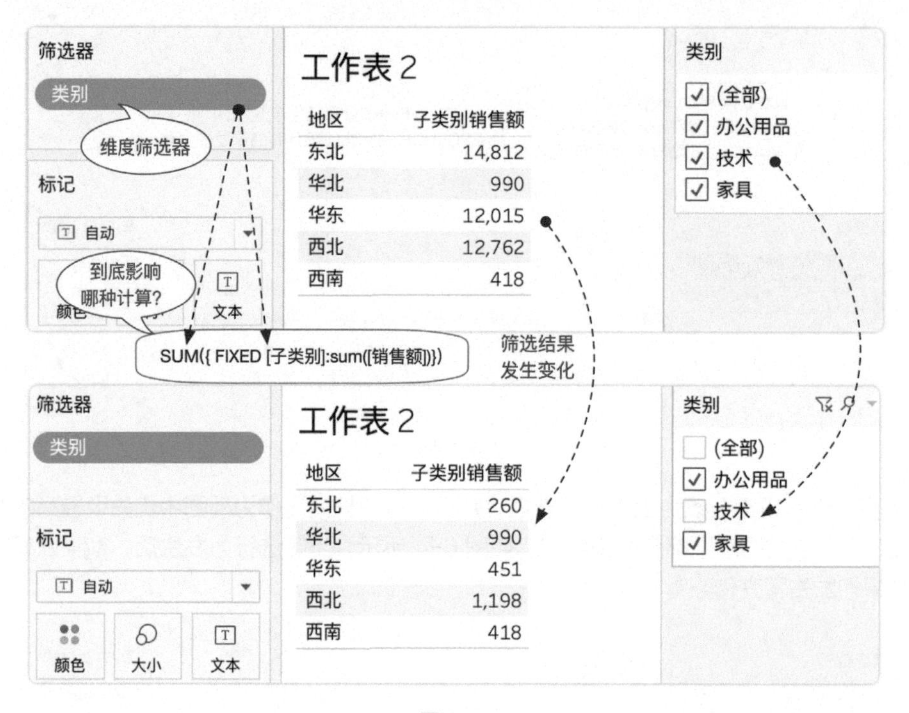

图 6-5

但这只是一个假象。因为 FIXED 计算的结果是行级别的，下面还是将 FXIED 计算的结果模拟到数据源中（图 6-6）。作为维度筛选器的“类别”在筛掉技术这个值的时候，将类别为“技术”的行筛掉了，那么这个视图中的数据就只包含“办公用品”和“家具”这两个类别的数据。而视图中的“SUM([子类别销售额])”是被作为一个聚合计算字段使用的，此时会受到维度筛选器的影响，所以聚合计算的结果也就发生了变化。

实际上，只有上下文筛选器能直接影响 FIXED 计算的结果。当 FIXED 计算在视图中二次聚合时，维度筛选器并不会影响 FIXED 计算本身，而是通过影响二次聚合来间接影响 FIXED 计算展现的结果。对于这个例子中的“子类别销售额”字段，其计算结果中每一个值都是固定不变的，但是由于维度筛选器的优先级高于聚合计算，所以在视图中再聚合的时候，有些值已经被维度筛选器提前筛掉了，造成了好像是维度筛选器影响了 FIXED 计算结果的局面。

这是使用极为特殊的数据源构造的例子，在实际工作场景中较少发生，但这也提醒我们应该时刻保持对筛选器顺序问题的警惕，如果发生了类似问题应该知道如何定位原因。

超市数据 订单 Id	超市数据 地区	超市数据 子类别	超市数据 类别	超市数据 产品名称	超市数据 销售额	子类别销售额
US-2020-4297166	东北	系固件	办公用品	Accos 按钉, 整包	122	260
US-2020-4297166	东北	系固件	办公用品	Stockwell 订书钉, 每包 12 个	138	260
CN-2021-5801711	东北	复印机	技术	[illegible]	[illegible]	2369
CN-2021-2396895	东北	电话	技术	[illegible]	12,183	12183
US-2021-3017568	华东	用品	办公用品	Kleencut 开信刀, 工业	321	451
US-2021-1357144	华东	用品	办公用品	Fiskars 剪刀, 蓝色	130	451
CN-2019-4497736	华东	设备	技术	[illegible]	[illegible]	11564
CN-2019-5717181	华北	信封	办公用品	Kraft 搭扣信封, 红色	293	418
CN-2019-5717181	华北	书架	家具	宜家 书架, 传统	572	572
CN-2021-4838467	西北	收纳具	办公用品	Smead 文件车, 蓝色	1,198	1198
CN-2018-4195213	西北	设备	技术	[illegible]	[illegible]	11564
CN-2021-1973789	西南	信封	办公用品	GlobeWeis 搭扣信封, 红色	125	418

类别为技术的值被筛掉了

类别为技术的值被筛掉了

类别为技术的值被筛掉了

图 6-6

6.2 排序与筛选器顺序

TOP *N*（排名前 *N*）也是 Tableau 中常用的功能。图 6-1 中的 TOP *N* 特指通过集添加的 TOP *N* 操作，其计算顺序与 FIXED 计算的顺序相当，位于上下文筛选器和维度筛选器之间，属于行级别的运算，用于计算整个数据集的 TOP *N*。

如图 6-7 所示，创建销售额 TOP 5 的“城市 集”，图中所示的 5 个城市是所有产品销售额合计值在前 5 名的城市。在数据集层面，与这 5 个城市相关的所有行都已经被标记为在集内。由于集计算的优先级更高，其结果可以作为维度筛选器使用，那么将“城市 集”拖到筛选器，就可以筛选出销售额 TOP 5 的城市。

如果增加一个“子类别”筛选器，仅保留“桌子”选项，就会发现只有 4 个城市，“北京”那一行已经没有了。由于“北京”这个城市没有销售过“桌子”这个子类别的商品，所以当筛选器只保留数据集中与“桌子”有关的行后，“北京”的数据也就全部被筛掉了。即使“北京”在所有产品的销售额 TOP 5 中，此时也不会出现在结果中，其中的原理与第 6.1 节讲的 LOD 表达式与维度筛选器的关系相似（参考图 6-6）。

如果希望子类别筛选器起作用，就需要将子类别筛选器调整成上下文筛选器（图 6-8），但此时就变成了计算“桌子”的销售额 TOP 5 的城市。

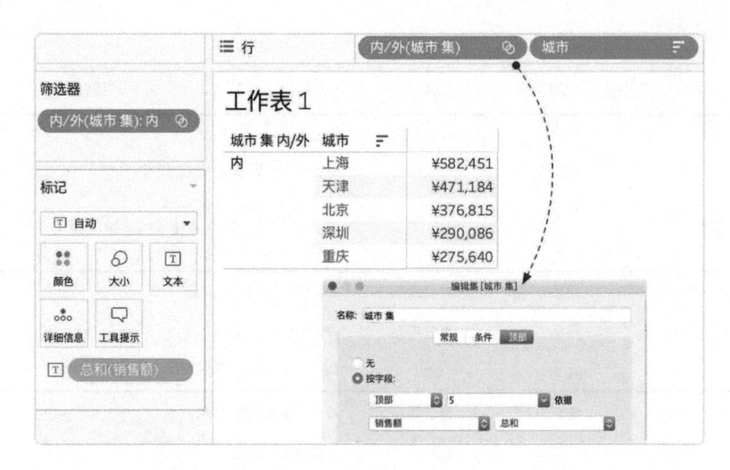

图 6-7

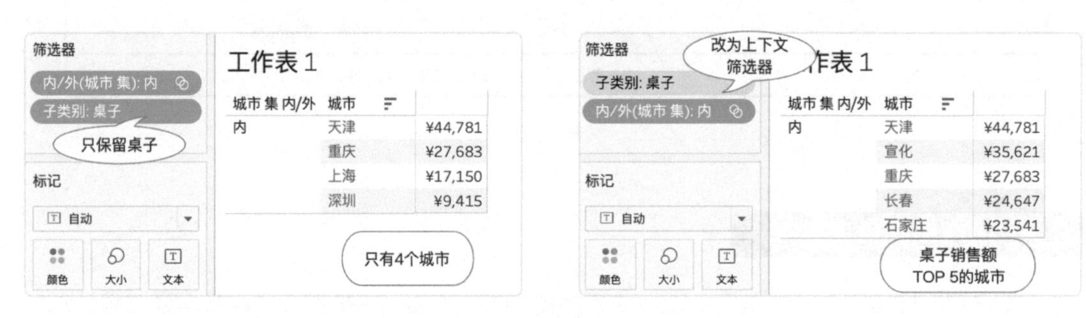

图 6-8

假如想计算各省 / 自治区销售额 TOP 5 的城市，使用集就不能完成这个任务了。Tableau Desktop 中没有类似于 Tableau Prep 中的 PARTITION 和 ORDERBY 函数，所以在行级别层面无法完成这种分组排序的需求，这时不妨考虑排名函数 RANK。 RANK 函数是一个表计算函数，通过 RANK 函数计算出排名后，再通过表计算筛选器将排名靠后的城市筛掉即可。

新建计算字段“RANK 销售额排名”:**RANK(SUM([销售额]))**。如图 6-9 所示[1],编辑表计算依据,将“省 / 自治区”作为分区,将“城市”作为方向,可以计算出各省 / 自治区的不同城市的销售额排名。将“RANK 销售额排名”拖到筛选器 (表计算筛选器),编辑同样的表计算依据后,只保留第 1~5 名,就得到了各省 / 自治区销售额 TOP 5 的城市。

如果再增加“省 / 自治区”筛选器筛选省 / 自治区（图 6-10），则视图先执行“省 / 自治区”筛选（维度筛选器），再执行“RANK 销售额排名”（表计算），然后执行“RANK 销售额排名”筛选器（表计算筛选器），那么得到的仍然是各省 / 自治区销售额 TOP 5 的城市。[2]

1 为了便于统计数据，在此类视图数据中，除了昌平区、门头沟区、顺义区，以及房山区的良乡镇，北京市其他的市辖区的数据合并在“北京”的数据中。

2 使用 INDEX 函数结合销售额进行排序，也可以达成类似的效果。后面的案例中会大量使用 INDEX 函数。

省/自治区	RANK销售额排名	城市	
安徽	1	宿州	¥137,112
	2	合肥	¥82,421
	3	大同	¥65,633
	4	芜湖	¥56,410
	5	淮南	¥43,026
北京	1	北京	¥376,815
	2	昌平	¥13,264
	3	门头沟	¥13,161
	4	顺义	¥2,585
	5	良乡	¥1,924
福建	1	厦门	¥144,802
	2	泉州	¥101,809
	3	福州	¥78,509
	4	洛阳	¥66,592
	5	莆田	¥48,208
甘肃	1	肃州	¥78,772

图 6-9

省/自治区	RANK销售额排名	城市	
北京	1	北京	¥376,815
	2	昌平	¥13,264
	3	门头沟	¥13,161
	4	顺义	¥2,585
	5	良乡	¥1,924
福建	1	厦门	¥144,802
	2	泉州	¥101,809
	3	福州	¥78,509
	4	洛阳	¥66,592
	5	莆田	¥48,208

图 6-10

下面增加难度，要求在筛选不同的“省 / 自治区”时，仍然可以查看城市销售额的总体排名。从图 6-11 中可看到，由于“省 / 自治区”是维度筛选器，所以排名只是所选择的省 / 自治区中城市销售额的排名，而要显示数据集中几百个城市的总排名，看起来用常规方法是无法完成的。

下面保留所有城市的总排名，也就是需要“省 / 自治区”的筛选不能影响 RANK 函数的计算结果。由于 RANK 函数是表计算函数，而不影响表计算函数的筛选器就只有表计算筛选器，所以只有使用表计算函数计算出一个新的“省 / 自治区”字段，才能完成这个需求。

如图 6-12 所示，新建计算字段“LOOKUP 省”：**LOOKUP(MAX([省 / 自治区]),0)**，LOOKUP 函数是表计算偏移函数，如果偏移值为 0，得到的结果就是 MAX([省 / 自治区]) 本身，所以就通过这种方式构造出了由表计算得到的“省 / 自治区”字段，筛选这个字段就可以不影响 RANK 计算的结果，得到所有城市销售额的总排名。

图 6-11

图 6-12

通常，表计算被应用于度量字段，但在这个例子中通过对维度字段进行表计算操作，并结合筛选器顺序的知识，完成了这种特殊场景的需求。

第7章　数据桶

在绘制高级图表的过程中，数据桶也是一件必不可少的秘密武器。数据桶的本质是对连续型数值数据进行分组，新创建的数据桶默认作为维度使用（图 7-1）。

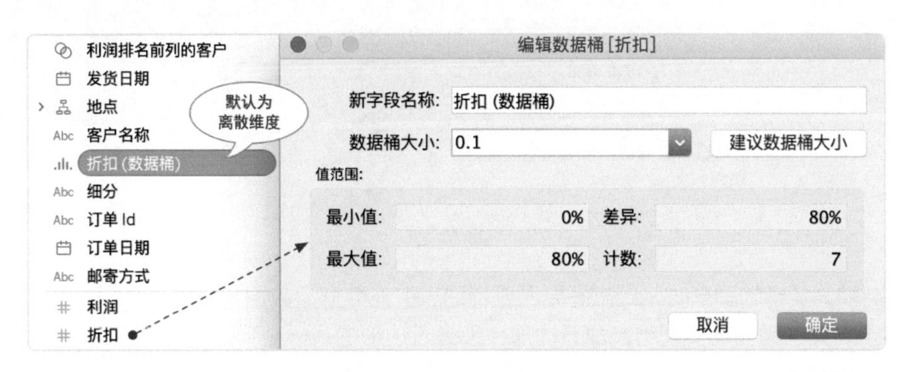

图 7-1

在新建数据桶时，系统会根据数据桶的最大值、最小值，以及所选择的数据桶大小，依据左闭右开原则对数据进行分组。通过数据源界面（图 7-2）可以发现，折扣 0% 实际上被分到 [0%,1%) 这一组，值显示为 0%；25% 被分到 [20%,30%) 这一组，值显示为 20%；40% 被分到 [40%,50%) 这一组，值显示为 40%。虽然数据桶本身是将某一范围的数据进行了重新分组，其结果是一个数值型的字段，可以转换为连续字段使用，但不能转换成度量。

Abc 订单 产品名称	# 订单 销售额	# 订单 数量	# 订单 折扣	# 订单 利润	组 制造商	数据桶 折扣 (数据桶)
Cardinal 装订机, 回收	¥397	6	0%	¥127	Cardinal	0%
Cardinal 孔加固材料, ...	¥90	4	0%	¥10	Cardinal	0%
Cardinal 打孔机, 透明	¥923	7	0%	¥286	Cardinal	0%
Cardinal 装订机, 耐用	¥286	4	0%	¥71	Cardinal	0%
Cardinal 孔加固材料, ...	¥121	9	40%	¥59	Cardinal	40%
Chromcraft 会议桌, ...	¥9,178	3	25%	¥1,101	Chromcraft	20%
Chromcraft 木桌, 组装	¥8,470	5	25%	¥1,807	Chromcraft	20%

图 7-2

当数据桶作为离散字段使用时，要特别注意“显示缺失值”是否被勾选上，勾选后即使数据桶所在组的计算结果为空，仍然可以显示全部的数据桶值（图 7-3）。

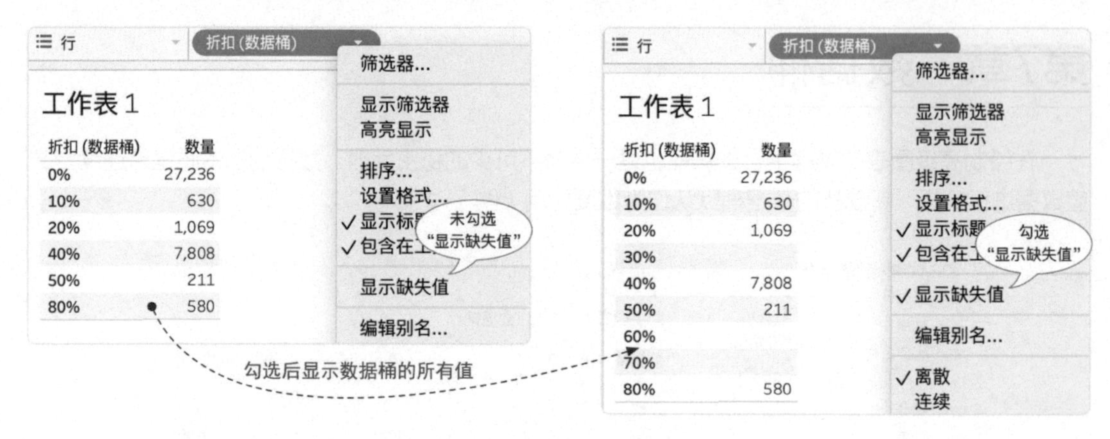

图 7-3

在绘制较为复杂的图形时，经常需要通过辅助表扩充数据源数据，以保证获得足够的数据。如图 7-4 所示，如果需要将类别绘制成五边形，那么五边形的每一个顶点都需要用一行数据来描述，所以需要通过辅助表将数据进行扩充。

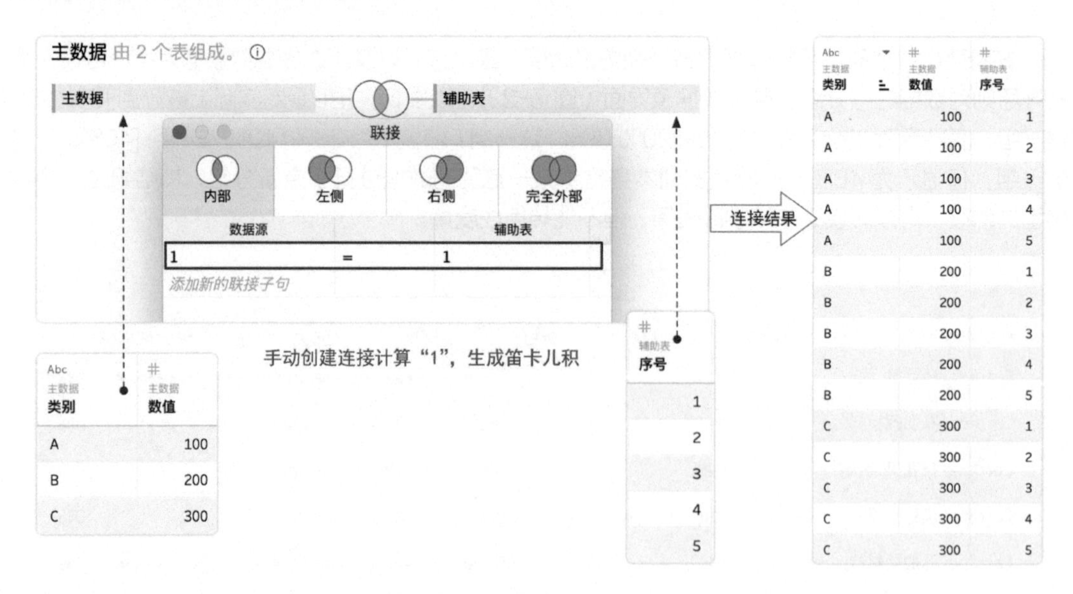

图 7-4

如图 7-5 所示，在通过交叉表构造视图数据时，可以直接使用数据源中的所有字段，并不需要进行其他操作，因为这些数据在数据源中本身就已经存在。

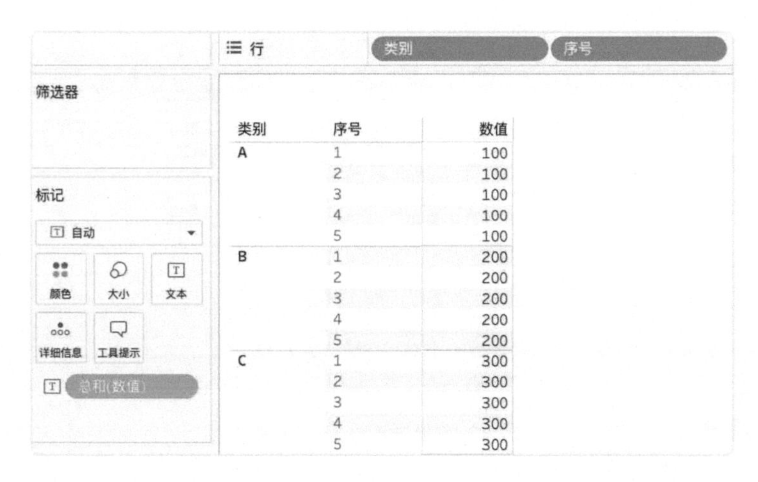

类别	序号	数值
A	1	100
	2	100
	3	100
	4	100
	5	100
B	1	200
	2	200
	3	200
	4	200
	5	200
C	1	300
	2	300
	3	300
	4	300
	5	300

图 7-5

但如果要画一个圆形，就需要辅助表的序号要从 0 排序到 360，因为圆形的每度都需要用一个数据点来描述，这样数据源就要扩充 360 倍，可能造成巨大的性能瓶颈，这时就会利用数据桶来构造视图数据。同样是绘制五边形，此时的辅助表（图 7-6）只需要最大值和最小值，通过同样的连接方式数据源只被扩大了一倍。

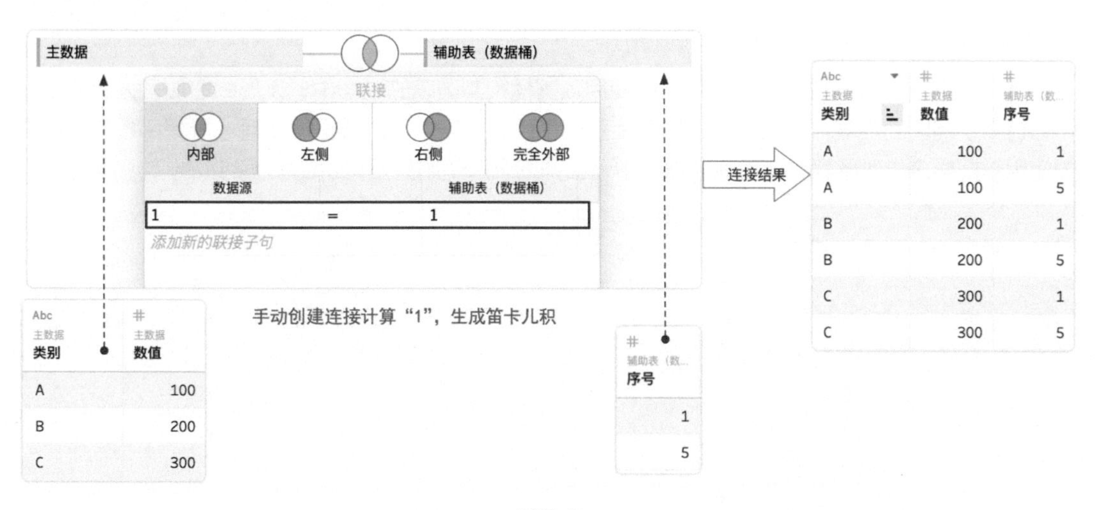

图 7-6

在构造视图数据的过程中，虽然可以将数据桶作为维度使用，但不能直接使用数据桶作为计算字段，因此在使用数据桶绘图时经常需要配合表计算来使用。如图 7-7 所示，在用到“序号”字段时通常需要使用 INDEX 函数来替代，在用到“数值”字段时通常需要使用 WINDOW 类的窗口函数来计算，以保证数值的完整性。

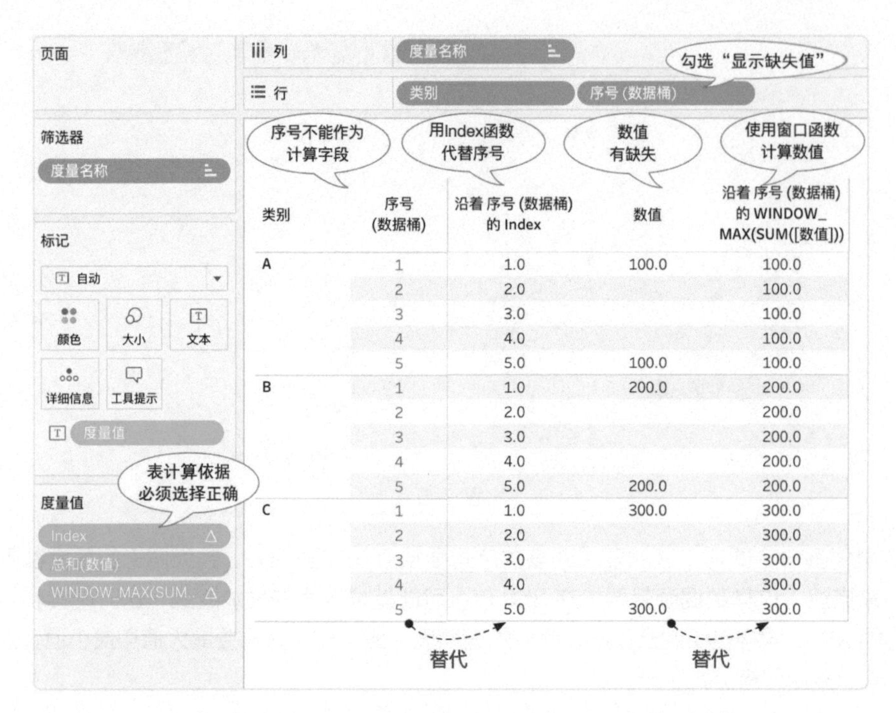

类别	序号 (数据桶)	沿着 序号 (数据桶) 的 Index	数值	沿着 序号 (数据桶) 的 WINDOW_MAX(SUM([数值]))
A	1	1.0	100.0	100.0
	2	2.0		100.0
	3	3.0		100.0
	4	4.0		100.0
	5	5.0	100.0	100.0
B	1	1.0	200.0	200.0
	2	2.0		200.0
	3	3.0		200.0
	4	4.0		200.0
	5	5.0	200.0	200.0
C	1	1.0	300.0	300.0
	2	2.0		300.0
	3	3.0		300.0
	4	4.0		300.0
	5	5.0	300.0	300.0

图 7-7

数据桶的这种特殊性，就使得用户在使用数据桶绘制图表的过程中，无形中增加了大量的表计算，提高了制图的难度，但也因此在性能上获得了巨大提升。所以要根据实际场景综合考量是否需要使用数据桶来构建图表。在后面的章节中还会详细讲解使用数据桶绘制图表的案例。

第2部分

第8章　基础篇——基本绘图逻辑

8.1　VizQL 语言

说到 Tableau 的绘图逻辑就不得不提到 VizQL 语言，VizQL 是一种数据库的可视化查询语言，它是 Tableau 所有产品可视化渲染背后的根基。如图 8-1 所示，在 Tableau 中的拖曳、筛选、改变标记等操作都会通过 VizQL 转化成 SQL 或 MDX 语句，查询之后的结果又通过 VizQL 渲染成最终的图表。可以说正是 VizQL 的出现，让可视化分析原本较高的技术门槛瞬间变得平民化，抚平了业务与技术之间的鸿沟，也正是因为 VizQL 才使得 Tableau 能在所有 BI 软件中独树一帜。

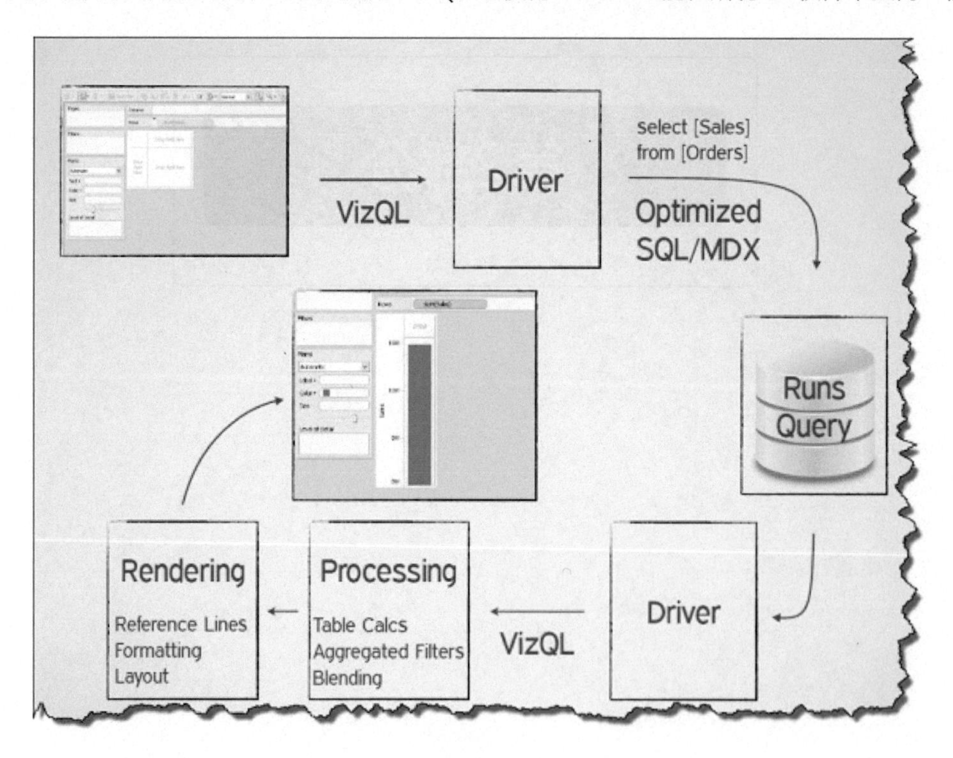

图 8-1

目前，市面上几乎所有的 BI 软件都是以图表库方式出现的，用户能够使用什么样的图表，取决于系统中提供了什么样的图表模板。这样的方式对有明确报表需求，完全清楚自己需要使用哪种图表的人来说，可以非常快速地构建业务仪表板，大大地提升了报表开发的效率，这是一种典型的 IT 开发逻辑。但这种方式对数据分析师并不一定是最有效的。对数据分析师来说，数据分析的过程是一个不断假设、不断验证的探索过程，在这个过程中需要不断地调整、修正，最终形成一套完整的可视化呈现方案，这是一种更符合分析思维的方式。其他 BI 软件是提前预设了要呈现的图表，再把业务分析里的逻辑套用到现有的图表中去，这样会经常打断数据分析师的探索过程，而 Tableau 这种自由的探索过程、流畅的可视化体验，对数据分析师来说无疑是一件不可多得的利器。从这个意义上讲，BI 软件的分类只有“Tableau”和“其他”。

8.2　从智能推荐开始

Tableau 的“智能推荐”中包含了常用的 24 种图表，虽然这些图表并不是本书讲解的重点，但是理解这些基本图表的绘制思路，却是理解 VizQL 并进阶到高级图表的必经之路。我给本书读者的建议是，通过智能推荐构建出这 24 种图表，并根据前面学到的理论知识去拆解这些图表，查看它们是如何构成的，特别是要理解行 / 列功能区、标记栏、维度和度量、离散和连续是如何起作用的。经过一段时间的练习之后，看是否能够脱离智能推荐，手动复现这 24 种图表。当你能够不通过智能推荐自行完成这 24 种图表时，就说明你已经基本理解了 Tableau 的绘图逻辑，可以进入对高级图表的学习了。

下面来举一个简单的例子：堆叠条形图（图 8-2）。“年（订单日期）”这个字段放到列功能区上形成了横坐标，由于它是离散字段，所以横坐标绘制的是标题（表头），同时它又是维度字段，所以也影响视图的详细级别。“总和（数量）”这个聚合度量放到行功能区上形成了纵坐标，由于是连续字段，所以绘制的是 *Y* 轴。“类别”这个离散的维度放到标记栏的“颜色”栏上，不仅形成了离散的颜色（区别于连续字段形成的渐变颜色），同时也影响了视图的详细级别。通过这样的分析，就能够清晰地理解视图中每一个元素的作用，理解每一种图表的底层绘制逻辑。

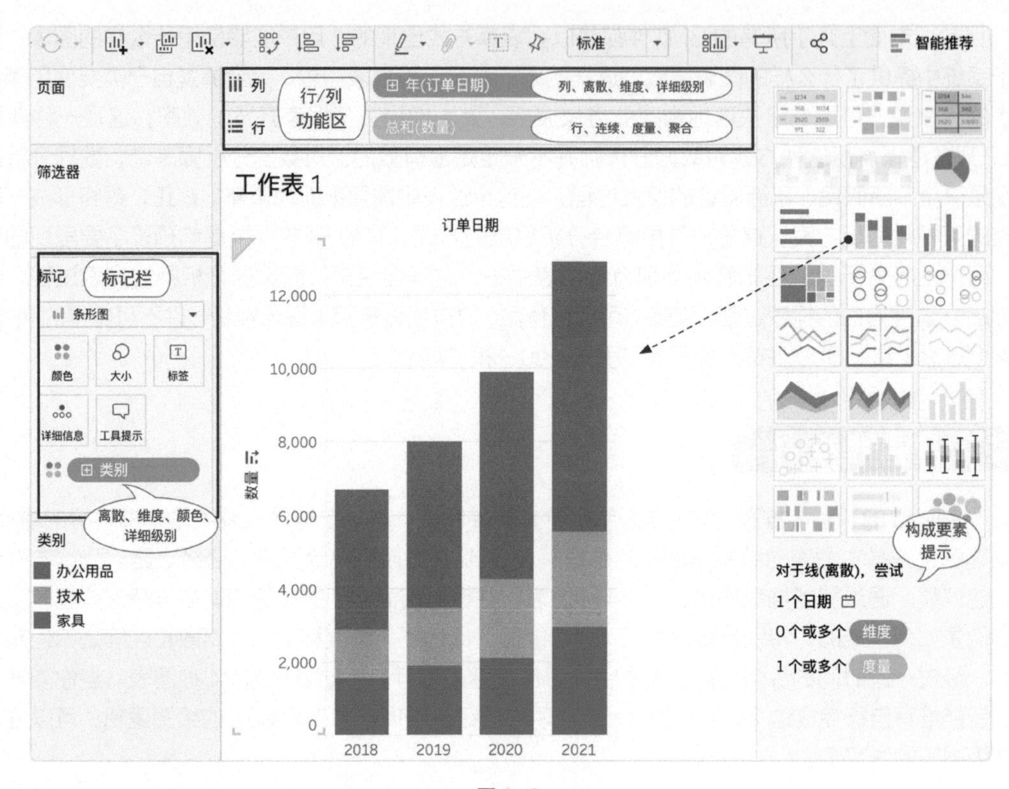

图 8-2

8.3 图形结构

在第 1 章的基础知识中，已经讲解过离散字段和连续字段在绘图中的作用，在行 / 列功能区上离散字段创建表格，连续字段创建坐标轴，而离散字段与连续字段的组合就决定了一个图形的整体结构。理论上两者的组合有 4 种可能：无字段、离散 + 离散、连续 + 连续、离散 + 连续[1]。

1. 无字段

最简单的情况就是在行 / 列功能区中没有任何离散或连续字段，最典型的图形是词云图。如图 8-3 所示，行 / 列功能区中没有字段，而画布中也仅有文本元素，这时系统会根据大小属性以及画布的大小自动将文本平铺在整个画布上。

运用同样的原理，如果将文本改为“方形”，视图就会变成树图，改为“圆”就会变成气泡图（图 8-4），这其实就是 Tableau 图形语法的魅力所在。

1 只有一个离散字段的情况归为离散 + 离散类型，只有一个连续字段归为连续 + 连续类型。

图 8-3

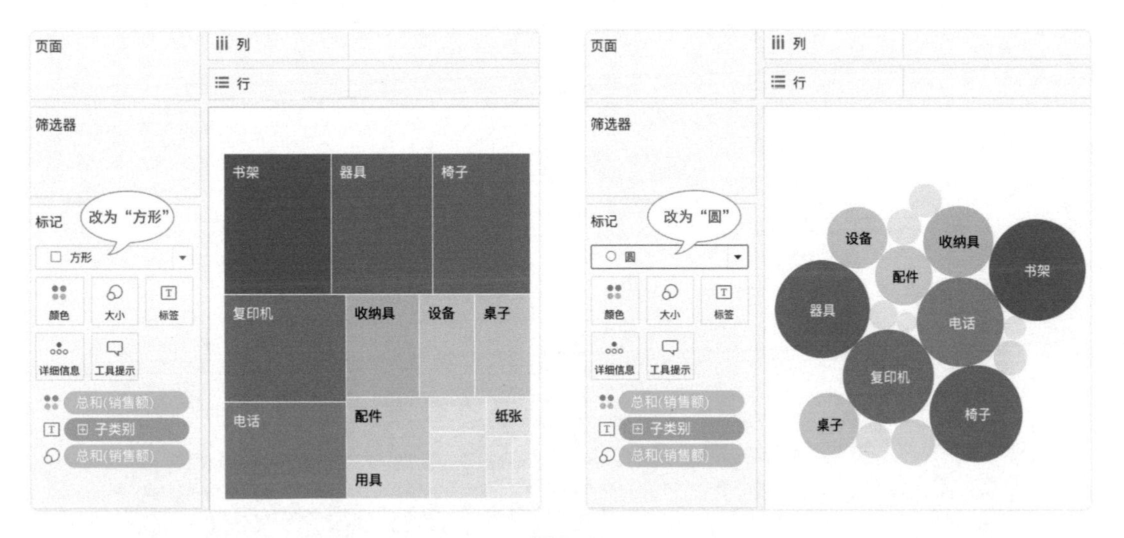

图 8-4

2. 离散 + 离散

将离散字段放置到行 / 列功能区以后，系统自动生成了标题，也就是表格，最典型的是文本表（交叉表）。如图 8-5 所示，列功能区上的“地区”字段创建了横向表头，行功能区上的“类别”和“子类别”字段创建了纵向的表头，最终形成了一张文本表。

如果希望将文本表变成突出显示表，就可以将标记类型改为“方形”，同时用“销售额”标记颜色（图 8-6），用这种方式修改标记功能区，虽然改变了图表的类型，但并没有改变图形的整体结构。

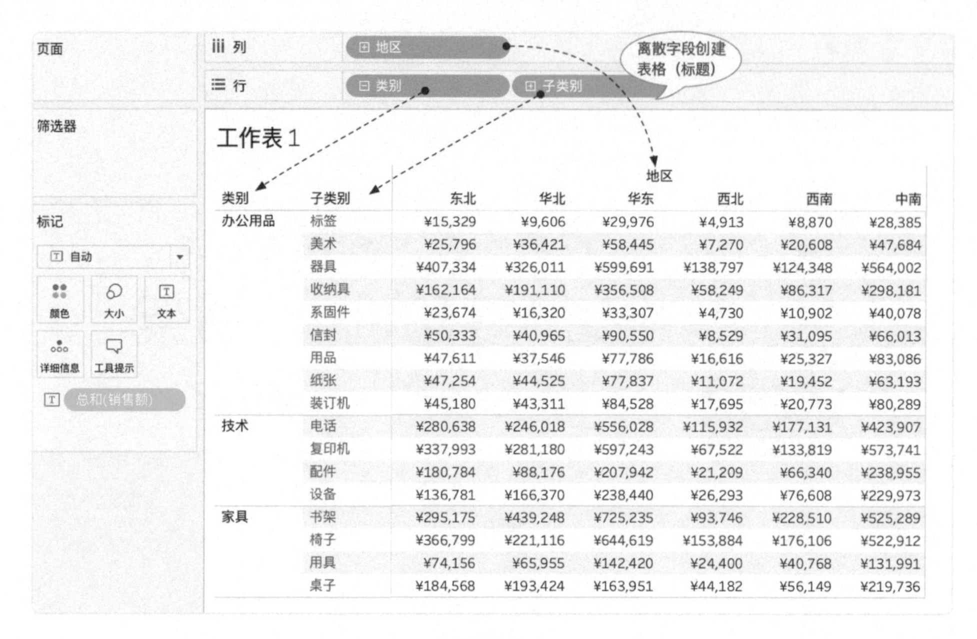

类别	子类别	东北	华北	华东	西北	西南	中南
办公用品	标签	¥15,329	¥9,606	¥29,976	¥4,913	¥8,870	¥28,385
	美术	¥25,796	¥36,421	¥58,445	¥7,270	¥20,608	¥47,684
	器具	¥407,334	¥326,011	¥599,691	¥138,797	¥124,348	¥564,002
	收纳具	¥162,164	¥191,110	¥356,508	¥58,249	¥86,317	¥298,181
	系固件	¥23,674	¥16,320	¥33,307	¥4,730	¥10,902	¥40,078
	信封	¥50,333	¥40,965	¥90,550	¥8,529	¥31,095	¥66,013
	用品	¥47,611	¥37,546	¥77,786	¥16,616	¥25,327	¥83,086
	纸张	¥47,254	¥44,525	¥77,837	¥11,072	¥19,452	¥63,193
	装订机	¥45,180	¥43,311	¥84,528	¥17,695	¥20,773	¥80,289
技术	电话	¥280,638	¥246,018	¥556,028	¥115,932	¥177,131	¥423,907
	复印机	¥337,993	¥281,180	¥597,243	¥67,522	¥133,819	¥573,741
	配件	¥180,784	¥88,176	¥207,942	¥21,209	¥66,340	¥238,955
	设备	¥136,781	¥166,370	¥238,440	¥26,293	¥76,608	¥229,973
家具	书架	¥295,175	¥439,248	¥725,235	¥93,746	¥228,510	¥525,289
	椅子	¥366,799	¥221,116	¥644,619	¥153,884	¥176,106	¥522,912
	用具	¥74,156	¥65,955	¥142,420	¥24,400	¥40,768	¥131,991
	桌子	¥184,568	¥193,424	¥163,951	¥44,182	¥56,149	¥219,736

图 8-5

页面
iii 列 ⊞ 地区
☰ 行 ⊟ 类别 ⊞ 子类别
筛选器
标记 修改成“方形”
方形
颜色 大小 标签
详细信息 工具提示 增加颜色
总和(销售额)
总和(销售额)

工作表 1

类别	子类别	东北	华北	华东	西北	西南	中南
办公用品	标签	¥15,329	¥9,606	¥29,976	¥4,913	¥8,870	¥28,385
	美术	¥25,796	¥36,421	¥58,445	¥7,270	¥20,608	¥47,684
	器具	¥407,334	¥326,011	¥599,691	¥138,797	¥124,348	¥564,002
	收纳具	¥162,164	¥191,110	¥356,508	¥58,249	¥86,317	¥298,181
	系固件	¥23,674	¥16,320	¥33,307	¥4,730	¥10,902	¥40,078
	信封	¥50,333	¥40,965	¥90,550	¥8,529	¥31,095	¥66,013
	用品	¥47,611	¥37,546	¥77,786	¥16,616	¥25,327	¥83,086
	纸张	¥47,254	¥44,525	¥77,837	¥11,072	¥19,452	¥63,193
	装订机	¥45,180	¥43,311	¥84,528	¥17,695	¥20,773	¥80,289
技术	电话	¥280,638	¥246,018	¥556,028	¥115,932	¥177,131	¥423,907
	复印机	¥337,993	¥281,180	¥597,243	¥67,522	¥133,819	¥573,741
	配件	¥180,784	¥88,176	¥207,942	¥21,209	¥66,340	¥238,955
	设备	¥136,781	¥166,370	¥238,440	¥26,293	¥76,608	¥229,973
家具	书架	¥295,175	¥439,248	¥725,235	¥93,746	¥228,510	¥525,289
	椅子	¥366,799	¥221,116	¥644,619	¥153,884	¥176,106	¥522,912
	用具	¥74,156	¥65,955	¥142,420	¥24,400	¥40,768	¥131,991
	桌子	¥184,568	¥193,424	¥163,951	¥44,182	¥56,149	¥219,736

图 8-6

按照这样的思路，制作一张日历表也就变得非常简单了，只需要将订单日期拖到行 / 列功能区，分别改为“工作日”和“周”类型的离散字段即可（图 8-7）。

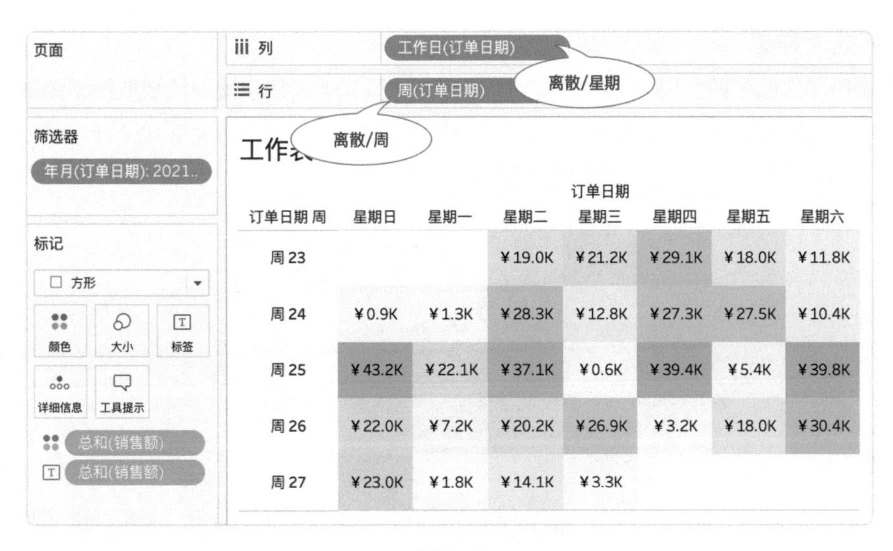

图 8-7

3. 连续 + 连续

将连续字段放置到行 / 列功能区后，系统会自动形成连续的坐标轴，最典型的就是散点图。如图 8-8 所示，列功能区中的字段形成横向坐标轴（X 轴），行功能区中的字段形成纵向坐标轴（Y 轴），两个坐标轴组合起来就构成了散点图的基础。

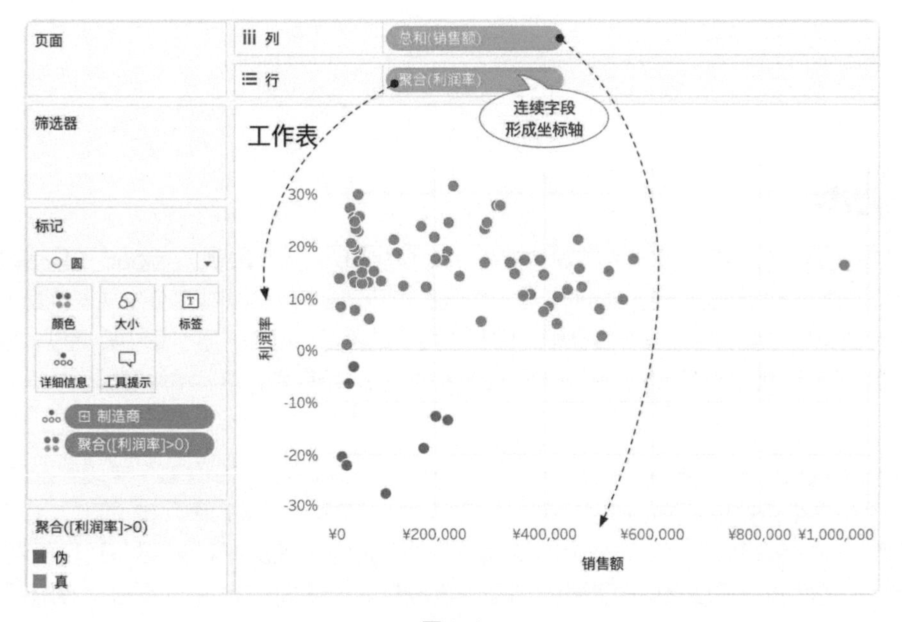

图 8-8

4. 离散 + 连续

离散字段和连续字段也可以同时放置到行 / 列功能区，但连续字段只能被放置于离散字段之后（图 8-9）。也就是说，只能由离散字段先生成表格，然后才能在表格中嵌套坐标轴，这符合构图的基本逻辑，因为我们无法在一个连续的坐标轴上定位表格的位置。

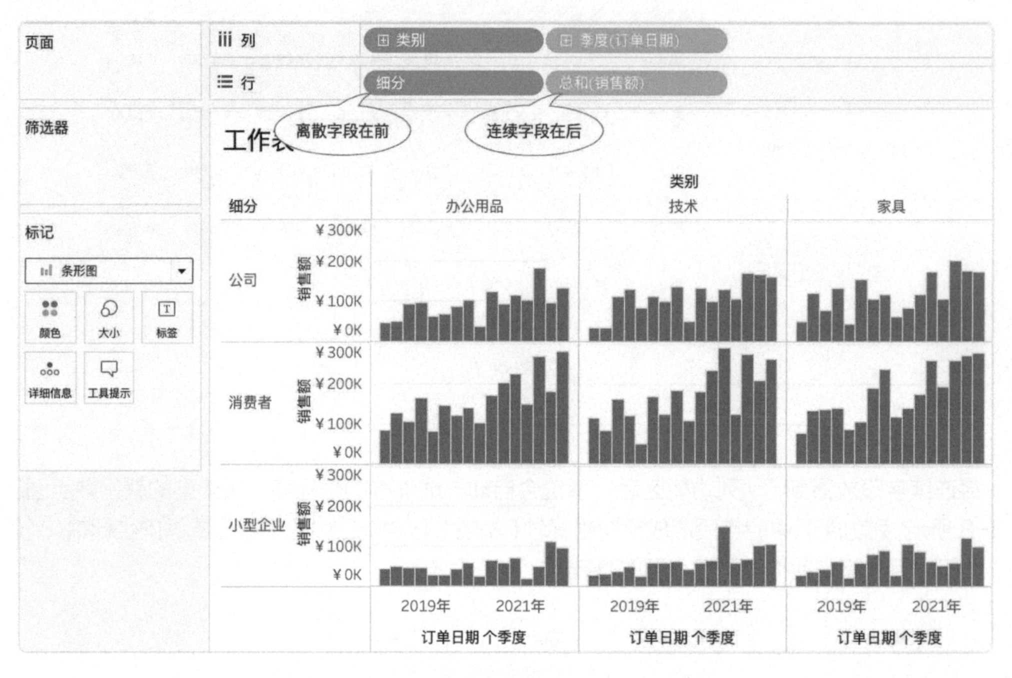

图 8-9

8.4 双轴

双轴在 Tableau 中是一个极为特殊的存在，双轴的出现大大扩展了 Tableau 的图表功能，使用户能绘制出很多以前无法绘制的图形。将一个连续字段放在行 / 列功能区会生成一个坐标轴，如果放置多个连续字段就会生成多个坐标轴，同时也会生成多个标记栏。第 1 章中介绍过，标记栏既可以用来控制图形的类型和属性，也可以用来控制视图的详细级别，这就给绘制图表增加了更多的可能性。

最典型的双轴图表非棒棒糖图莫属。如图 8-10 所示，拖动两个“销售额”字段到行功能区后，形成了两个纵向坐标轴和两个标记栏，将两个标记栏分别调整为“条形图”和“圆”，并改变两个图形的颜色。由于同样使用“地区”作为维度，此时两个图形的详细级别保持一致。这里要说明的是，由于“地区”作为维度已经出现在了列功能区，即使删除标记栏的“地区”字段，也并不影响每个图形的详细级别。

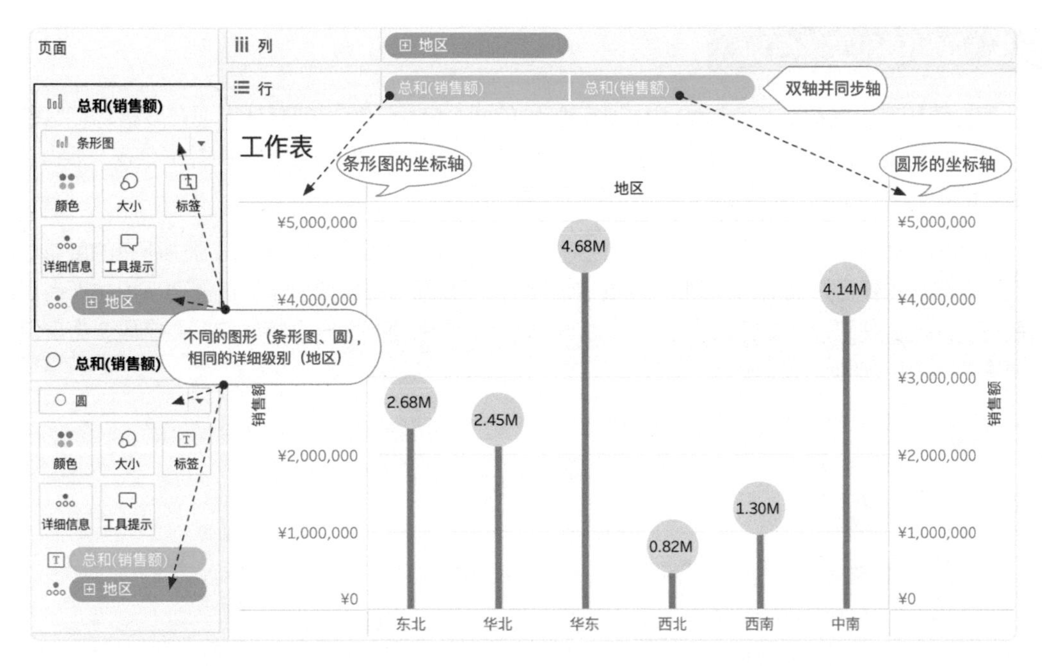

图 8-10

但是，如果在两个标记栏中使用了不同的维度，那么两种图形的详细级别也可以完全不同，典型的图表就是圆环图。如图 8-11 所示，首先，在行 / 列功能区中并没有任何维度字段能影响视图的详细级别，那么饼图中的“类别”维度就决定了饼图的详细级别，因此饼图中的“SUM([销售额])”是各类别的销售额。而圆形的视图中没有加入维度字段，所以“SUM([销售额])”是总销售额。正是由于不同的标记栏可以使用不同的详细级别，这为我们创造出更加丰富的图表提供了更多可能性。

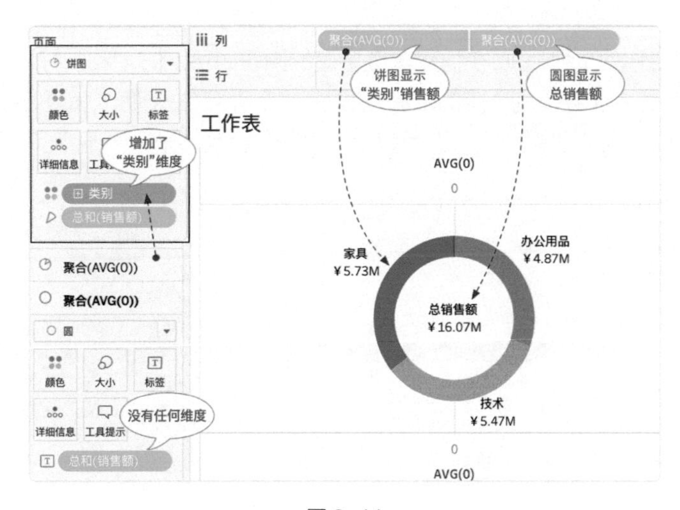

图 8-11

8.5 度量值和度量名称

度量值和度量名称在 Tableau 中是比较特别的两个字段，度量值默认出现在度量功能区的最后，度量名称默认出现在维度功能区的最后，但实际上这两个字段在数据源中并不存在，Tableau 会自动创建这两个字段，用于创建涉及多个度量值的图表。

如图 8-12 所示，这两个字段通常会成对出现，度量值字段可以包含数据源中所有的度量，这些度量以默认的聚合方式被合并到一个绿色胶囊中，而度量名称字段包含了度量值字段中所有度量的名称，并被合并到一个蓝色胶囊中，因此，可以将度量值理解为一个特殊的度量字段，将度量名称理解为一个特殊的维度字段。

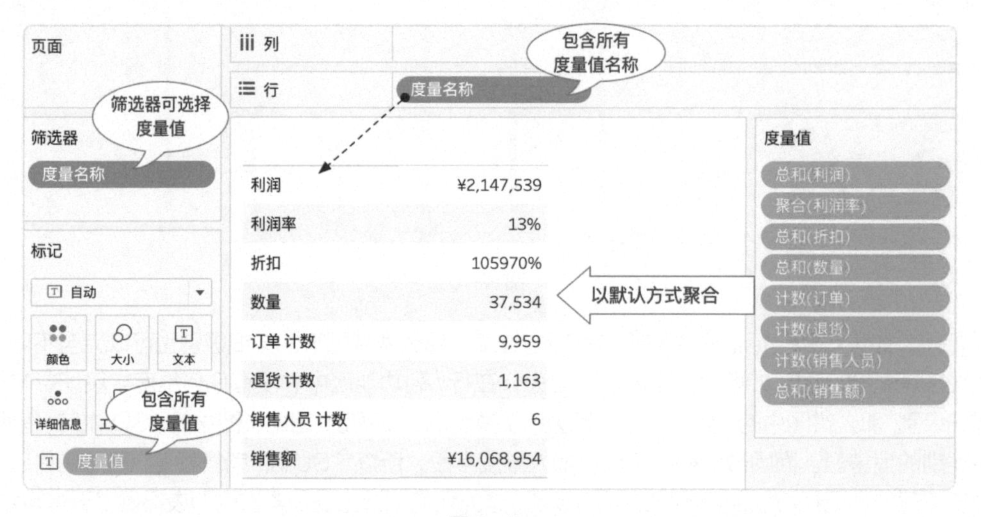

图 8-12

度量值和度量名称使 Tableau 在构建多度量值的图表时更加方便和友好，不需要提前对数据源进行处理。但这种方式也会受到一定的限制，如图 8-13 所示，由于两个度量值共用一个度量值栏，所以无法同时创建两个不同的度量值，进行更复杂的绘图操作。

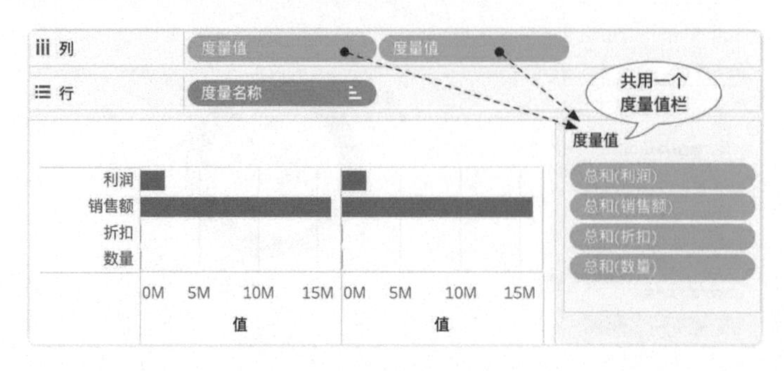

图 8-13

8.6 参考线

参考线在 Tableau 的绘图体系中主要起辅助作用，分为参考线、参考区间、参考分布和盒须图 4 种形式。参考线的计算基于表计算，只能在连续的坐标轴上添加，用于标记某个特定值、区域或者范围。

虽然参考线并不是主要的绘图手段，但在实际场景中经常会使用参考线来制作一些用其他方式无法完成的图表。如图 8-14 所示，在 Tableau 中并没有象限这个概念，所以在制作象限图时需要在散点图的基础上，使用参考线作为区分象限的依据。

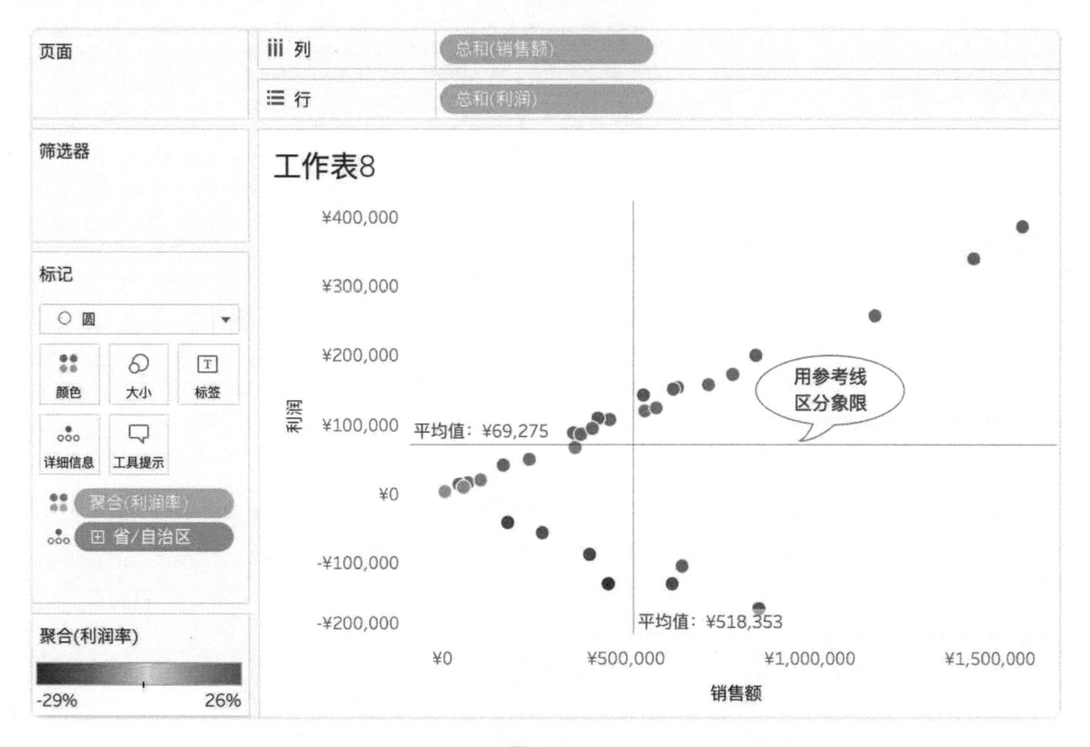

图 8-14

靶心图也是常见的使用参考线绘制的图表之一。在智能推荐中选择靶心图（图 8-15）后，就会发现，系统在条形图的基础上添加了两条参考线，一条参考线用“线”标记计划的目标，另一条参考线用“分布”填充计划完成的百分比（60%，80%）。

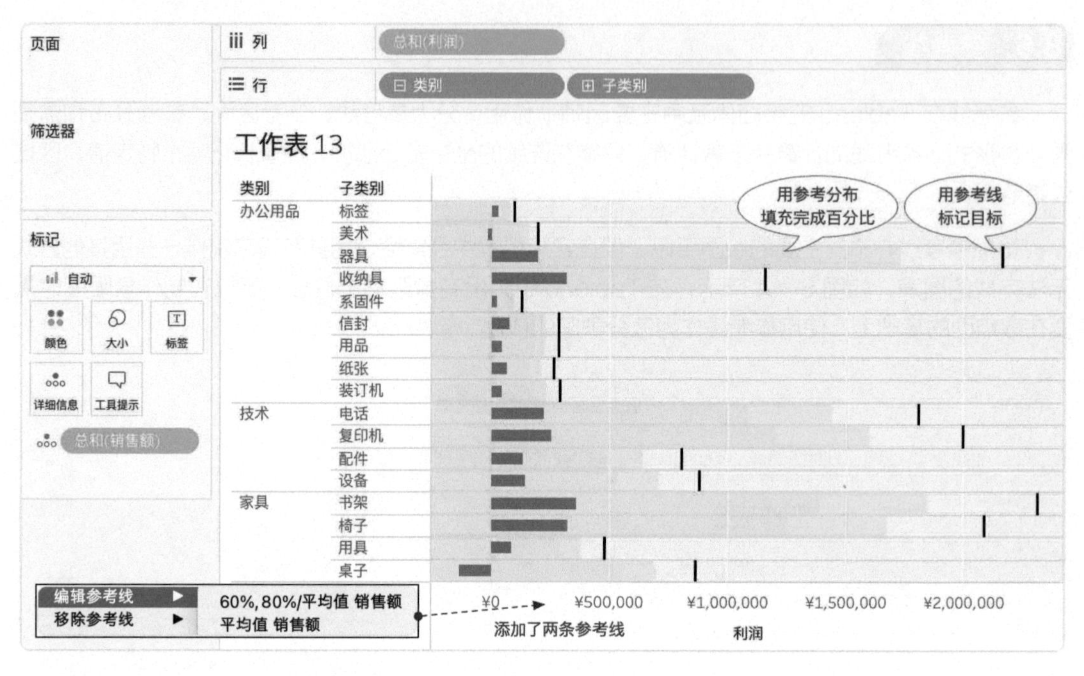

图 8-15

8.7 案例：百分比条形图

前面的几节已经陆续讲解了 Tableau 中最基本的绘图逻辑，下面结合上述内容，通过 3 种方法绘制“百分比条形图”（图 8-16），从而使大家能更加深入地理解这些知识，体验在 Tableau 中绘制图表的灵活性。

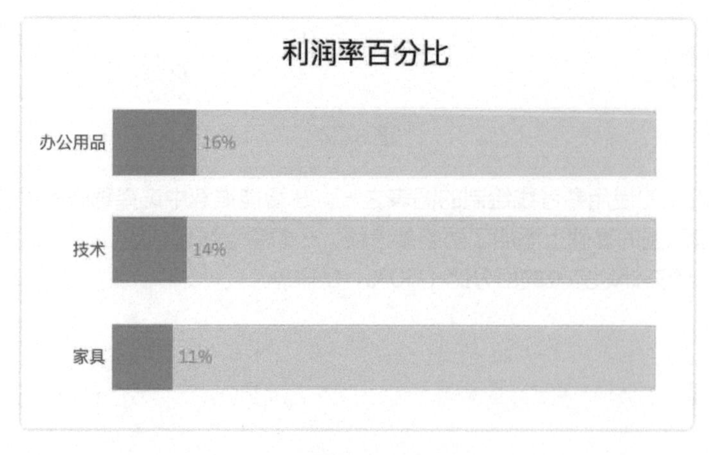

图 8-16

虽然这个图形比较简单，但还是需要先分析一下整个图表的结构和所需要的视图数据。如图8-17所示，要制作这个百分比条形图，视图数据分别需要“类别”“利润率”“目标”3组数据，其中，“类别”是维度字段，同时作为标题（表头）使用，“利润率”和“目标”是度量字段，作为坐标轴使用，标记类型都是条形图。

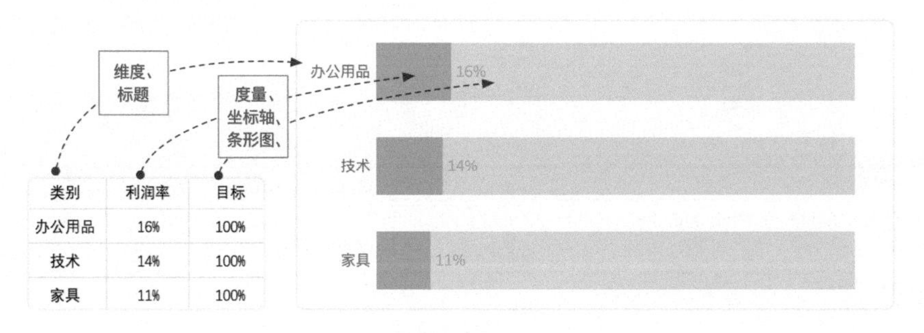

类别	利润率	目标
办公用品	16%	100%
技术	14%	100%
家具	11%	100%

图8-17

基于这样的分析后，就会很自然地想到使用双轴绘制两个度量值的图表。“类别”和“利润率”是数据集中自带的字段，而目标字段中的100%这个值在数据集中并没有出现，在这种情况下通常可以双击列功能区，手动添加一个即席计算字段“AVG(1)”[1]，如图8-18所示，这样就会在视图数据中增加目标值100%，同时形成一个长度为1（100%）的条形图。

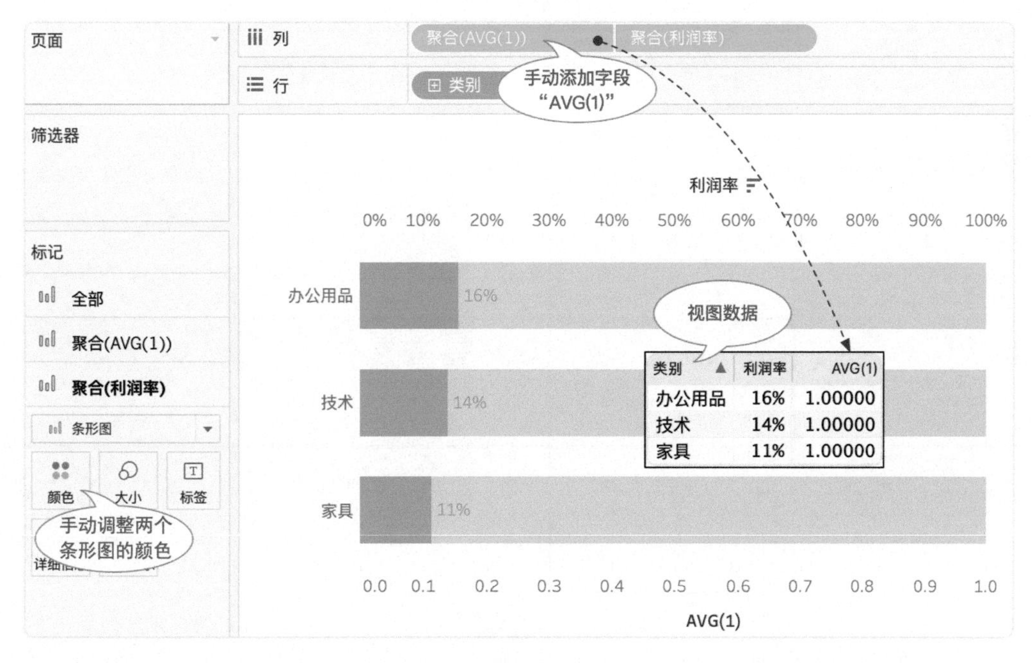

类别	利润率	AVG(1)
办公用品	16%	1.00000
技术	14%	1.00000
家具	11%	1.00000

图8-18

1 这里使用SUM(1)、MAX(1)等均可，并无本质上的区别。

对有两个度量值的图表来说，除了使用双轴的方案，还可以考虑使用度量值和度量名称的方式进行绘制。此时可以在图 8-18 的基础上，直接拖动任意一个度量值到由另一个度量值形成的坐标轴上，就可以自动形成度量值和度量名称（图 8-19）。

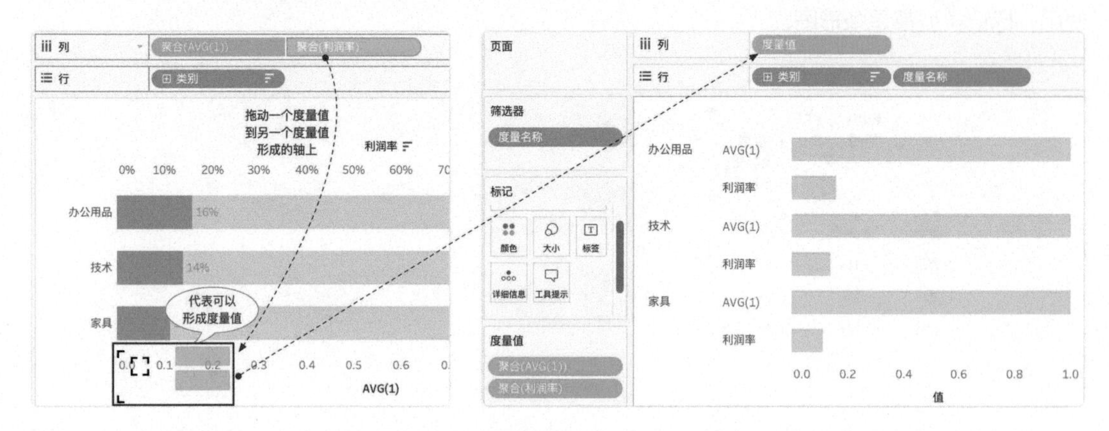

图 8-19

此时需要在菜单栏的“堆叠标记”中选择关闭，以免条形图沿着坐标轴的方向叠加到一起。最后，使用度量名称标记颜色，用利润率显示标签，就可以完成图形的制作，如图 8-20 所示。

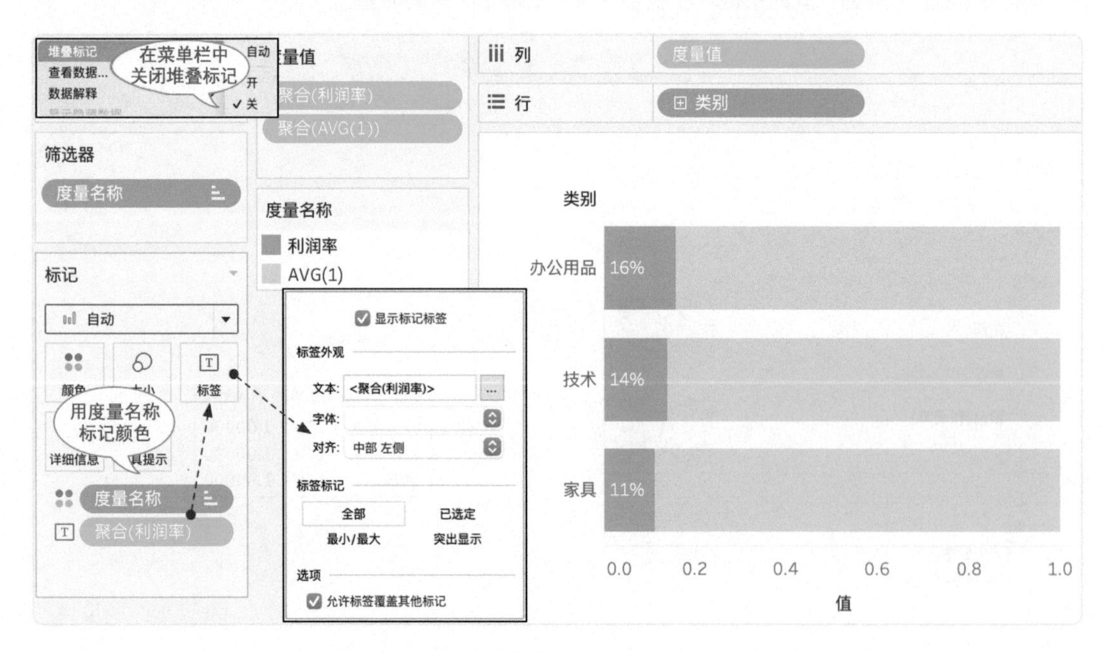

图 8-20

在制作的过程中就会发现，此种方案的标签对齐方式只能选择左对齐，因为使用其他方式会显示多个标签值。如果希望标签值的位置与图 8-18 中的保持一致，仍然可以考虑双轴的方案。如图 8-21 所示，在列功能区增加一个“利润率”字段，与“度量值”字段形成双轴。“利润率”的标记类型选择“甘特条形图”，将颜色调整为透明，标签的对齐方式设置为右侧居中，这样就达到了与图 8-18 一样的效果。

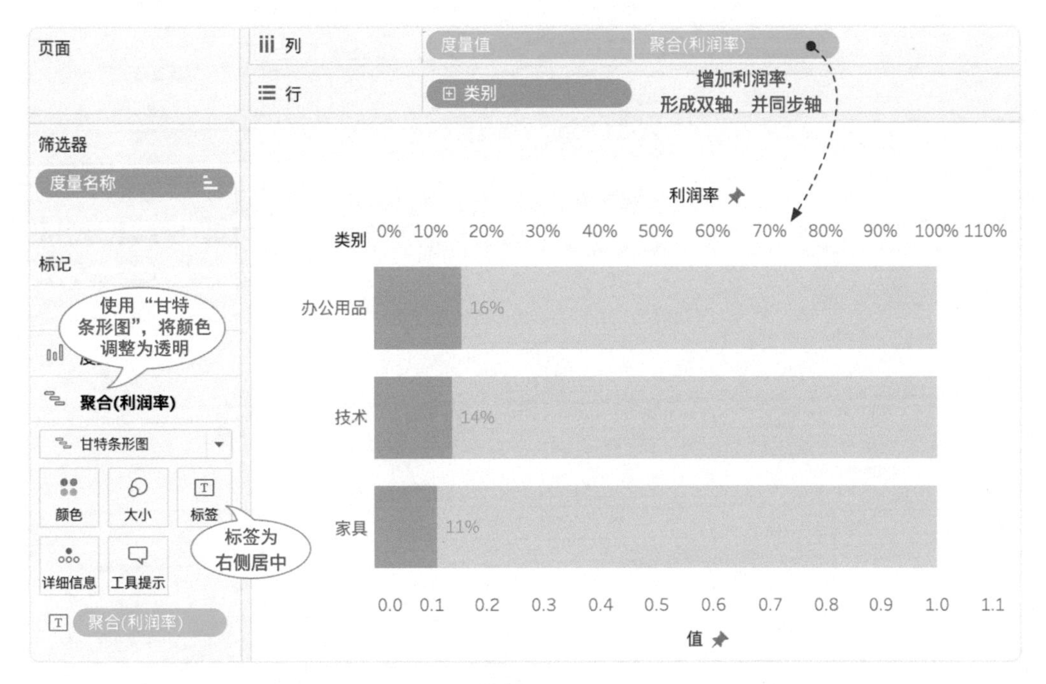

图 8-21

以上两种方案，虽然实现方式不同但底层逻辑一致，都是“AVG(1)”形成的条形图在下，“利润率”形成的条形图在上，这样的方式更易于被普通学习者理解。其实还可以换一种思路来认识这个图表，一个完整的百分比条形图也可以由“利润率”和“1 - 利润率”两个条形图堆叠在一起形成，这里就不是图层排序的概念，而是转为了图形堆叠。

如图 8-22 所示，当菜单栏的“堆叠标记”选择开启后，两个条形图就堆积在一起，形成了完整的百分比条形图。此时，再结合制作图 8-20 的过程中的关闭堆叠效果，就会发现开启堆叠效果后，条形图会沿轴方向依次排列；关闭堆叠效果后，条形图都会从 0 轴开始，这就是需要使用不同计算字段的原因。

最后，在添加“利润率”标签时，还可以使用参考线替换上面提到的双轴方式。如图 8-23 所示，在度量值形成的坐标轴上添加参考线，格式设置中的线选择“无”，表示不显示线，用参考线的标签显示每个单元格的利润率值，编辑参考线的颜色、对齐方式、阴影，经过这些操作后依然完成了和图 8-18 中一样的百分比条形图的制作。

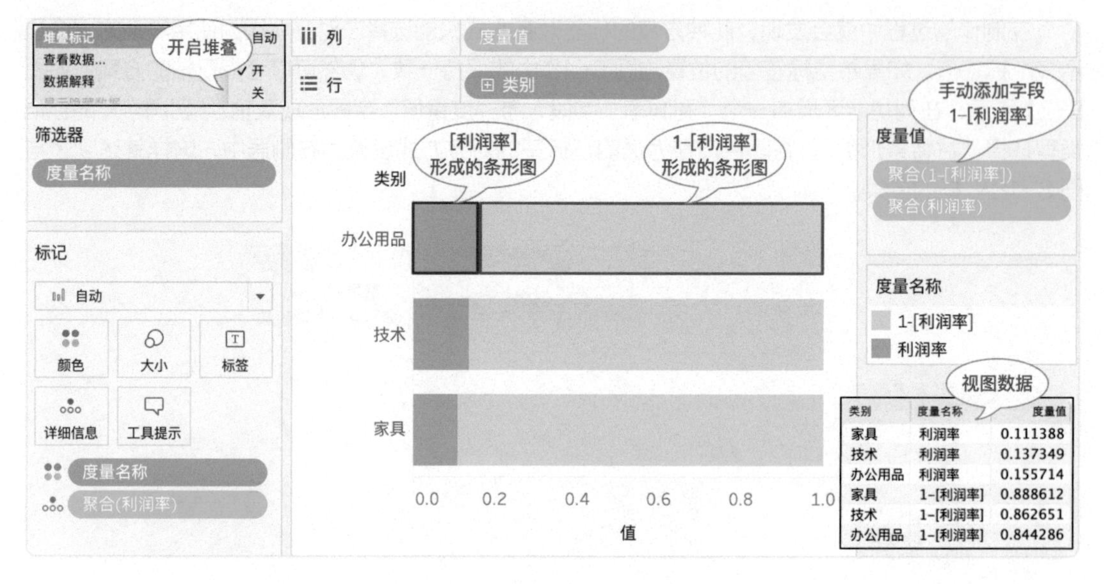

类别	度量名称	度量值
家具	利润率	0.111388
技术	利润率	0.137349
办公用品	利润率	0.155714
家具	1-[利润率]	0.888612
技术	1-[利润率]	0.862651
办公用品	1-[利润率]	0.844286

图 8-22

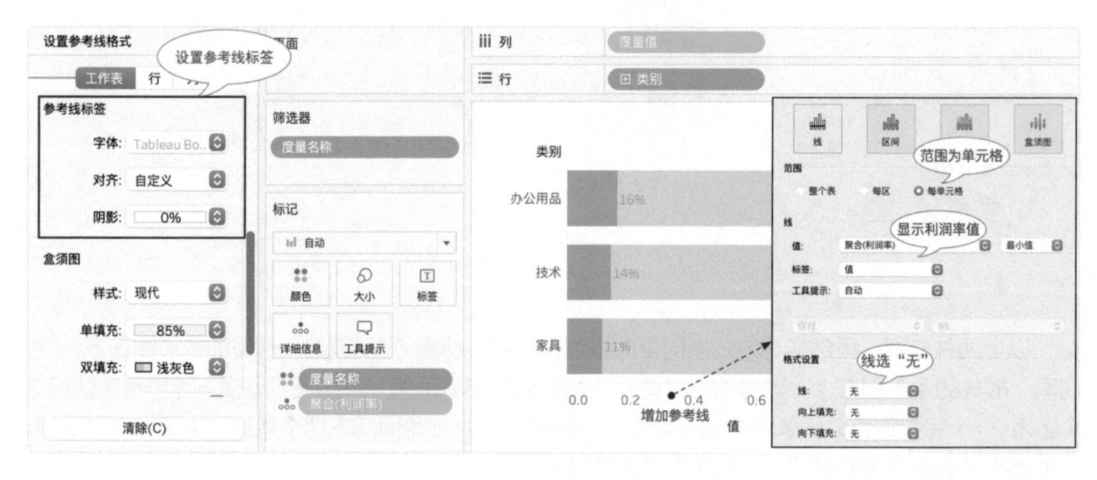

图 8-23

这一节中使用了 3 种方式完成了百分比条形图的制作，但实际并不仅限于这 3 种方式，比如利用甘特条形图也可以实现类似效果，由于篇幅所限就不再展开讲解。我想说的是，此案例简单而不平凡，寥寥几个步骤包含了 Tableau 中绝大部分的绘图逻辑：图形结构、双轴、度量值和度量名称、参考线、堆叠、格式设置等。同样的图形，不同的制作方式，彰显了 Tableau 在图表绘制上的灵活多变。不过，也正是由于这种灵活性，导致初学者在面对庞杂的 Tableau 体系、繁复的设置、细琐的调整时经常手足无措，这就需要我们沉心静气，不去死记硬背各种图表的制作步骤，而是要脚踏实地地钻研 Tableau 的底层逻辑，最后才能达到随心所欲的境界。

第9章　进阶篇——高级图表

9.1 点与线

9.1.1 抖动图

抖动图（Jitter Plot）是圆点图的一种很好的替代方案，它可以将圆点图中位于同一方向上的数据点分散开。如图 9-1 所示，圆点间的遮挡减少了，便于进一步观察和分析数据。

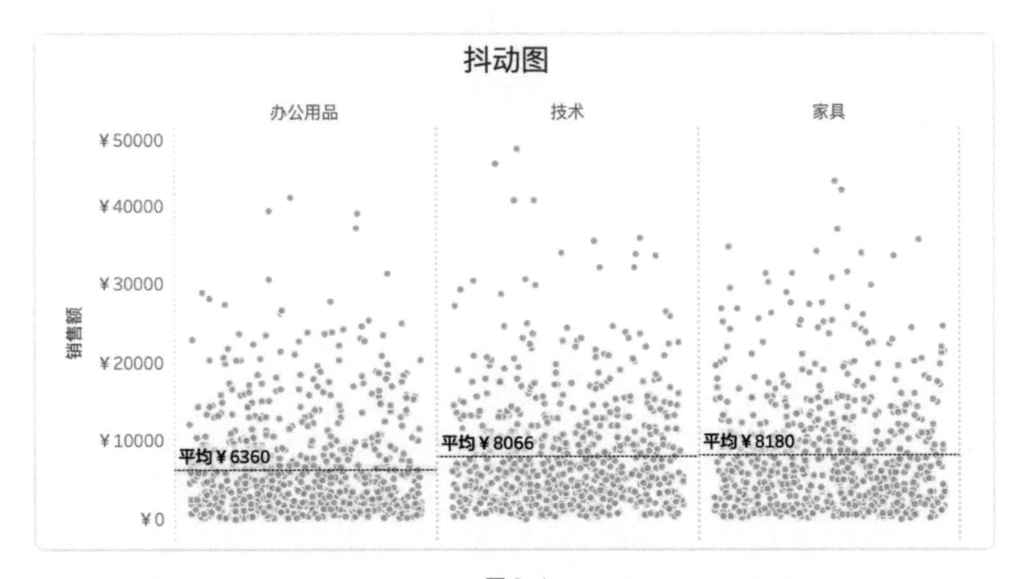

图 9-1

如图 9-2 所示，圆点图中的点全部堆叠在一起，这样无法对数据进行有效探查。这是由于横轴只有一个离散字段，无法使圆点在横轴上展开。

要想使圆点在横轴上散开，就必须添加一个连续字段。这里需要使用一个 Tableau 中的隐藏函数 random，它会给视图数据中的每行数据分配一个 0-1 之间的随机数。如图 9-3 所示，在列功能区添加一个即席计算“random()”，此时在每个类别标题中就增加了一条横坐标轴，代表每个客户的圆点也依据 random 函数分配的随机值被打散在坐标轴上。

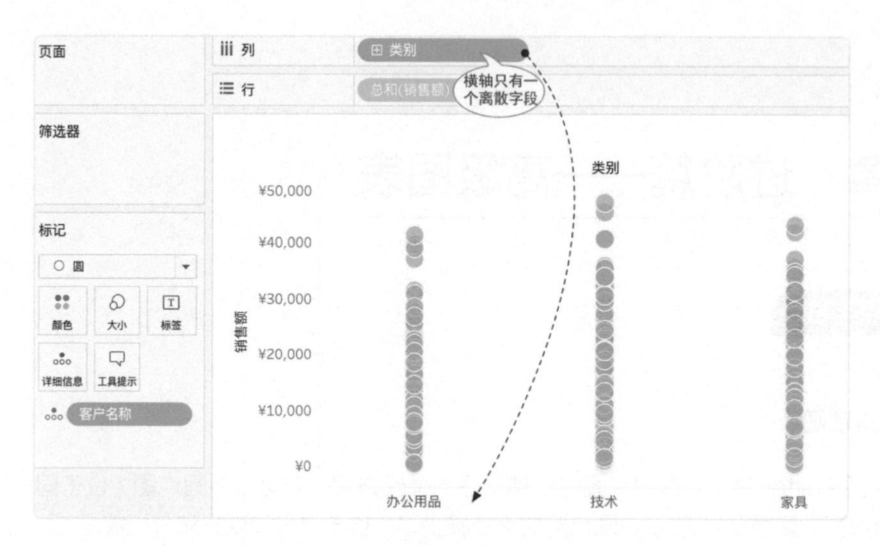

图 9-2

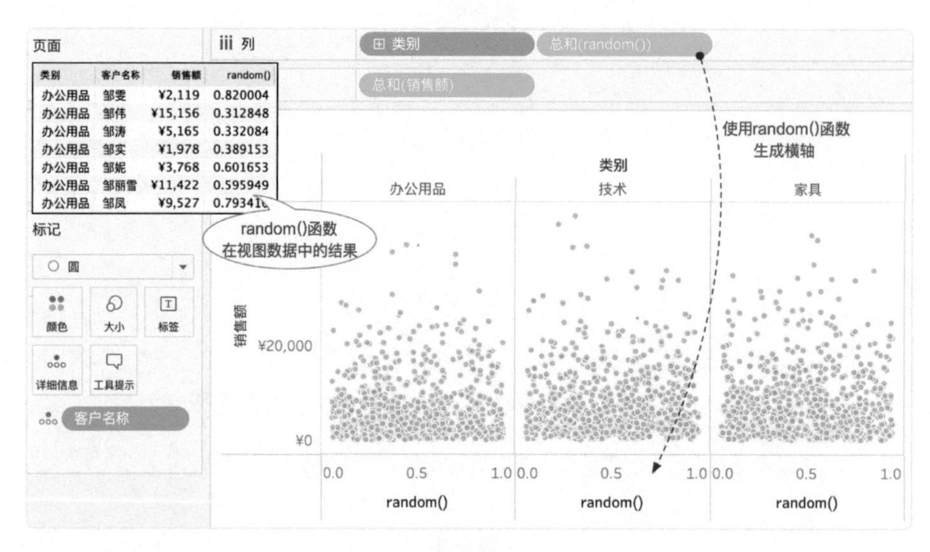

图 9-3

不过，由于在每次刷新数据时，random 函数都会重新进行计算，所以圆点在横坐标上的位置并不固定。要想固定点的位置，可以考虑通过 INDEX() 函数将客户分入固定的组来实现。假如希望分成 20 组，就可以新建以下计算字段。

- 排名分组：INDEX()%20

如图 9-4 所示，将“排名分组”字段拖到列功能区，表计算依据选择“客户名称”。通过求余数的计算，依据每个客户的排名将其自动分配到了 0 组到 19 组中，所以会在横坐标轴上形成 20 列圆点。分组数越多（例如 100 组），组间距越不明显，最终的效果也就越接近图 9-3。

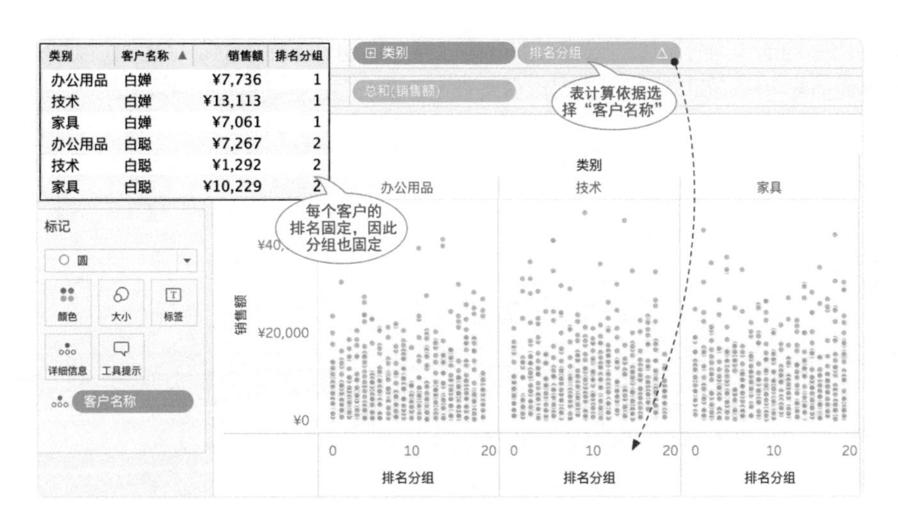

图 9-4

9.1.2 象限图（波士顿矩阵）

象限图的核心是四象限分析法，最典型的代表就是波士顿矩阵（BCG Matrix），又称市场增长率 - 相对市场份额矩阵、产品系列结构管理法等，由美国著名的管理学家、波士顿咨询公司创始人布鲁斯·亨德森于 1970 年创作。在 Tableau 中制作波士顿矩阵或者说象限图并不难，如图 9-5 所示，其本质就是在散点图的基础上，通过横、竖两条垂直线将散点图分成 4 个部分。

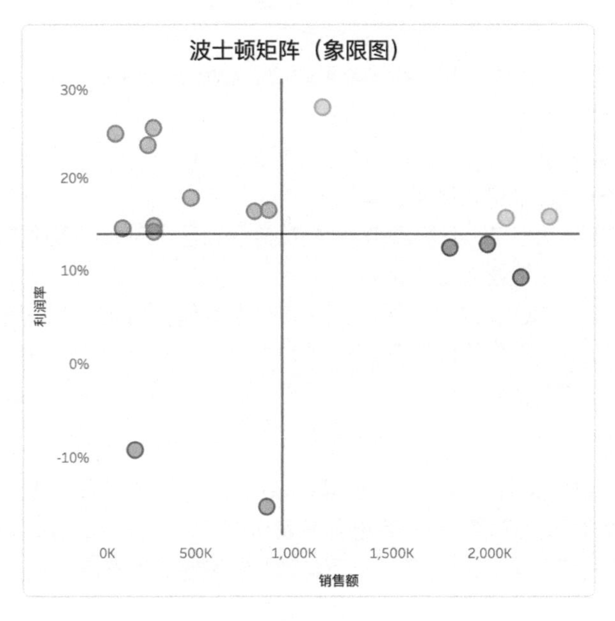

图 9-5

假设使用平均值作为分区线的依据，那么可以通过拖动分析栏中的“平均线”到视图中，直接生成两条平均值参考线（图 9-6），也可以分别在两个坐标轴上手动添加平均线。

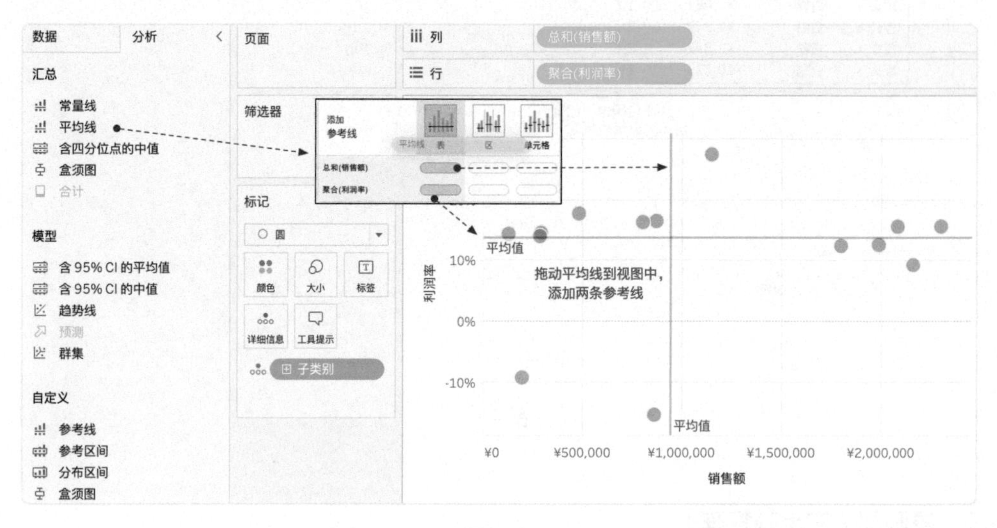

图 9-6

不过参考线只能起到简单分割象限的作用，并不能在视觉上明显地区分出象限内的点，此时就需要对圆点进行着色。区分颜色的关键是要对视图中的圆点，也就是子类别进行分组，因此需要新建 3 个计算字段，如下所示。

- 销售额平均值：WINDOW_AVG(SUM([销售额]))
- 利润率平均值：WINDOW_AVG([利润率])
- 标记象限：IF SUM([销售额])>[销售额平均值] AND [利润率]>[利润率平均值] THEN “高销售额高利润率”
  ELSEIF SUM([销售额])<[销售额平均值] AND [利润率]>[利润率平均值] THEN “低销售额高利润率”
  ELSEIF SUM([销售额])>[销售额平均值] AND [利润率]<[利润率平均值] THEN “高销售额低利润率”
  ELSEIF SUM([销售额])<[销售额平均值] AND [利润率]<[利润率平均值] THEN “低销售额低利润率”
  ELSE “其他”
  END

虽然本例中涉及的表计算比较简单，但还是建议在涉及 LOD 计算、表计算等复杂计算时，先通过交叉表验证视图数据是否正确，再开始绘制图表。如图 9-7 所示，标记依据都选择“子类别”，通过交叉表验证结果正确后，就可以使用“标记象限”字段对圆点着色。

子类别	标记象限	销售额	利润率	沿着 子类别 的利润率平均值	沿着 子类别 的销售额平均值
标签	低销售额高利润率	¥97,078	25%	14%	945,233
电话	高销售额低利润率	¥1,799,653	12%	14%	945,233
复印机	高销售额低利润率	¥1,991,499	13%	14%	945,233
美术	低销售额低利润率	¥196,223	-9%	14%	945,233
配件	低销售额高利润率	¥803,406	16%	14%	945,233
器具	高销售额低利润率	¥2,160,183	9%	14%	945,233
设备	低销售额高利润率	¥874,465	16%	14%	945,233
收纳具	高销售额高利润率	¥1,152,528	27%	14%	945,233
书架	高销售额高利润率	¥2,307,203	16%	14%	945,233
系固件	低销售额高利润率	¥129,011	14%	14%	945,233
信封	低销售额高利润率	¥287,486	25%	14%	945,233
椅子	高销售额高利润率	¥2,085,436	16%	14%	945,233
用具	低销售额高利润率	¥479,691	18%	14%	945,233
用品	低销售额高利润率	¥287,970	14%	14%	945,233
纸张	低销售额高利润率	¥263,334	23%	14%	945,233
装订机	低销售额高利润率	¥291,777	15%	14%	945,233
桌子	低销售额低利润率	¥862,010	-15%	14%	945,233

图 9-7

将“标记象限”字段拖到标记栏的“颜色”栏上，调整表计算依据为“子类别”，就可以得到图 9-8 所示的效果。

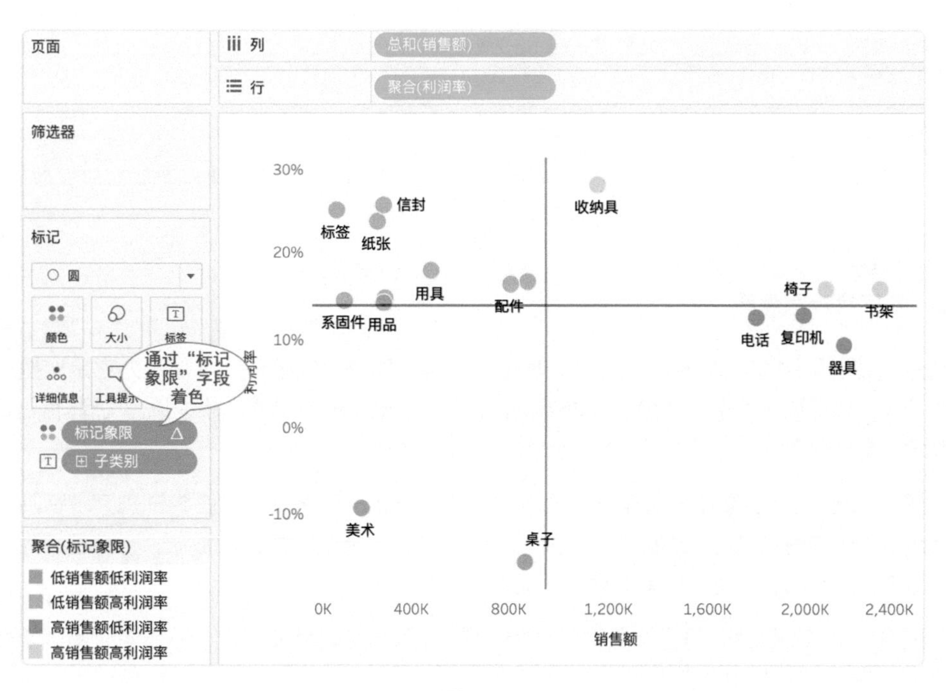

图 9-8

为了更加明显地区分重叠在一起的圆点，一般都是调整"颜色"栏的设置，为圆点增加边界，不过这种方法只能为圆点添加统一颜色的边框。要想对不同象限的圆点添加对应颜色的边框，可以通过双轴的方式间接实现。如图 9-9 所示，复制"利润率"字段制作双轴，将一个标记栏的图形改为空心圆，透明度保持 100%，将另一个标记栏的圆点的透明度改为 50%，就可以达到匹配多种颜色的边框效果。

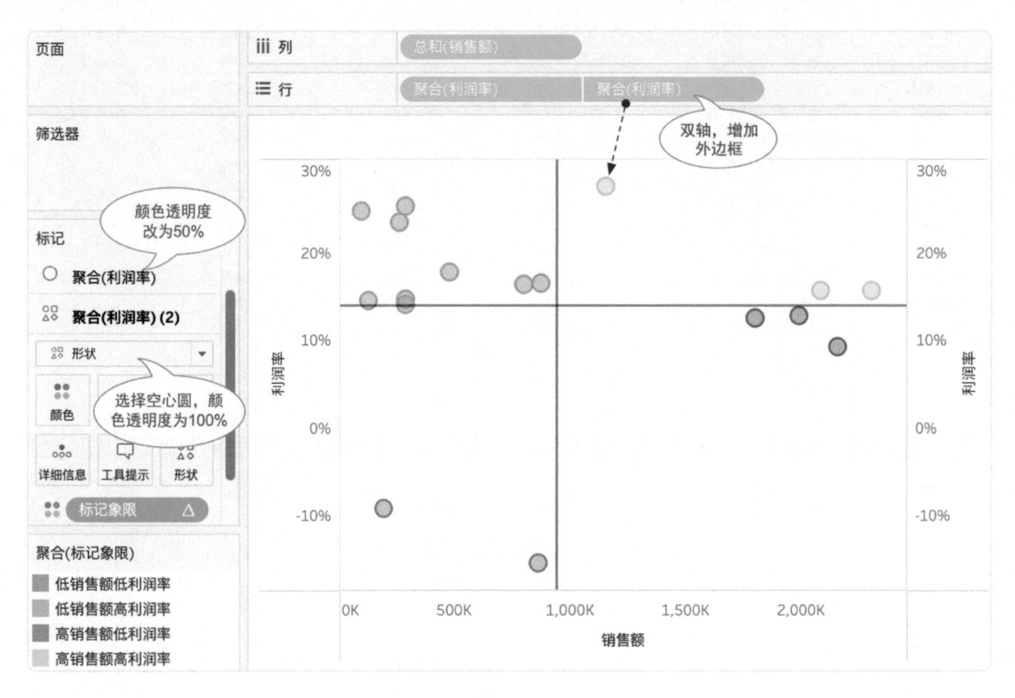

图 9-9

9.1.3 威尔金森圆点图

威尔金森圆点图（Wilkinson Dot Plots）并不是一种常见的图形，可以认为它是堆叠条形图的一个变体。它将堆叠的条形转换成了堆叠的圆点，作为堆叠条形图的替代图形，它具有更好的可视化效果（图 9-10）。

虽然可以通过智能推荐来制作一个基本的堆叠条形图，但更推荐读者尝试抛弃"智能推荐"，手动制作出一个堆叠条形图。如图 9-11 所示，任意选择一周的销售订单数据，一个色块代表一个订单，用不同的颜色区分每个订单的利润正负。

在图 9-11 的基础上，将标记类型转变为"圆"，但此时圆点会重合，必须同时调整堆叠标记为"开"，才能形成威尔金森圆点图（图 9-12）。

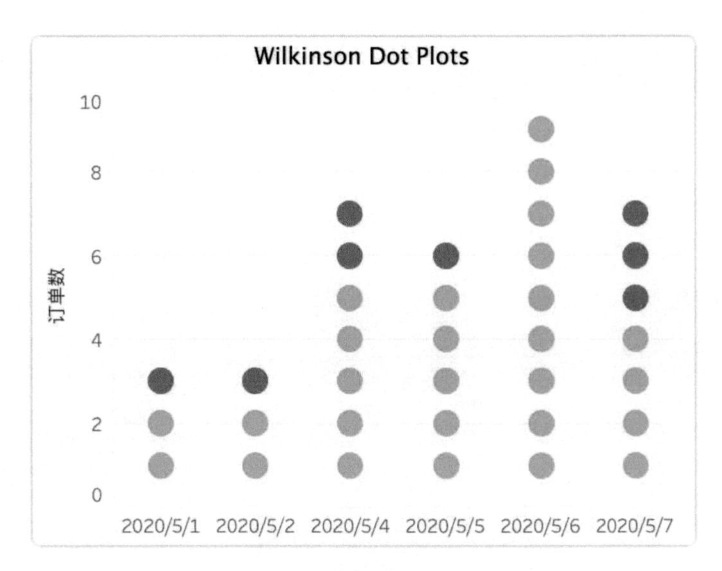
Wilkinson Dot Plots
订单数
10
8
6
4
2
0
2020/5/1
2020/5/2
2020/5/4
2020/5/5
2020/5/6
2020/5/7

图 9-10

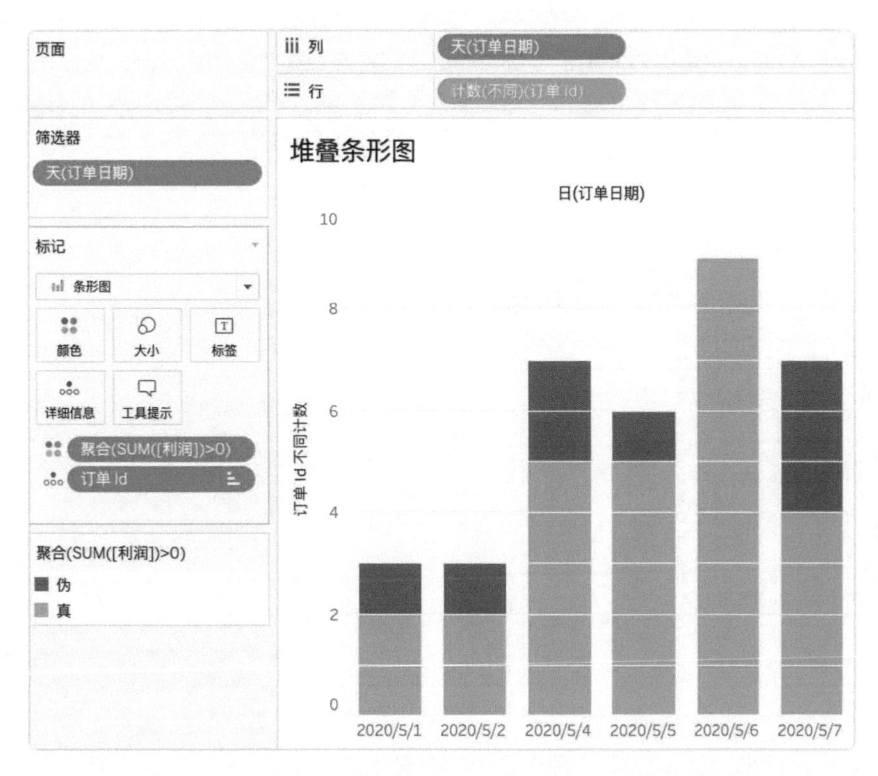
页面
列
天(订单日期)
行
计数(不同)(订单 Id)
筛选器
天(订单日期)
标记
条形图
颜色
大小
标签
详细信息
工具提示
聚合(SUM([利润])>0)
订单 Id
聚合(SUM([利润])>0)
伪
真
堆叠条形图
日(订单日期)
订单 Id 不同计数
10
8
6
4
2
0
2020/5/1
2020/5/2
2020/5/4
2020/5/5
2020/5/6
2020/5/7

图 9-11

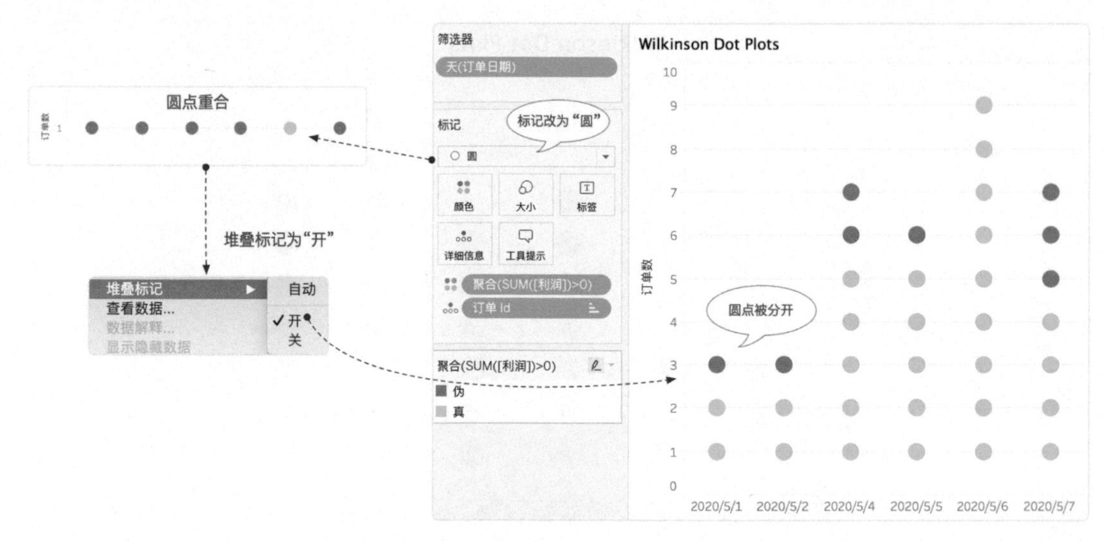

图 9-12

但是查看视图数据（图 9-13）就会发现“订单 Id 不同计数”的值都是 1，相较于 *Y* 轴的位置，这些值并不一一对应，只是因为使用了堆叠功能这样的特殊设置才让圆点分开。这也是为什么标记类型转变为“圆”后，圆点会重合的原因。这好像并不符合以前讲的先有视图数据，后有图表的逻辑。那么按照这个逻辑，是否可以制作出同样的图表呢？答案是肯定的。

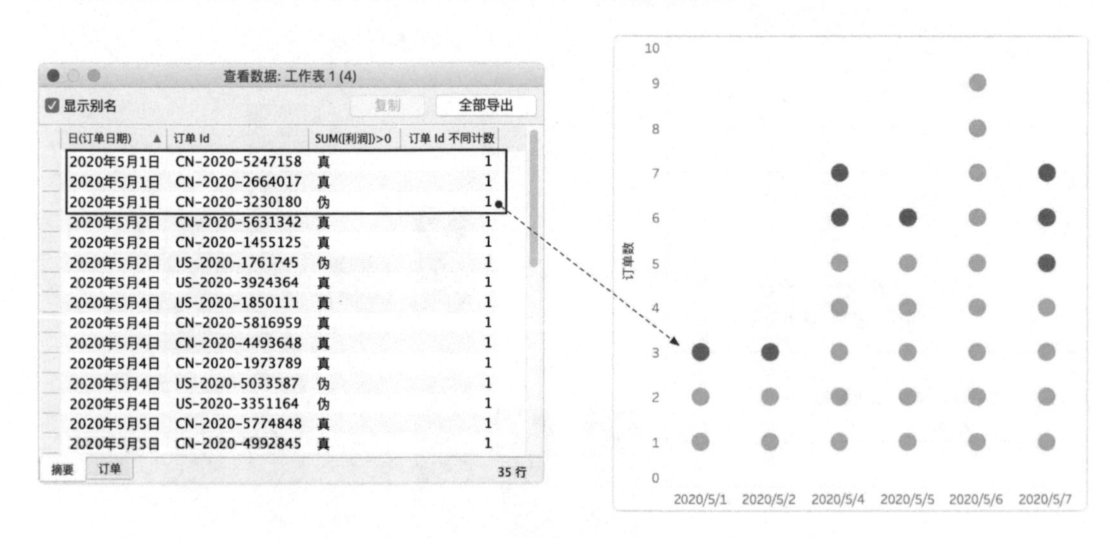

图 9-13

仔细研究一下图表就可以发现，每个圆点在 *Y* 轴上的数值实际就是当天订单的序号。如果不用堆叠功能，只要按天给每个订单排序，那么将这个排序值作为 *Y* 轴使用也可以达到同样的效果。

将堆叠功能调整为“关”，使用 INDEX() 函数替换订单 Id（计数），调整表计算依据后，就可以得到同样的图表（图 9-14）。

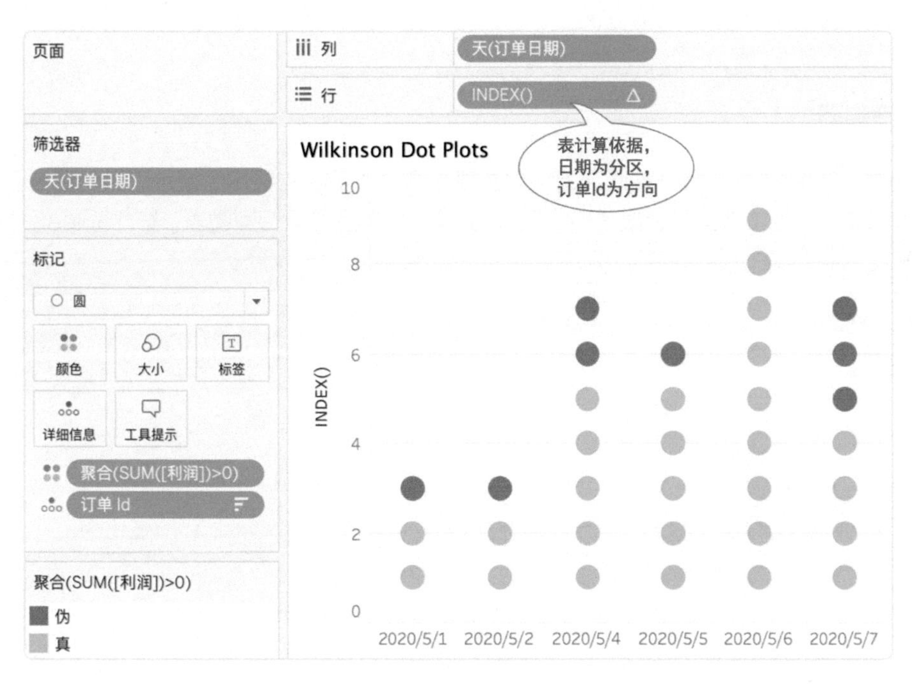

图 9-14

这里就考验对计算的掌握程度了（图 9-15）。如果对 INDEX() 函数计算的结果并不确定，还是建议采用交叉表的方式预先验证计算的结果，再将其调整成最终的图表。

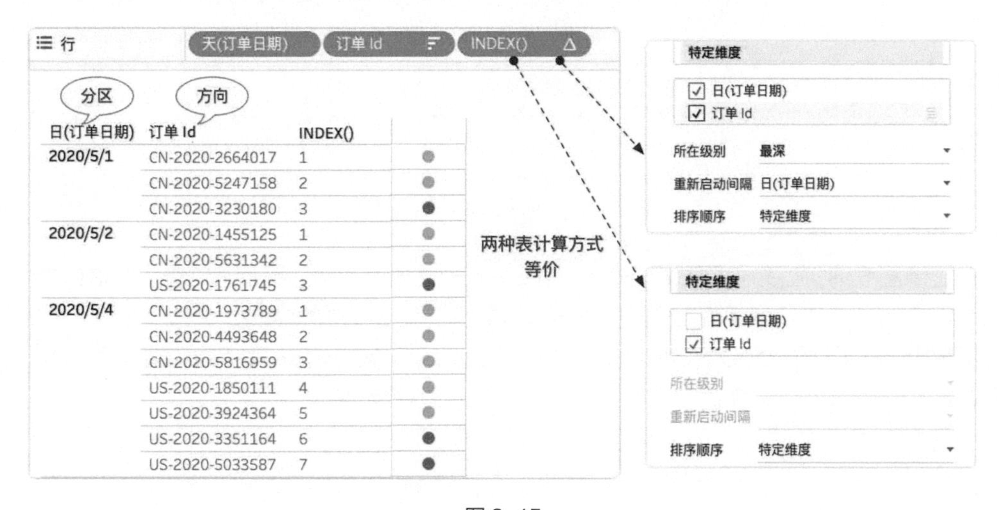

图 9-15

这个例子也印证了我反复强调的一个观点，在 Tableau 中可以使用不同的方式绘制出同样的图表。要达到在 Tableau 中随心所欲地绘制图表的状态，需要充分理解 Tableau 的底层绘图逻辑，而不是生搬硬套某一种固定的制图流程。

9.1.4 迷你图

迷你图（Sparkline）是一种简洁的线型图表（图 9-16），主要用于展示趋势，通常会着重标记出最大值和最小值（或使用者最关心的值）。它是一种典型的复合型图表，在 Tableau 中需要使用双轴来完成。

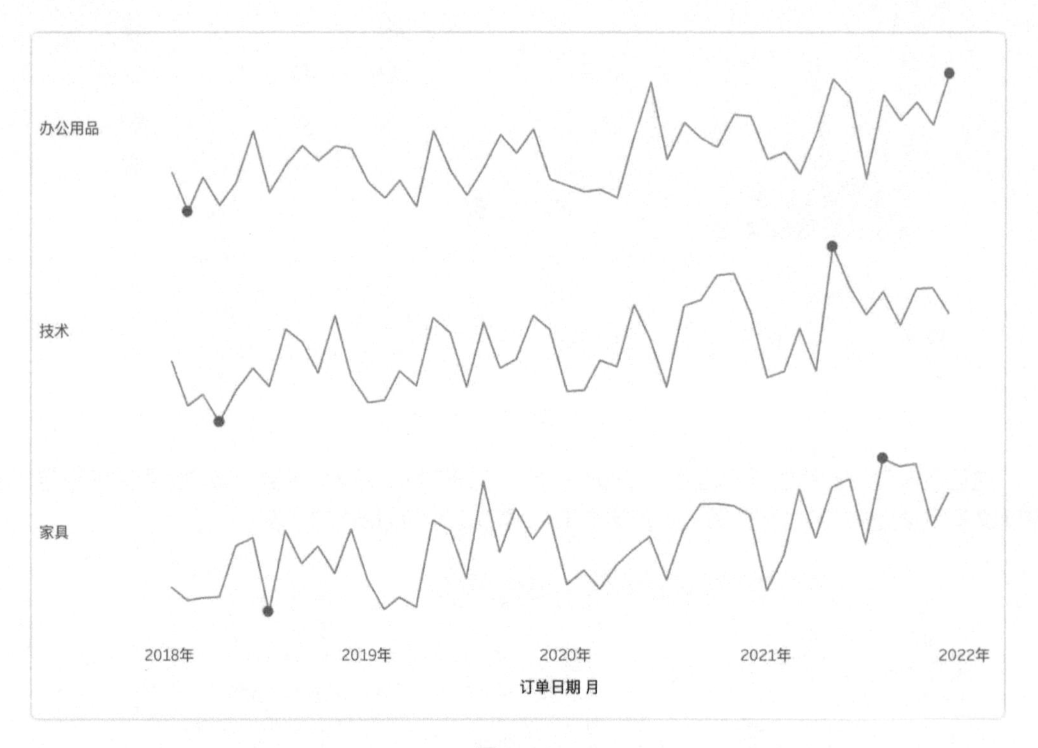

图 9-16

在绘制图表前，首先需要分析图表中的所有元素。如图 9-17 所示，*X* 轴“订单日期（月）[2021 年]”是一个连续型字段[1]，同时作为维度字段又决定了视图的详细级别。左右两个 *Y* 轴也是连续型字段，标记类型分别为“线”和“点”。绘制“线”需要每月的销售额数据，而绘制“点”只需要最大和最小销售额所属月份的数据，并不需要其他月份的数据。

1 在此图中，日期类型是离散字段也可以达到同样的效果。

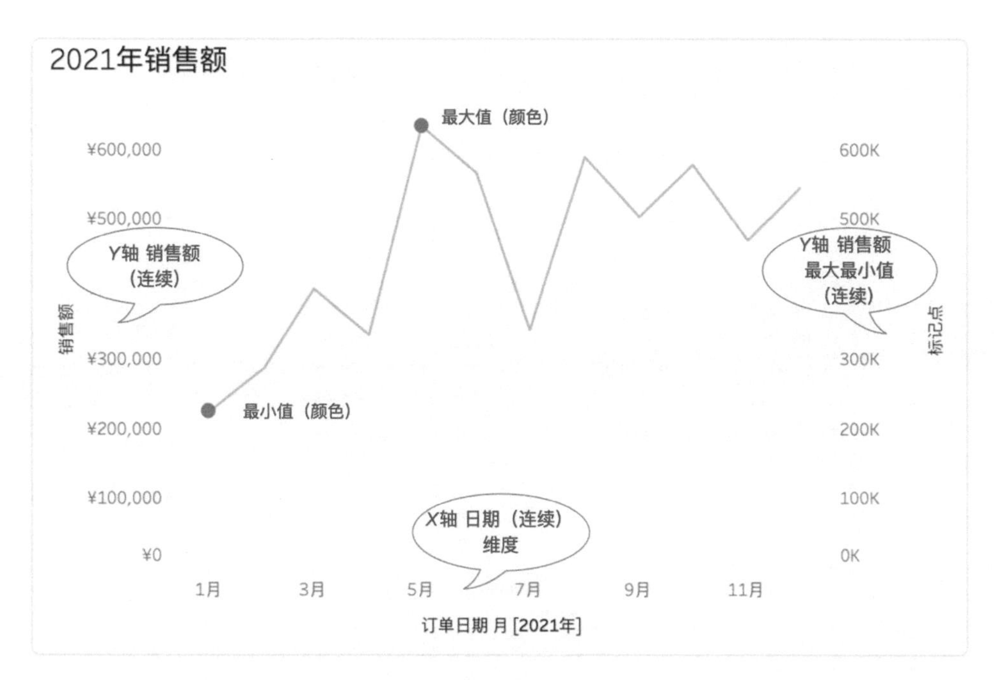

图 9-17

根据对视图结构的分析，首先需要计算出各月的销售额，以及其中最大和最小的销售额。如图 9-18 所示，“订单日期 月”决定了视图的详细级别，直接使用 SUM([销售额]) 即可求出各月的销售额。有了各月的销售额（聚合计算），就可以在此基础上计算最大和最小销售额。之前讲过在聚合计算的基础上进行的二次计算需要使用表计算。所以新建两个计算字段，如下所示。

- 最大销售额：WINDOW_MAX(SUM([销售额]))
- 最小销售额：WINDOW_MIN(SUM([销售额]))

但是，表计算的结果会填充所有单元格，这并不是我们想要的结果。这里只需要保留其中的最大值和最小值，其他值为空，所以要再新建一个计算字段，如下所示。

- 标记点：IF SUM([销售额])=[最大销售额] OR SUM([销售额])=[最小销售额] THEN
  SUM([销售额])
  ELSE NULL
  END

如图 9-18 所示，通过交叉表验证计算结果正确。由于视图中的维度只有一个，所以这里使用默认的表计算依据也没有问题。

在确定得到正确的视图数据后，将字段重新排列组合就可以得到迷你图（图 9-19）。

订单日期 月	销售额	沿着 表(向下) 的 最大销售额	沿着 表(向下) 的 最小销售额	沿着 表(向下) 的 标记点
2021年1月	¥222,863	632,800	222,863	222,863
2021年2月	¥285,475	632,800	222,863	
2021年3月	¥399,712	632,800	222,863	
2021年4月	¥333,398	632,800	222,863	
2021年5月	¥632,800	632,800	222,863	632,800
2021年6月	¥565,523	632,800	222,863	
2021年7月	¥340,309	632,800	222,863	
2021年8月	¥588,746	632,800	222,863	
2021年9月	¥502,799	632,800	222,863	
2021年10月	¥577,450	632,800	222,863	
2021年11月	¥468,823	632,800	222,863	
2021年12月	¥544,539	632,800	222,863	

图 9-18

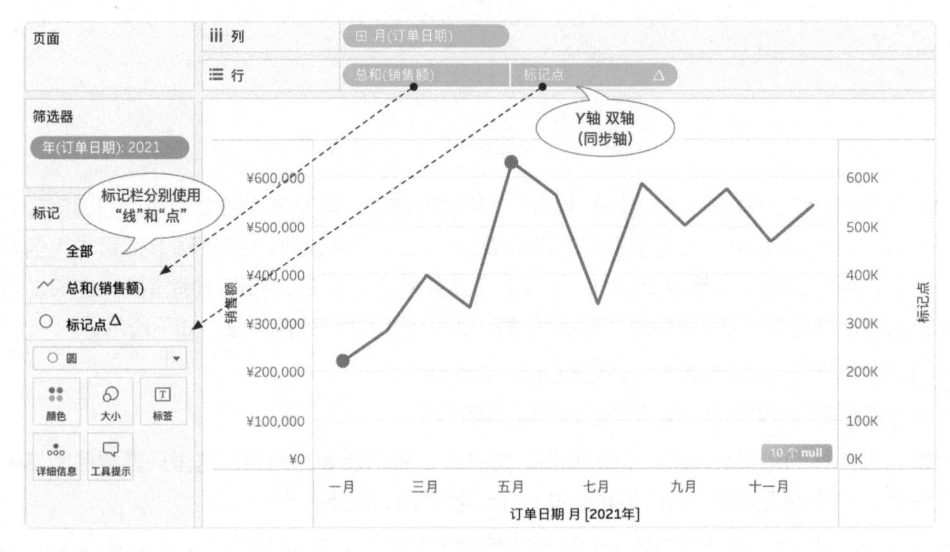

图 9-19

由于还需要用颜色区分最大和最小销售额，所以得再增加一个计算字段来区分颜色，如下所示。

- 颜色：IF SUM([销售额])=[最大销售额] THEN 1
  ELSEIF SUM([销售额])=[最小销售额] THEN 2
  END

将“颜色”字段拖到标记栏的“颜色”栏上，并正确编辑表计算依据，调整颜色后就可以得到最后结果（图 9-20）。

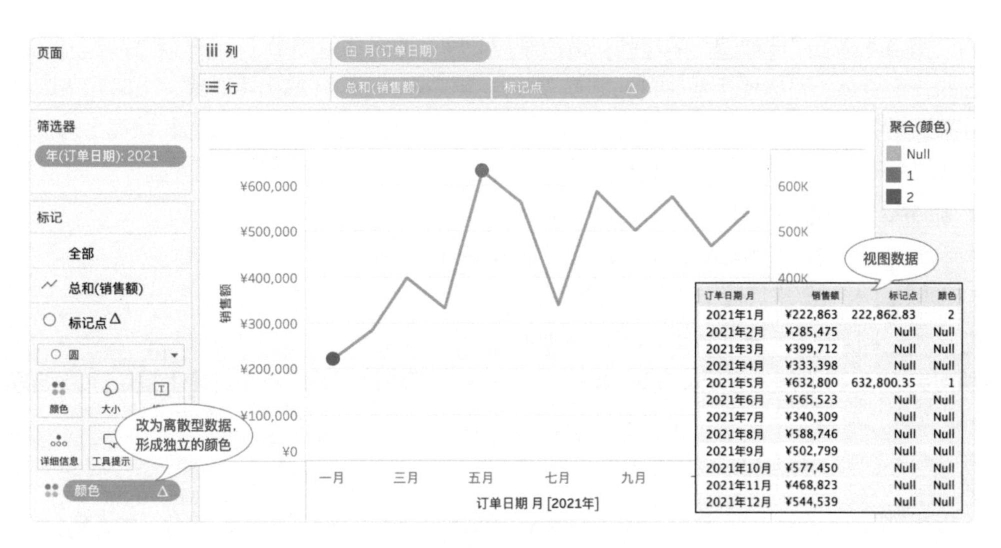

订单日期 月	销售额	标记点	颜色
2021年1月	¥222,863	222,862.83	2
2021年2月	¥285,475	Null	Null
2021年3月	¥399,712	Null	Null
2021年4月	¥333,398	Null	Null
2021年5月	¥632,800	632,800.35	1
2021年6月	¥565,523	Null	Null
2021年7月	¥340,309	Null	Null
2021年8月	¥588,746	Null	Null
2021年9月	¥502,799	Null	Null
2021年10月	¥577,450	Null	Null
2021年11月	¥468,823	Null	Null
2021年12月	¥544,539	Null	Null

图 9-20

通过观察视图数据可以看出，绘制图表的过程也就是计算视图数据的过程。在本例中，计算视图数据使用的是表计算，若使用 LOD 表达式也可以达到同样效果。所以，只要根据需求计算出了图表所需的视图数据，并将数据拖放到合理的位置上，就可以得到相应的图表。

9.1.5 控制图

控制图（Control Chart）又叫管制图，是为了分析和判断过程是否处于稳定状态所使用的带有控制界限的图表。控制图中一般包含 3 条重要的线（图 9-21），分别是中心线、上控制限（可简称“上限”）和下控制限（可简称“下限”），超出控制范围的值通常被定义为异常值。

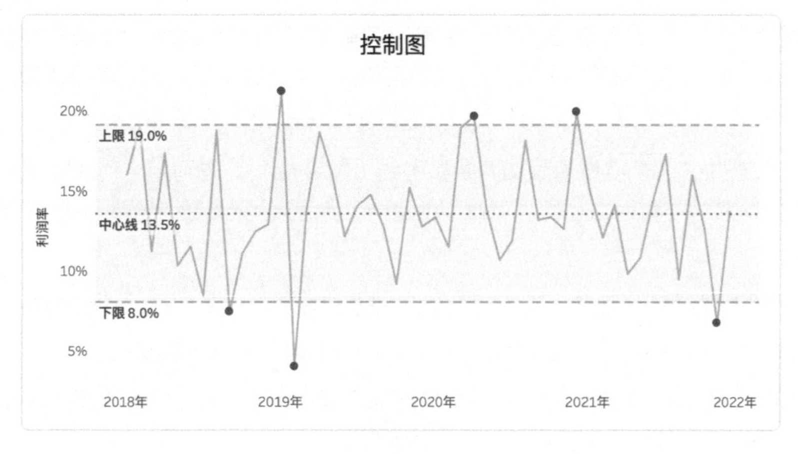

图 9-21

有了第 9.1.4 节“迷你图”的经验，再绘制控制图就变得非常简单了。折线和异常点其实就是迷你图的一个变体，可以使用双轴的方式实现。难点仅在于如何计算出中心线、上限和下限的值，这种计算通常会根据场景的不同而采用不同的计算方式。本例将中心线定义为利润率平均值，上、下限定义为与中心线相距 1.5 倍标准差，所以新增 4 个计算字段，如下所示。

- 利润率平均值：WINDOW_AVG([利润率])
- 利润率标准差：WINDOW_STDEV([利润率])
- 上限：[利润率平均值]+1.5*[利润率标准差]
- 下限：[利润率平均值]-1.5*[利润率标准差]

新建完字段后，仍然先使用交叉表验证 4 个字段在“订单日期 月”这个维度上是否计算正确（图 9-22）。

订单日期 月	利润率	沿着 订单日期 月 的 利润率平均值	沿着 订单日期 月 的 利润率标准差	沿着 订单日期 月 的 上限	沿着 订单日期 月 的 下限
2018年1月	16%	13.5%	0.0367	19.0%	8.0%
2018年2月	19%	13.5%	0.0367	19.0%	8.0%
2018年3月	11%	13.5%	0.0367	19.0%	8.0%
2018年4月	17%	13.5%	0.0367	19.0%	8.0%
2018年5月	10%	13.5%	0.0367	19.0%	8.0%
2018年6月	12%	13.5%	0.0367	19.0%	8.0%
2018年7月	8%	13.5%	0.0367	19.0%	8.0%
2018年8月	19%	13.5%	0.0367	19.0%	8.0%
2018年9月	7%	13.5%	0.0367	19.0%	8.0%
2018年10月	11%	13.5%	0.0367	19.0%	8.0%
2018年11月	12%	13.5%	0.0367	19.0%	8.0%
2018年12月	13%	13.5%	0.0367	19.0%	8.0%

图 9-22

视图数据验证完毕后，如图 9-23 所示，使用“订单日期”和“利润率”绘制一个简单的折线图，并编辑“利润率”轴，将其调整为不包含零。将新建的 3 个计算字段“利润率平均值”“上限”“下限”拖到标记栏的“详细信息”上，这样视图数据中就包含了这 3 个度量。

之后就可以通过这 3 个度量值添加两条参考线（图 9-24）。先利用“利润率平均值”制作一条参考线，作为中心线，再利用“上限”“下限”创建一个参考区间标记控制界限，就可以得到图 9-25 中所示的效果。

最后还需要将异常值标记出来，这与制作迷你图的逻辑完全一致，新建一个计算字段，如下所示。

- 异常值：IF [利润率]>[上限] OR [利润率]<[下限] THEN [利润率] END

将“异常值”字段拖到行功能区，标记类型选择“圆”，选择双轴并同步轴选项，最后调整“设置格式”，去掉不必要的线段，就完成了控制图的绘制。

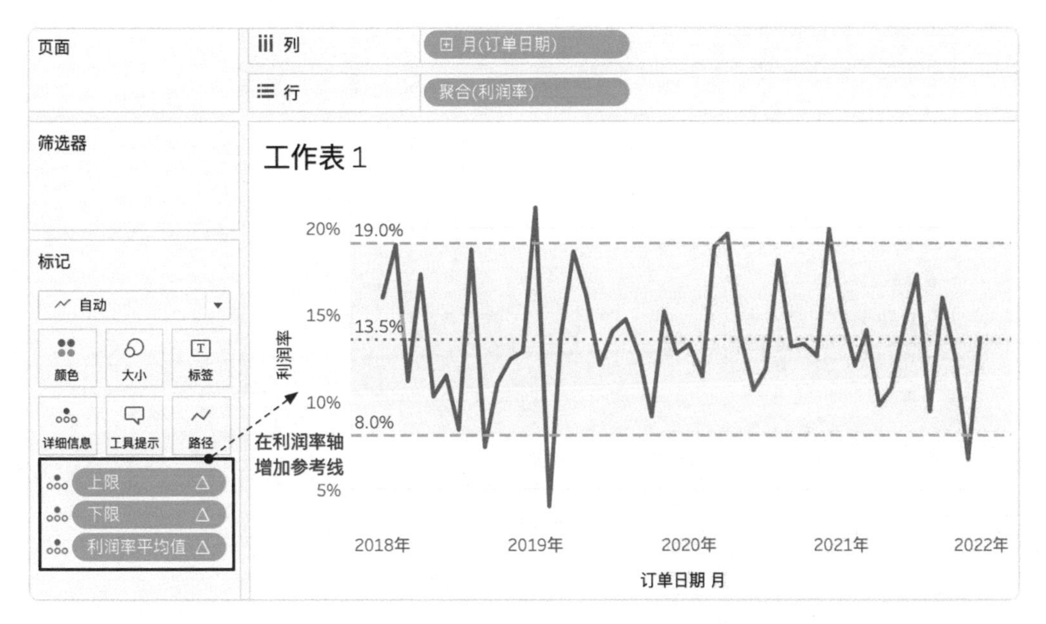
页面
iii 列
月(订单日期)
行
聚合(利润率)
筛选器
工作表 1
标记
自动
颜色
大小
标签
详细信息
工具提示
路径
上限
下限
利润率平均值
在利润率轴
增加参考线
20%
19.0%
15%
13.5%
10%
8.0%
5%
利润率
2018年
2019年
2020年
2021年
2022年
订单日期 月

图 9-23

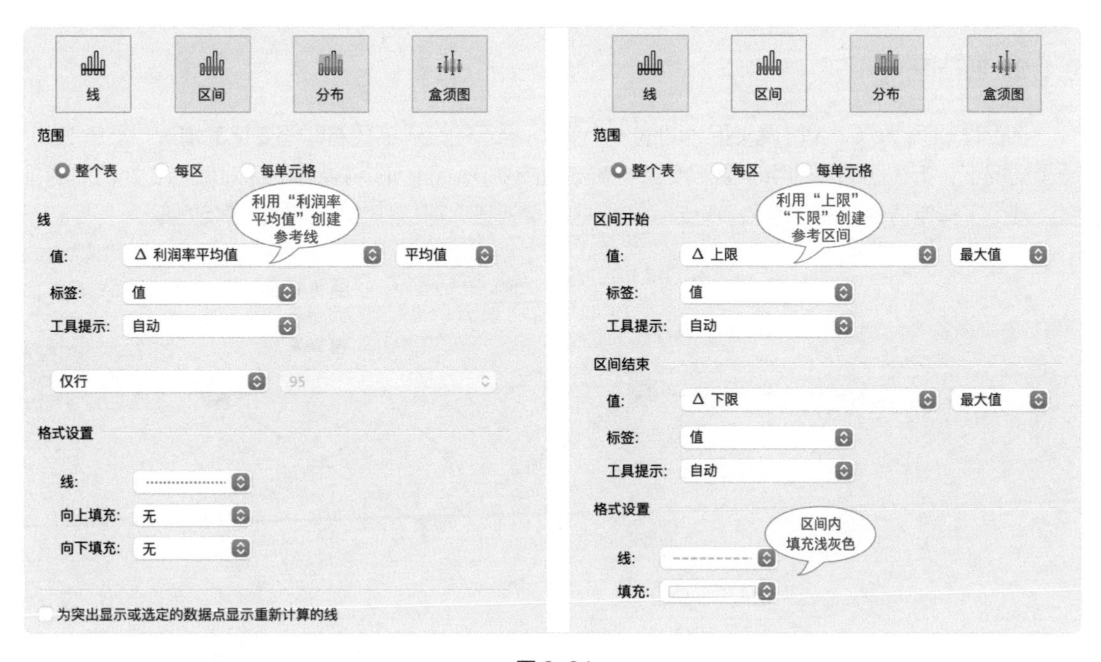
线
区间
分布
盒须图
范围
整个表
每区
每单元格
利用“利润率平均值”创建参考线
线
值:
Δ 利润率平均值
平均值
标签:
值
工具提示:
自动
仅行
95
格式设置
线:
向上填充:
无
向下填充:
无
为突出显示或选定的数据点显示重新计算的线
线
区间
分布
盒须图
范围
整个表
每区
每单元格
利用“上限”“下限”创建参考区间
区间开始
值:
Δ 上限
最大值
标签:
值
工具提示:
自动
区间结束
值:
Δ 下限
最大值
标签:
值
工具提示:
自动
格式设置
区间内填充浅灰色
线:
填充:

图 9-24

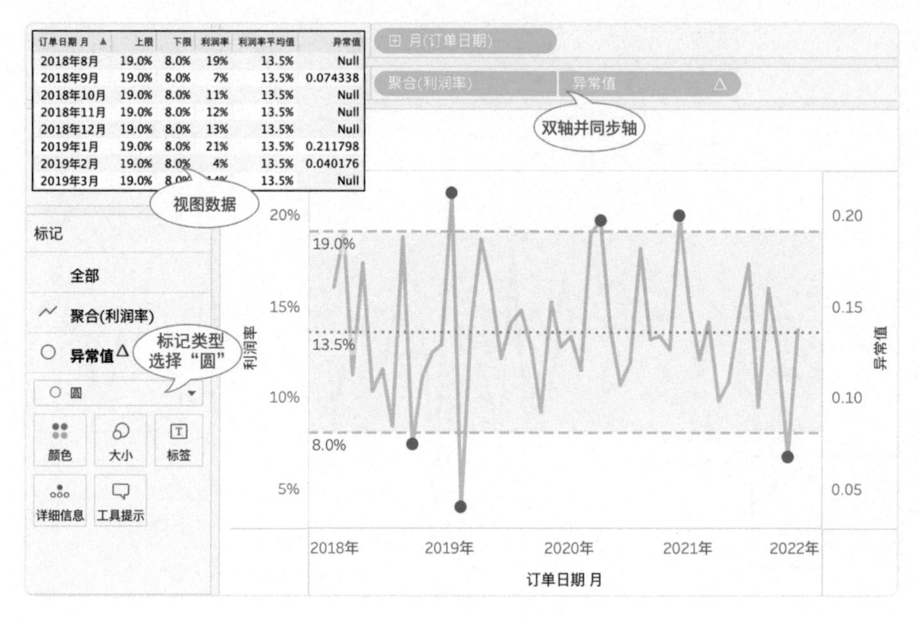

图 9-25

9.1.6 凹凸图

凹凸图(Bump Chart)属于折线图的一个变体,显示的是排名随着时间变化的情况(图 9-26)。通常情况下,折线图的纵轴用于展示度量绝对数值的变化,凹凸图将纵轴的绝对值转变为相对的排名,减少了异常值的影响,避免了近似值之间的堆叠遮盖,可以作为折线图的替代方案。

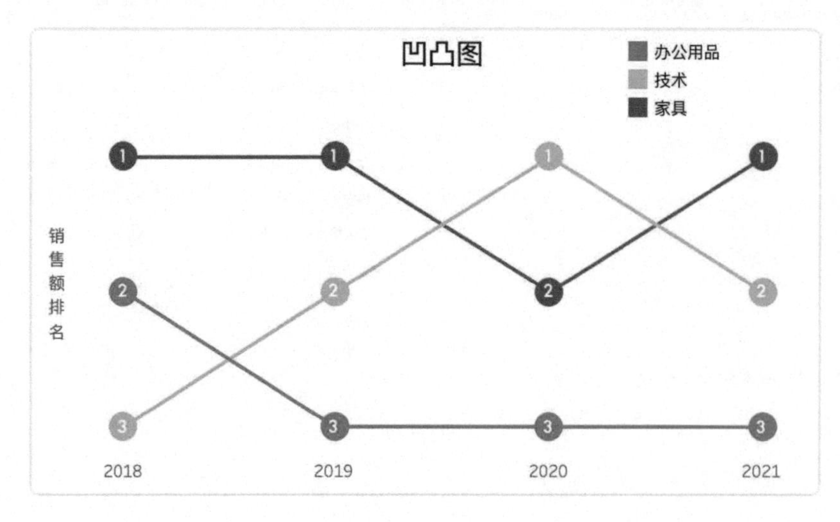

图 9-26

图 9-26 展示了不同年度间各类别销售额的排名变化情况，这里唯一需要计算的就是销售额的排名。关于排名的计算，前面的内容已经有所涉及，通常有两种方式，分别是 RANK 类函数和 INDEX 函数，它们都是表计算类型函数。下面先使用 RANK 函数新建计算字段。

- 销售额排名：RANK(SUM([销售额]))

如图 9-27 所示，在计算不同年度间各类别的“销售额排名”时，将“订单日期 年”作为分区，“类别”作为方向，就可以得到正确的销售额排名。

分区　方向

订单日期 年	类别	沿着 类别 的 销售额排名	销售额
2018	办公用品	2	¥949,848
	技术	3	¥944,943
	家具	1	¥1,036,266
2019	办公用品	3	¥964,694
	技术	2	¥1,169,583
	家具	1	¥1,297,643
2020	办公用品	3	¥1,286,430
	技术	1	¥1,544,433
	家具	2	¥1,412,676
2021	办公用品	3	¥1,664,618
	技术	2	¥1,810,064
	家具	1	¥1,987,756

图 9-27

通过交叉表验证排名结果正确后，将“订单日期”拖到列功能区，使用“销售额排名”制作双轴，标记类型分别选择“线”和“圆”，表计算依据选择“类别”，调整纵坐标轴，比例选择“倒序”，即可得到如图 9-28 所示的效果。

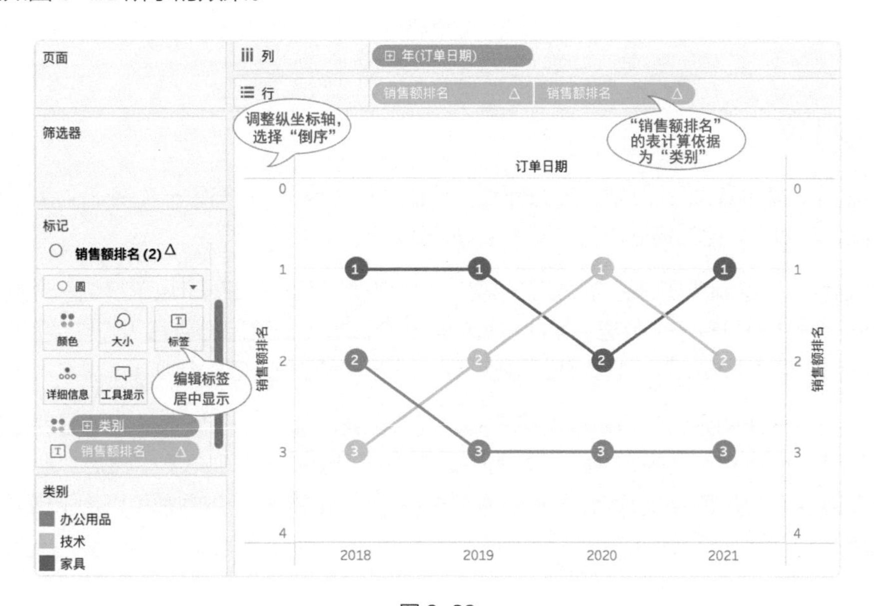

图 9-28

如果使用 INDEX 计算排名，表计算设置的难度就略高一些。如图 9-29 所示，不仅要正确设置分区和方向，同时还要指定销售额为排序依据，才能达到同样的效果。不过，这也凸显了 INDEX 函数的灵活性，用户完全不需要改变计算字段，只通过调整表计算依据，就可以随时得到不同维度和度量的排序结果。相较之下两个函数各具特色，RANK 类函数简单直接，易于理解，INDEX 函数灵活多变，略显抽象，但从实践经验看，使用 INDEX 函数计算排名的情况更多。

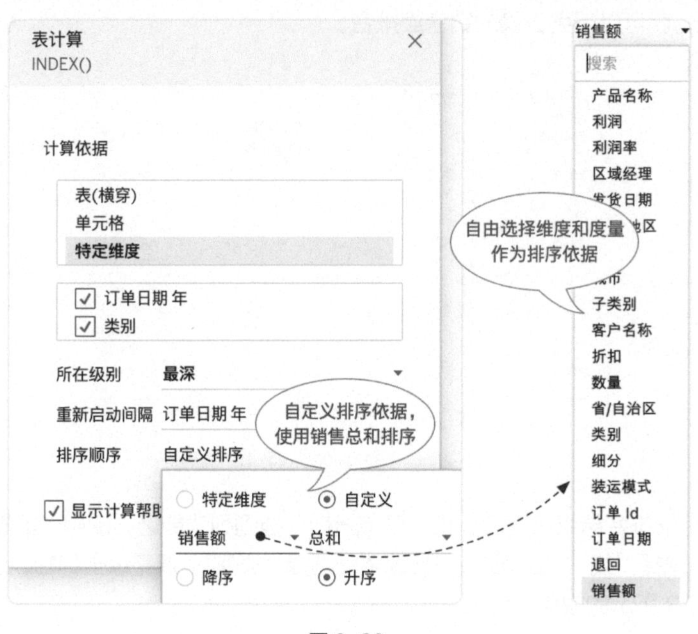

图 9-29

9.1.7 华夫饼图

华夫饼图（Waffle Chart）适用于展示百分比的可视化场景，它的每一个格子（点）代表 1%，相较于饼图，其对百分比的描述更为准确（图 9-30）。

在 Tableau 中绘制华夫饼图有一定的难度。我们知道任何一个格子（点）都代表一行视图数据，而要描述的百分比却只有一个数值，因此直接使用一个数值无法绘制出拥有 100 个点的华夫饼图，这就需要提前对数据源做处理，扩大数据源的行数，将一行数据扩充为 100 行。

扩充数据最简单的方法就是通过连接表的方式。首先需要构造一个 100 行的辅助数据源，将每个点以及百分比值和对应的 *X* 轴、*Y* 轴的位置提前标记出来（图 9-31）。然后，把主数据与辅助表进行表连接（或者 Relationship，也就是“关系”），此时每一行数据都可以用于描述华夫饼图中的一个点。

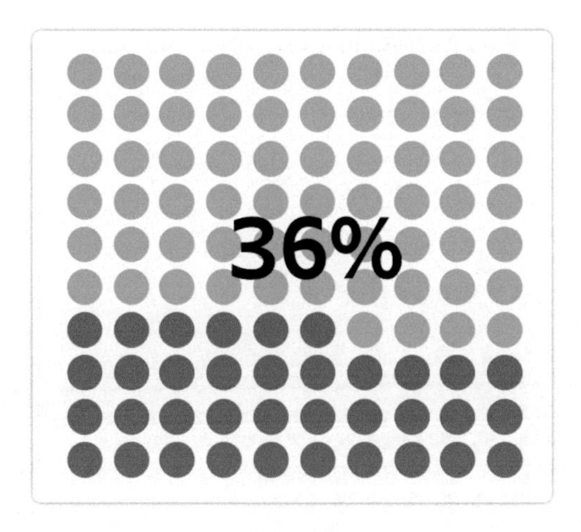

图 9-30

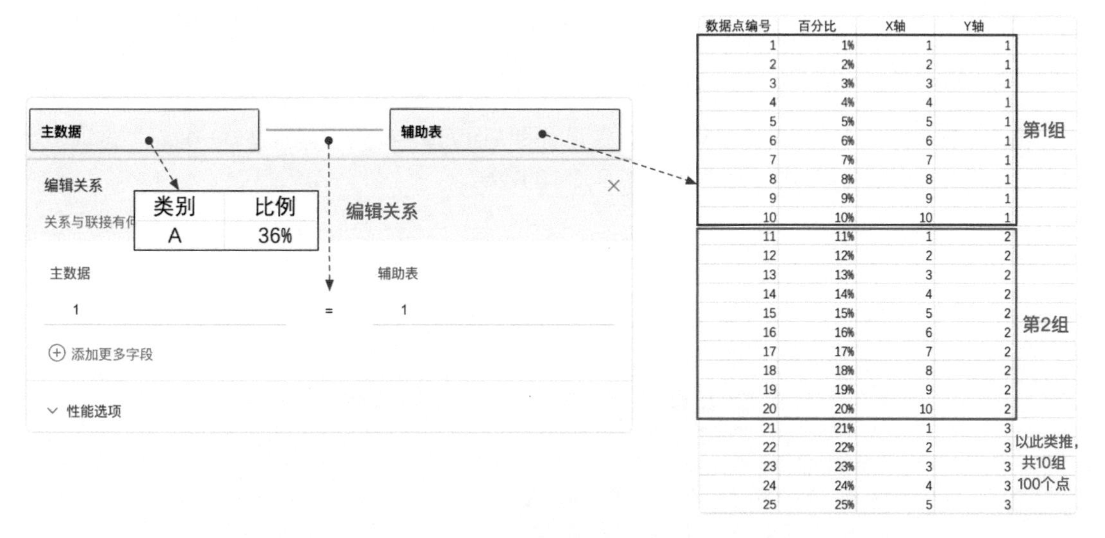

数据点编号	百分比	X轴	Y轴
1	1%	1	1
2	2%	2	1
3	3%	3	1
4	4%	4	1
5	5%	5	1
6	6%	6	1
7	7%	7	1
8	8%	8	1
9	9%	9	1
10	10%	10	1
11	11%	1	2
12	12%	2	2
13	13%	3	2
14	14%	4	2
15	15%	5	2
16	16%	6	2
17	17%	7	2
18	18%	8	2
19	19%	9	2
20	20%	10	2
21	21%	1	3
22	22%	2	3
23	23%	3	3
24	24%	4	3
25	25%	5	3

图 9-31

之后新建一个计算字段，如下所示。

- 颜色：[百分比]<=[比例]

如图 9-32 所示，将“Y 轴”和“X 轴”分别拖到行 / 列功能区，标记类型选择“圆”，拖动“颜色”字段到“颜色”栏上并更改其颜色。这里的“X 轴”和“Y 轴”字段既可以使用离散类型，也可以使用连续类型，虽然结果相近，但结构不同。使用连续类型 *X* 值、*Y* 值描述的是坐标轴上点的位置，也就是点在直角坐标系里的坐标值。使用离散类型 *X* 值、*Y* 值描述的是表格里的单元格位置，此时点都分布在每个单元格内，它们分别代表图形结构中的连续 + 连续、离散 + 离散两种类型。

在后面的瓷砖地图和蜂窝地图中，还会详细讨论这两种结构的区别。

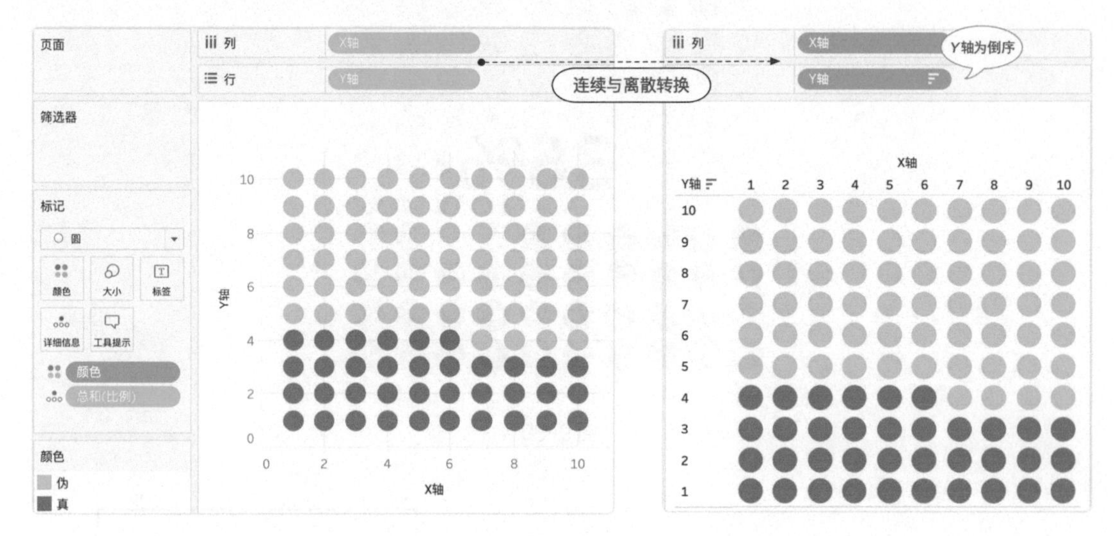

图 9-32

最后，在任意一个点上单击鼠标右键，在弹出的快捷菜单中选择“添加注释→标记”选项，添加百分比值，再调整注释的格式后就得到图 9-33 的效果。

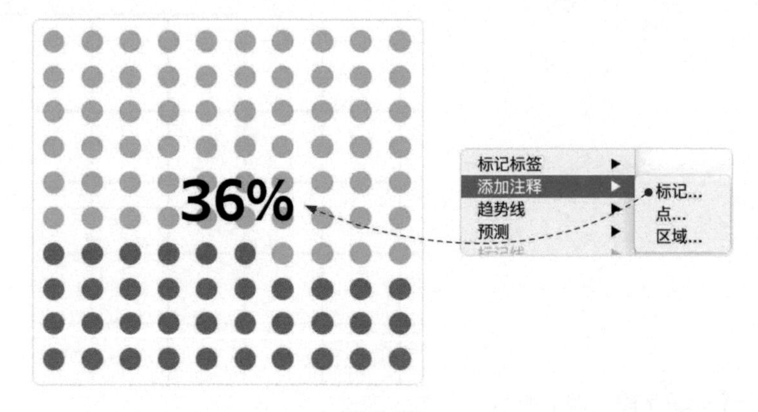

图 9-33

以上就是使用全量辅助表改造数据源的方法，这种方法会将数据源扩大 100 倍，在某些时候会严重影响性能。也可以用数据桶来构造所需的 100 行数据，这样只需要辅助数据源保留最大和最小值两行数据，而 *X* 轴、*Y* 轴等字段就需要通过增加表计算字段来得到。[1]

图 9-34 展示了构造新的主数据与辅助表的过程。为了增加表计算的难度，将主数据增加为 3

1 数据桶原理请参考第 7 章。

个类别，而辅助表只有 1 和 100 两行数据，通过连接（或关系）将两个表进行关联。

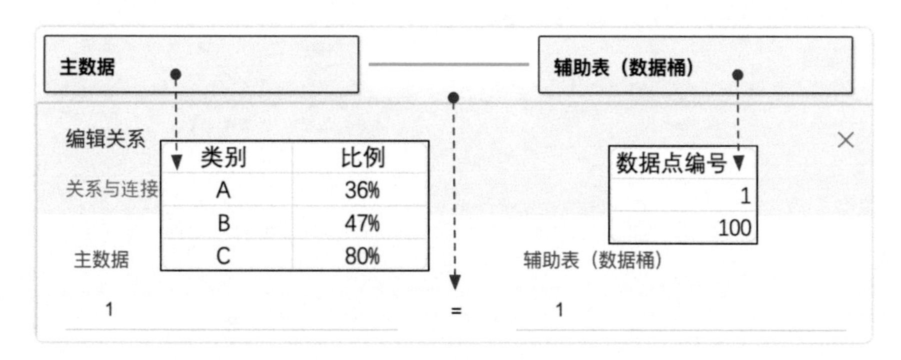

图 9-34

在“数据点编号”字段上单击鼠标右键，通过弹出的快捷菜单创建数据桶，数据桶大小选择 1，通过数据桶就可以构造出 1 和 100 之间的所有数据（图 9-35）。之后依次创建计算字段，如下所示。

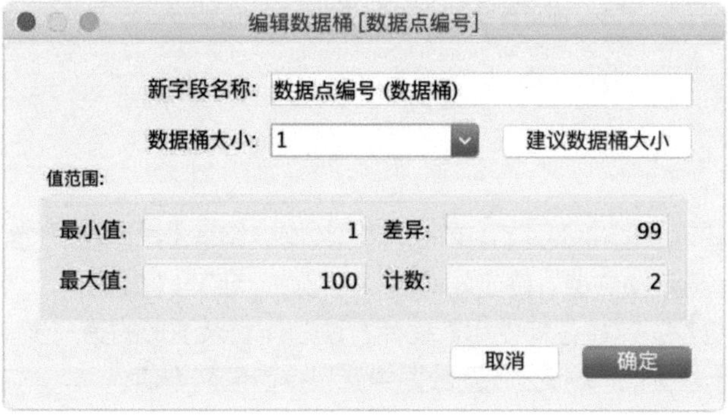

编辑数据桶 [数据点编号]
新字段名称：数据点编号 (数据桶)
数据桶大小：1　建议数据桶大小
值范围：
最小值：1　差异：99
最大值：100　计数：2
取消　确定

图 9-35

- X 轴：(INDEX()-1)%10
- Y 轴：INT((INDEX()-1)/10)
- 比例（表计算）：WINDOW_MAX(MAX([比例]))
- 百分比（表计算）：INDEX()/100
- 颜色：[百分比（表计算）]<=[比例（表计算）]

我始终在强调，制作图表前最好先通过交叉表验证数据是否计算正确，特别是在使用 LOD 计算和表计算的情况下。如图 9-36 所示，通过表计算得到了 *X* 轴、*Y* 轴、比例和百分比 4 个字段，这几个计算字段的结果与通过全量辅助表得到的结果一样。但在原理上，两种方式有本质上的区别，表计算的方式更加复杂，对初学者来说掌握起来并非易事，需要对表计算的原理有深刻的认识。

行：类别　数据点编号（数据桶）

显示缺失值

筛选器：度量名称

标记：自动　颜色　大小　文本　详细信息　工具提示　度量值

度量值：总和(数据点编号)　总和(比例)　X轴　Y轴　比例（表计算）　百分比（表计算）

表计算依据为数据桶

数据桶

分区　方向　X轴　Y轴　比例　百分比

类别	数据点编号(数据桶)	数据点编号	比例	沿着 数据点编号(数据桶)的X轴	沿着 数据点编号(数据桶)的Y轴	沿着 数据点编号(数据桶)的比例（表计算）	沿着 数据点编号(数据桶)的百分比（表计算）
A	1	1.0	0.4	0.0	0.0	36.00%	1.00%
	2			1.0	0.0	36.00%	2.00%
	3			2.0	0.0	36.00%	3.00%
	4			3.0	0.0	36.00%	4.00%
	5			4.0	0.0	36.00%	5.00%
	6			5.0	0.0	36.00%	6.00%
	7			6.0	0.0	36.00%	7.00%
	8			7.0	0.0	36.00%	8.00%
	9			8.0	0.0	36.00%	9.00%
	10			9.0	0.0	36.00%	10.00%
	11			0.0	1.0	36.00%	11.00%
	12			1.0	1.0	36.00%	12.00%
	13			2.0	1.0	36.00%	13.00%
	14			3.0	1.0	36.00%	14.00%
	15			4.0	1.0	36.00%	15.00%
	16			5.0	1.0	36.00%	16.00%
	17			6.0	1.0	36.00%	17.00%
	18			7.0	1.0	36.00%	18.00%
	19			8.0	1.0	36.00%	19.00%
	20			9.0	1.0	36.00%	20.00%

图 9-36

确定计算正确后就可以创建视图了。首先，将“数据点编号（数据桶）”字段拖到行或列功能区，然后检查数据桶是否“显示缺失值”，确定勾选后，将“数据点编号（数据桶）”字段拖到标记栏的“详细信息”栏中（图 9-37）。这是任何使用数据桶方法制作复杂图形的第一步，也是最容易忽略的一步。如果不勾选“显示缺失值”，那么视图数据中就只有首尾两个值。

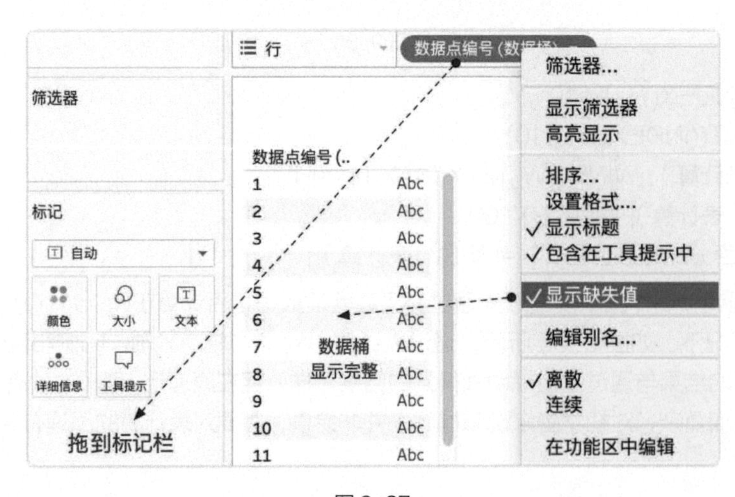

图 9-37

如图 9-38 所示，将“类别”字段和“X 轴”字段拖到列功能区，“Y 轴”字段拖到行功能区，将“颜色”拖到标记栏的“颜色”栏上，表计算依据都选择数据桶，就同时得到了 3 个华夫饼图。但是，如果还是通过手动的方式增加百分比值，就显得不够“优雅”了，可以通过其他方式，下面新增一个计算字段。

- 显示百分比值：IF INDEX()=56 THEN [比例（表计算）] END

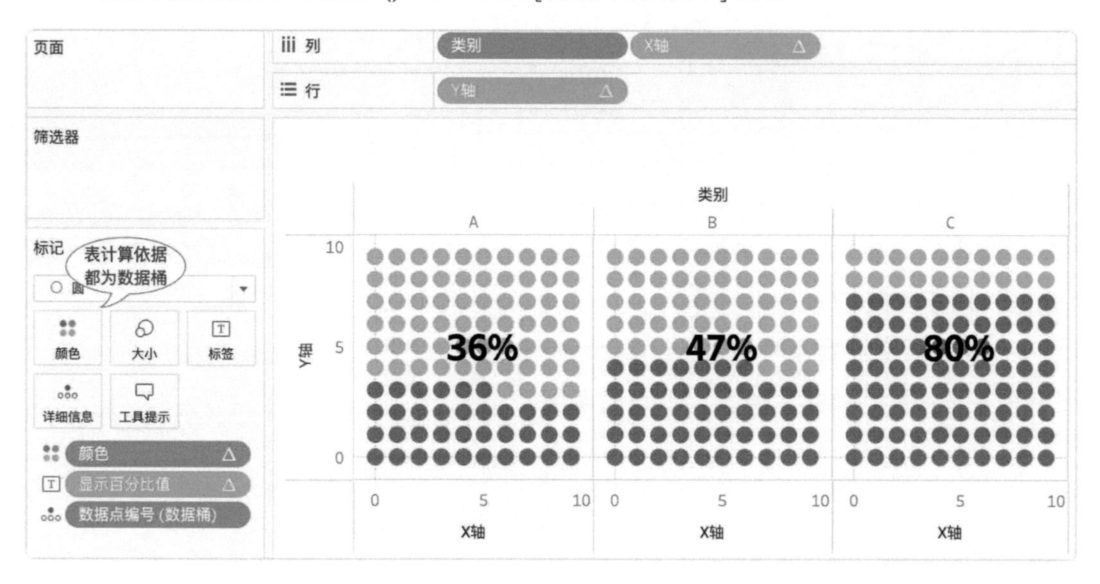

图 9-38

将“显示百分比值”拖到“标签”栏，并调整标签的格式和位置。通过这样的操作，就保证了只有第 56 个点（可根据需要自由调整）显示百分比值，其他点由于值为“NULL”所以无任何显示。

9.2 甘特条形图

9.2.1 甘特图

甘特图在 Tableau 中不是一种标准的图形类别，而是标记栏中的一种基础的图形元素，名为“甘特条形图”。可以认为它是条形图的一个变种，但比条形图更加灵活、强大。

在 Tableau 中绘制一个标准甘特图时，第一步要确定起始点。如图 9-39 所示，将“订单日期”拖到列功能区后，标记类型选择“甘特条形图”，此时在相应的时间轴上就会出现一条细线，这就是甘特图的起始点。

确定好起始点之后，还需要给“甘特条形图”增加“长度”。如图 9-40 所示，将 MAX([发货天数])

（发货日期 - 订单日期）[1] 拖到“大小”栏上，此时在起始点的基础上，沿着时间轴的正向增加了长度，这样就得到了一个标准的甘特图。

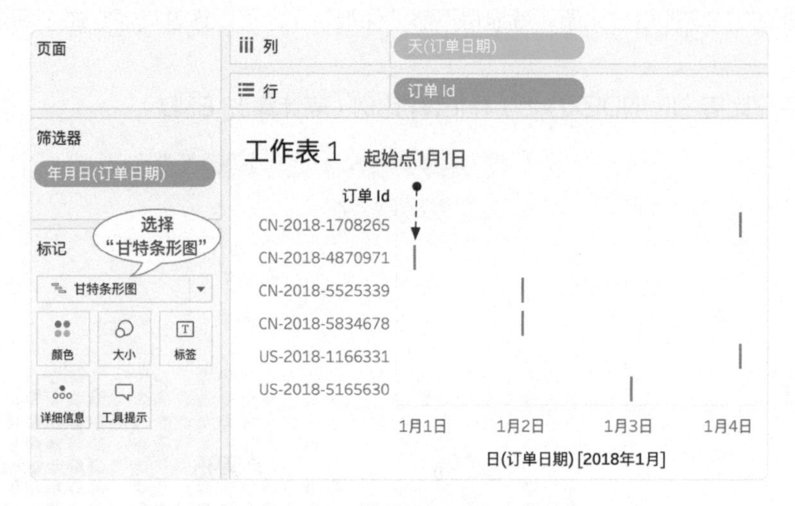

图 9-39

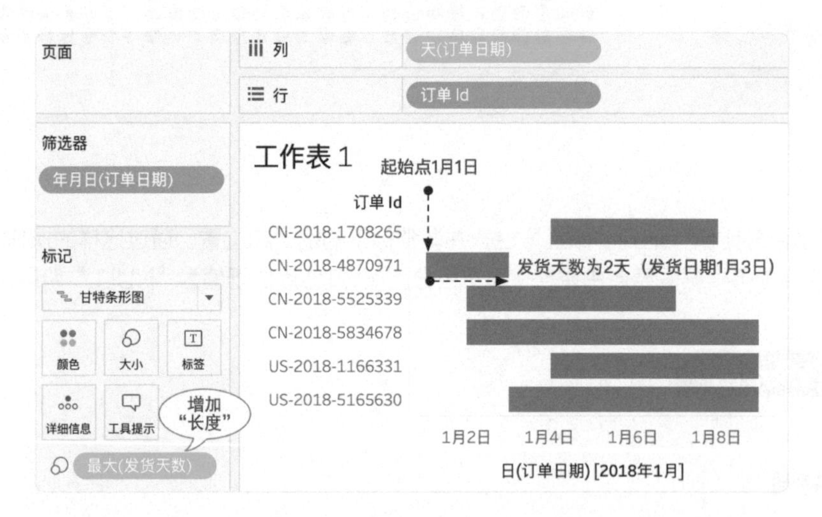

图 9-40

上面这个例子中使用“订单日期”作为 *X* 轴，其实也可以使用“发货日期”作为 *X* 轴，但这样就会增加一点点难度。如图 9-41 所示，使用“发货日期”作为 *X* 轴，起始点就变成了发货日期，所以就要沿着时间轴的反向增加长度，因此将 -MAX([发货天数]) 添加到“大小”栏上也可以得到同样的甘特图。

1　在同一个订单中，不同商品的发货时间不同，因此这里使用最大发货天数。

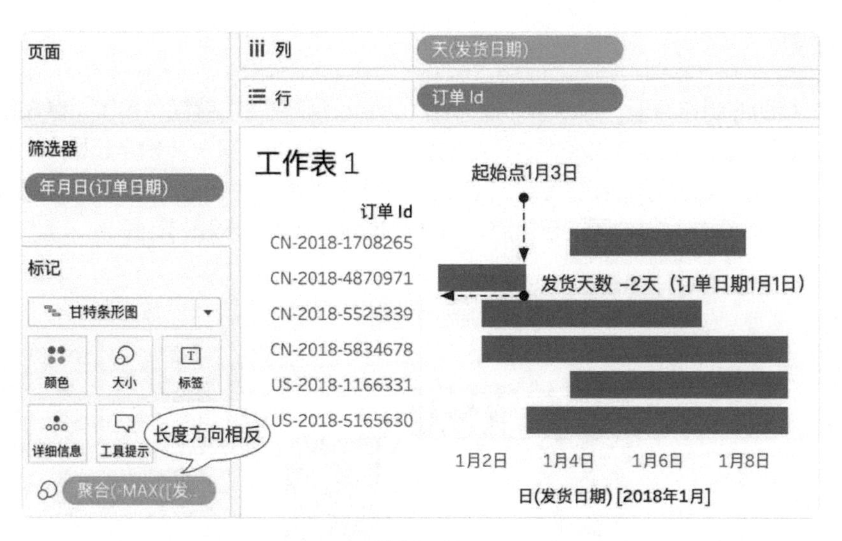

图 9-41

从上面的例子可以看出，绘制甘特图需要两步，第一步确定起始点，第二步确定长度和方向。确定起始点尤为关键，因为起始点是决定方向的关键因素。

另外，还可以通过单击“大小”栏来调整“甘特条形图”的宽度（图 9-42）。

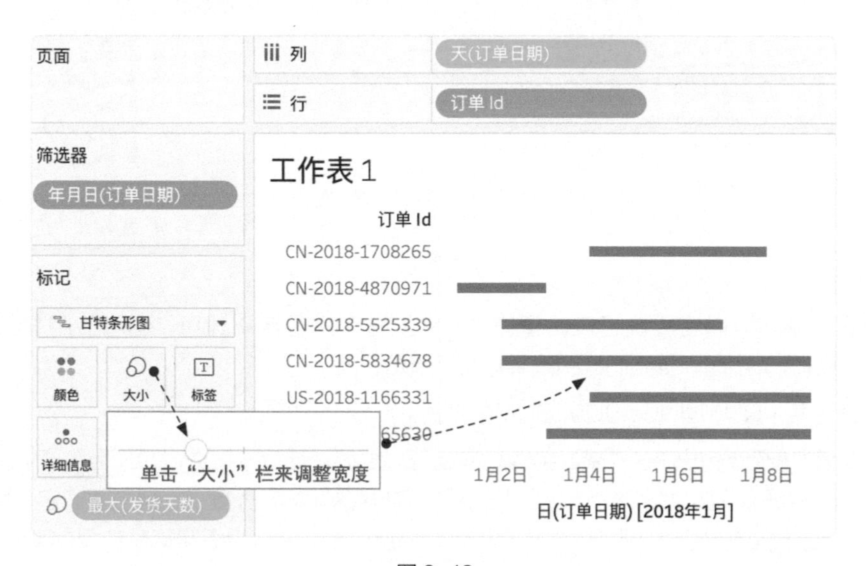

图 9-42

9.2.2 瀑布图

理解了甘特图的制作原理，再来学习瀑布图（Waterfall Plot）就简单多了。瀑布图本质上是甘特图的一个变体，第 9.2.1 节已经讲过了绘制甘特图分为两步，第一步确定起始点，第二步确定长度和方向。如图 9-43 所示，数据源给出了 5 个项目的金额，但如果仔细观察，就会发现并不能直接使用数据源的金额作为甘特图的起始点，需要对金额进行累计求和的计算。

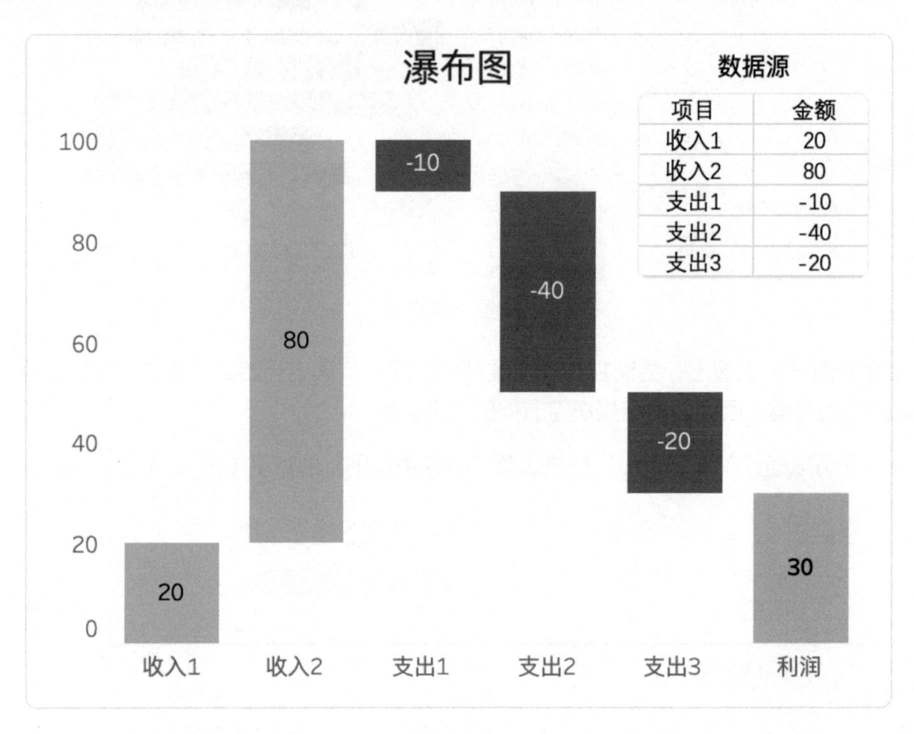

项目	金额
收入1	20
收入2	80
支出1	-10
支出2	-40
支出3	-20

图 9-43

要想累计求和可以使用快速表计算的“累计汇总”进行自动计算，也可使用 RUNNING_SUM 函数新建计算字段，得到同样的效果，如下所示。

- 累计金额：RUNNING_SUM(SUM([金额]))

将“项目”拖到列功能区，“累计金额”拖到行功能区，计算依据选择“项目”。同时，将标记类型改为“甘特条形图”。从图 9-44 中可以发现起始点已经被确定了，接下来就需要确定长度和方向。这里的长度就是数据源中的金额，但方向却与金额相反，收入需要沿着坐标轴的反向填充，而支出需要沿着坐标轴的正向填充。

因此将 -SUM([金额]) 作为“大小”，总和（金额）作为“标签”，“项目”作为“颜色”，就可以得到一个瀑布图的雏形（图 9-45）。

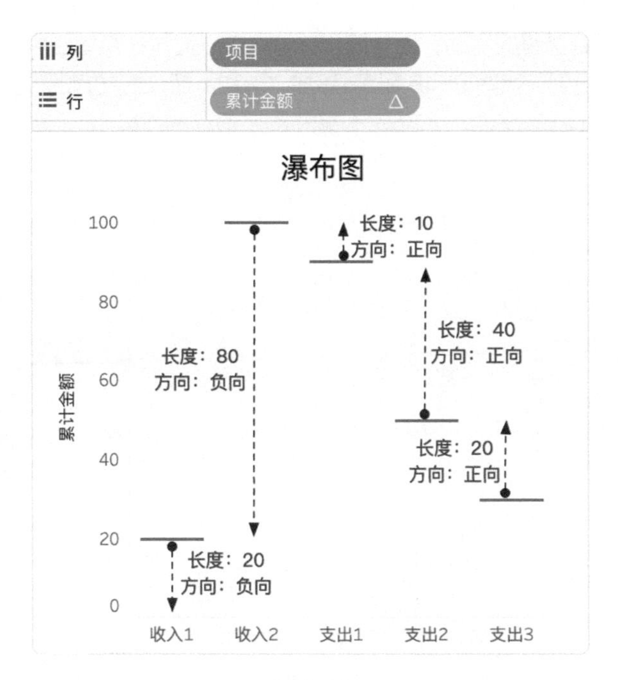
列
项目
行
累计金额
瀑布图
长度：10
方向：正向
长度：80
方向：负向
长度：40
方向：正向
长度：20
方向：正向
长度：20
方向：负向
累计金额
收入1
收入2
支出1
支出2
支出3

图 9-44

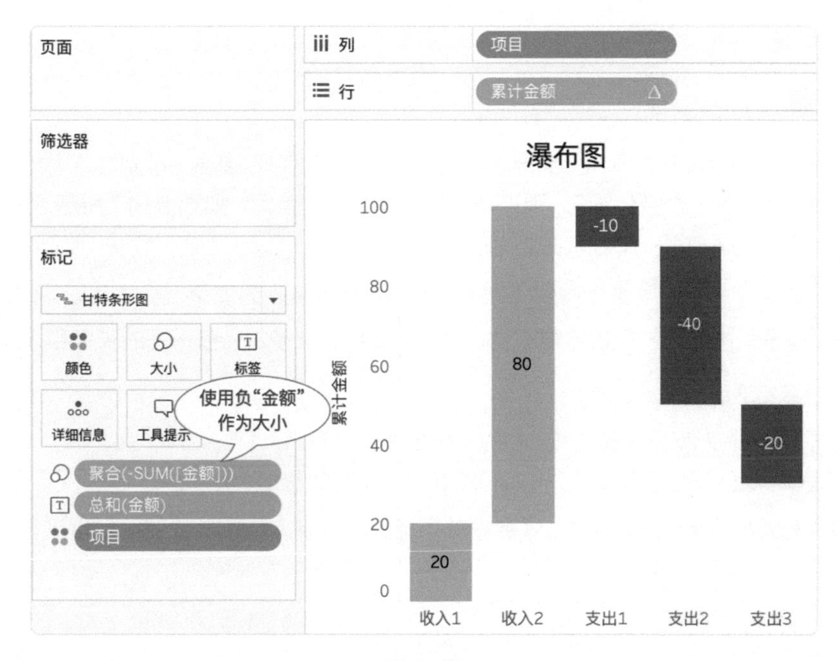
页面
列
项目
行
累计金额
筛选器
标记
甘特条形图
颜色
大小
标签
详细信息
工具提示
使用负"金额"作为大小
聚合(-SUM([金额]))
总和(金额)
项目
瀑布图
累计金额
收入1
收入2
支出1
支出2
支出3

图 9-45

由于数据源中并没有最终的利润，为了简化计算，可以通过在菜单栏中选择“分析→合计→显示行总和”选项的方式得到。如图 9-46 所示，添加“总和”后，在“总和”的标题上单击鼠标右键，在弹出的对话框中将总和标签修改为“利润”，就得到了最终的效果。

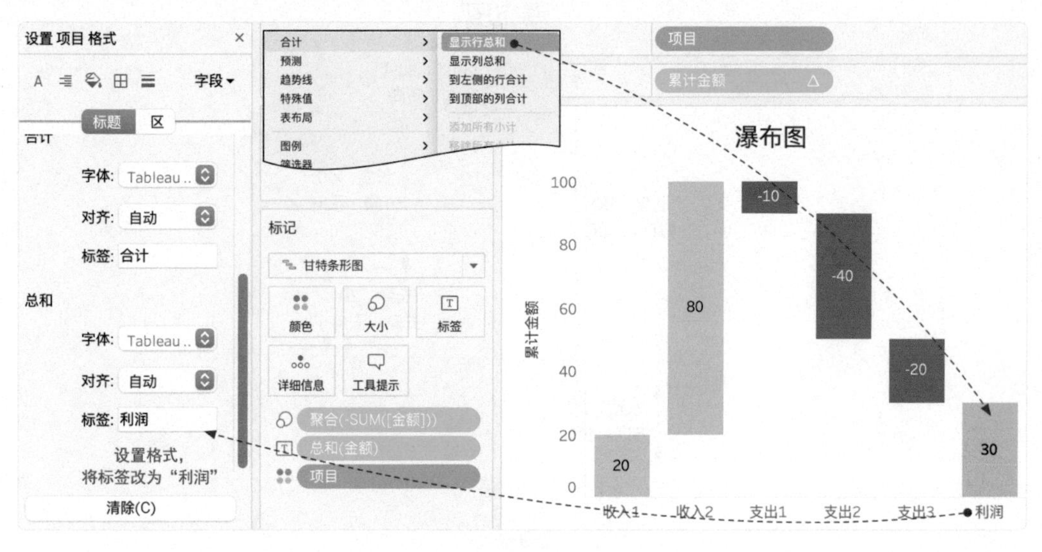

图 9-46

9.2.3 帽子图

帽子图（Hat Graphs）源自 Jeffrey A. Shaffer 的网站（Data+Science）中的一篇文章。它可以作为双柱状图的一个替代图形，重点突出柱状图之间的差异。如图 9-47 所示，蓝色部分（帽子）就是第二个柱状图与第一个柱状图之间的差异。

有了制作瀑布图的基础，再来理解绘制帽子图的步骤就非常容易了。如图 9-48 所示，与瀑布图不同的是，帽子图中的第一条甘特线不变，只需计算出第二条甘特条形图的长度和方向。

因此，新建如下所示的计算字段。

- 数量差异：-(SUM([数量])-LOOKUP(SUM([数量]),-1))
- 数量差异标签：SUM([数量])-LOOKUP(SUM([数量]),-1)

将“数量差异”拖到“大小”栏，“数量差异标签”拖到“标签”栏就可以得到基本的帽子图（图 9-49）。

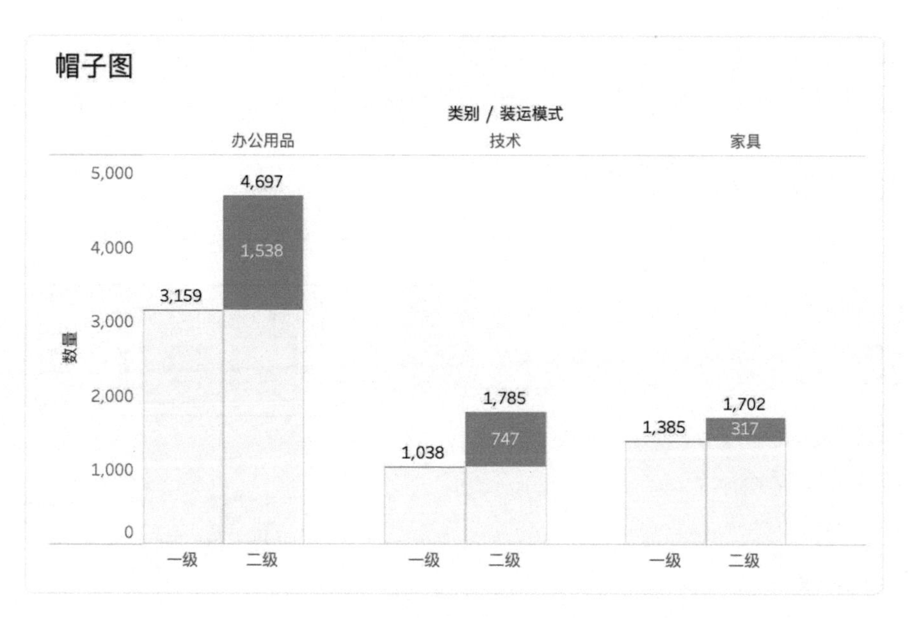
帽子图
类别 / 装运模式
办公用品
技术
家具
5,000
4,000
3,000
2,000
1,000
0
数量
4,697
1,538
3,159
1,785
747
1,038
1,702
317
1,385
一级
二级
一级
二级
一级
二级

图 9-47

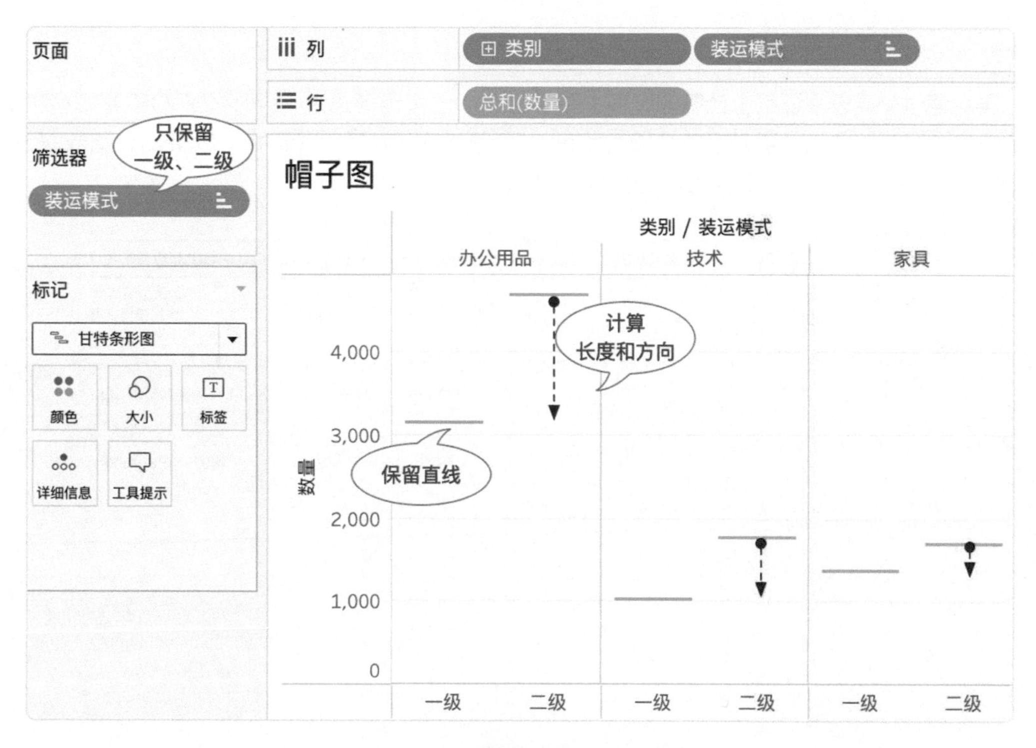
页面
列
类别
装运模式
行
总和(数量)
筛选器
只保留
一级、二级
装运模式
标记
甘特条形图
颜色
大小
标签
详细信息
工具提示
帽子图
类别 / 装运模式
办公用品
技术
家具
计算
长度和方向
保留直线
4,000
3,000
2,000
1,000
0
数量
一级
二级
一级
二级
一级
二级

图 9-48

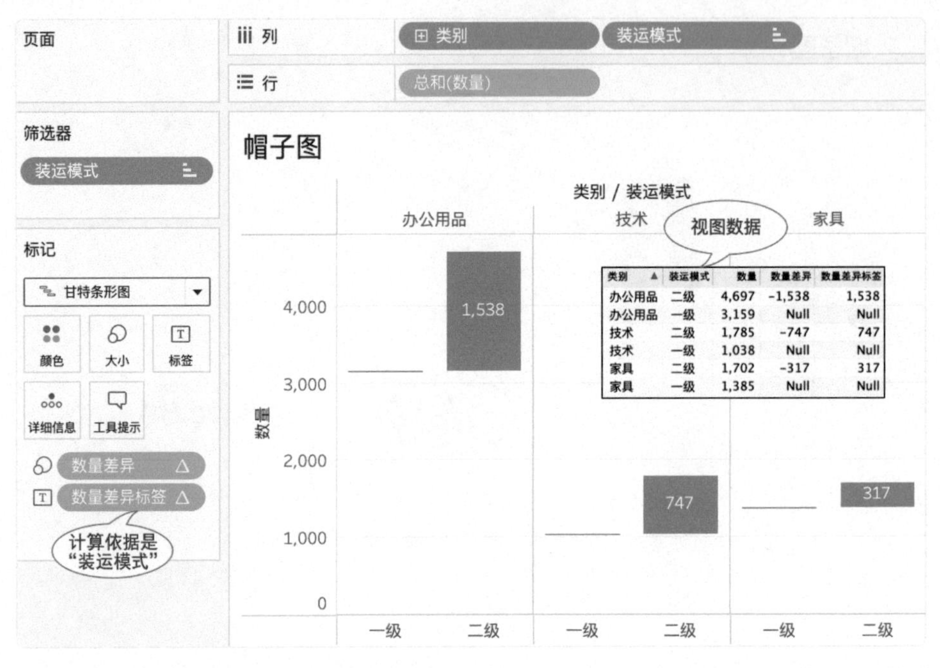

图 9-49

再次通过交叉表验证整个计算的过程（图 9-50），当装运模式为一级时，LOOKUP 函数取前一个值的结果为 NULL，所以运算结果也为 NULL；当装运模式为二级时，LOOKUP 函数取到前一个值（一级的数量），从而可以计算出两者的差异值。

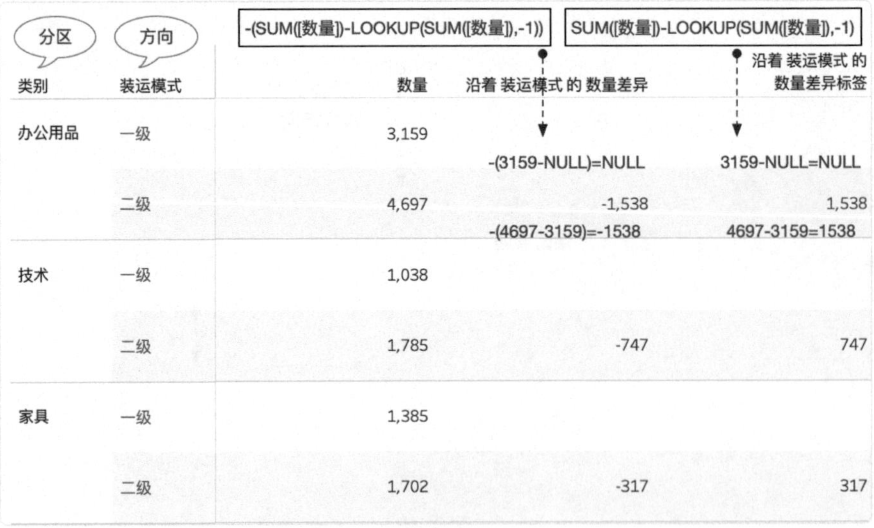

分区：类别　方向：装运模式

数量差异：-(SUM([数量])-LOOKUP(SUM([数量]),-1))　数量差异标签：SUM([数量])-LOOKUP(SUM([数量]),-1)

类别	装运模式	数量	沿着 装运模式 的 数量差异	沿着 装运模式 的 数量差异标签
办公用品	一级	3,159	-(3159-NULL)=NULL	3159-NULL=NULL
	二级	4,697	-1,538 -(4697-3159)=-1538	1,538 4697-3159=1538
技术	一级	1,038		
	二级	1,785	-747	747
家具	一级	1,385		
	二级	1,702	-317	317

图 9-50

下面还需要增加图形之间的空白。通过在菜单栏中选择“分析→合计→添加所有小计”选项增加一个“小计”项，但是小计里的“线”和“标签”都需要通过设置格式的方式隐藏掉（图9-51）。

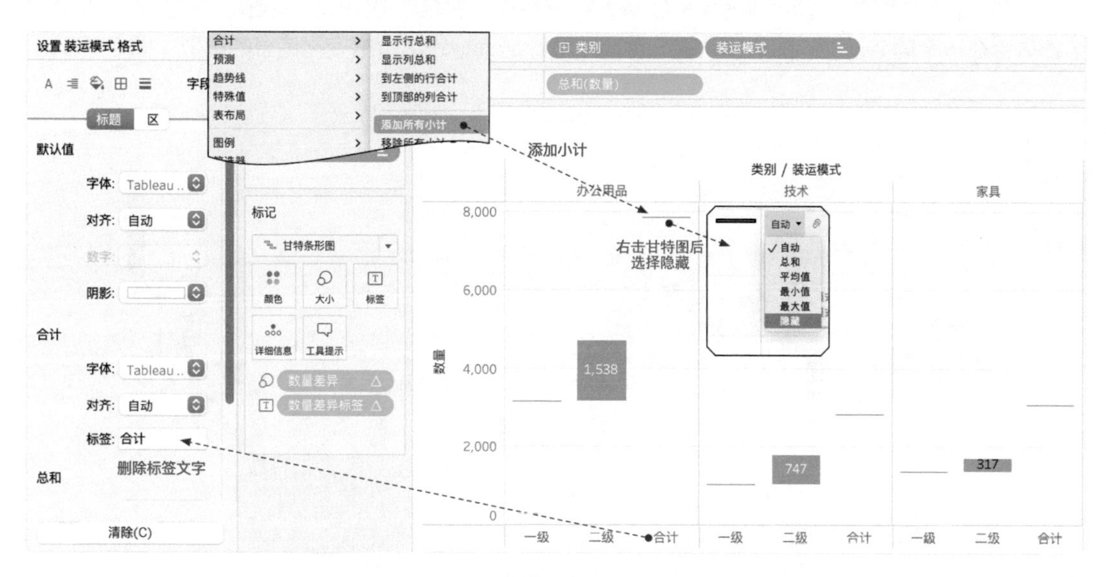

图9-51

为了凸显两个柱状图之间的差异，可以通过双轴的方式增加一个条形图作为背景（图9-52），以此达到更好的可视化效果。

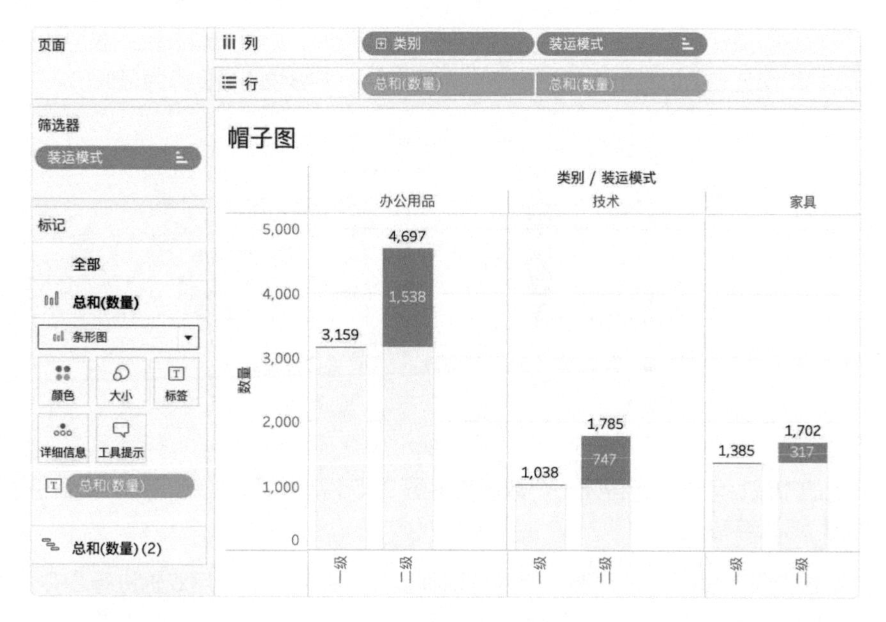

图9-52

9.2.4 K 线图

K 线图又称蜡烛图（Candlestick Chart），它将一只股票的开盘价、收盘价、最高价、最低价全部融合在一个简洁直观的图形里，是一种能够清晰准确地表达价格变化信息的图形（图 9-53）。

图 9-53

K 线图的画法包含 4 个数据，即开盘价、收盘价、最高价、最低价。如图 9-54 所示，当收盘价高于开盘价时，开盘价在下，收盘价在上，称之为阳线，长方柱用红色表示，其上影线的最高点为最高价，下影线的最低点为最低价；当收盘价低于开盘价时，则开盘价在上，收盘价在下，称之为阴线，长方柱用绿色表示，其上影线的最高点为最高价，下影线的最低点为最低价。

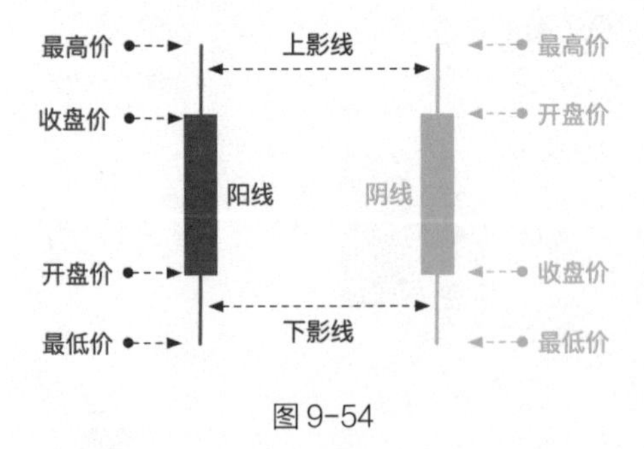

图 9-54

根据以上的知识，可以自行构建一个数据集（图 9-55），包括必需的日期、开盘价、收盘价、最高价、最低价 5 个字段。

可以使用甘特条形图绘制 K 线图，但要分别画出长方柱和影线，用双轴进行合并。不论是绘制长方柱还是影线，首先都要计算出甘特图的长度和涨跌情况，因此需要新建以下 3 个计算字段。

- 开盘收盘差价：[开盘价]-[收盘价]
- 最高最低差价：[最高价]-[最低价]
- 当日涨跌：IF [开盘收盘差价]<=0 THEN " 上涨 " ELSE " 下跌 " END

日期	收盘价	开盘价	最低价	最高价
2018/1/1	9.12	9.05	8.9	9.16
2018/1/2	9.3	9.23	9.16	9.32
2018/1/3	9.04	9.29	9.02	9.35
2018/1/4	9.16	9.05	9.04	9.16
2018/1/5	8.96	9.17	8.88	9.17
2018/1/6	8.94	8.94	8.89	9.11
2018/1/7	8.93	8.91	8.91	9.1
2018/1/8	9.13	8.94	8.88	9.15
2018/1/9	9.42	9.15	9.11	9.5
2018/1/10	9.37	9.42	9.25	9.49

图 9-55

这里就涉及用哪个字段作为起点的问题，因为起点不同，“甘特条形图”的填充方向就不同。最简单的方式是，长方柱以收盘价为起点，影线以最低价作为起点。如图 9-56 所示，无论是阳线还是阴线，直接使用开盘收盘差价和最高最低差价就可以让长度和方向都正确。

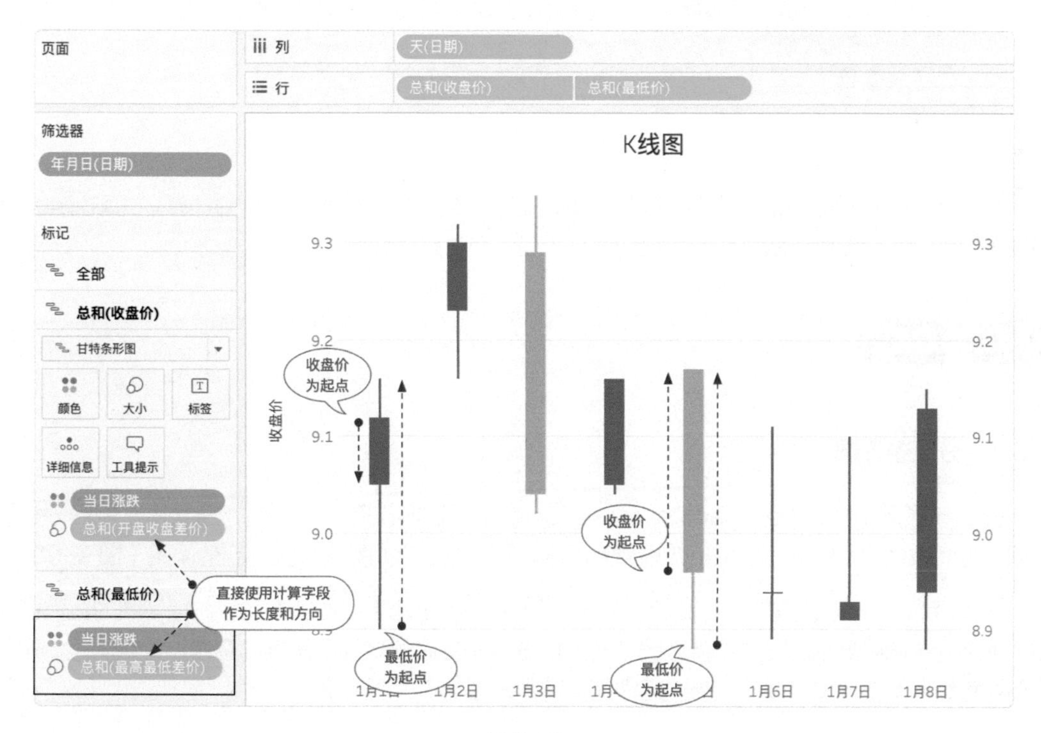

图 9-56

如果使用开盘价和最高价作为起点，那么使用负的开盘收盘差价和最高最低差价，也可以得到同样的K线图（图9-57）。

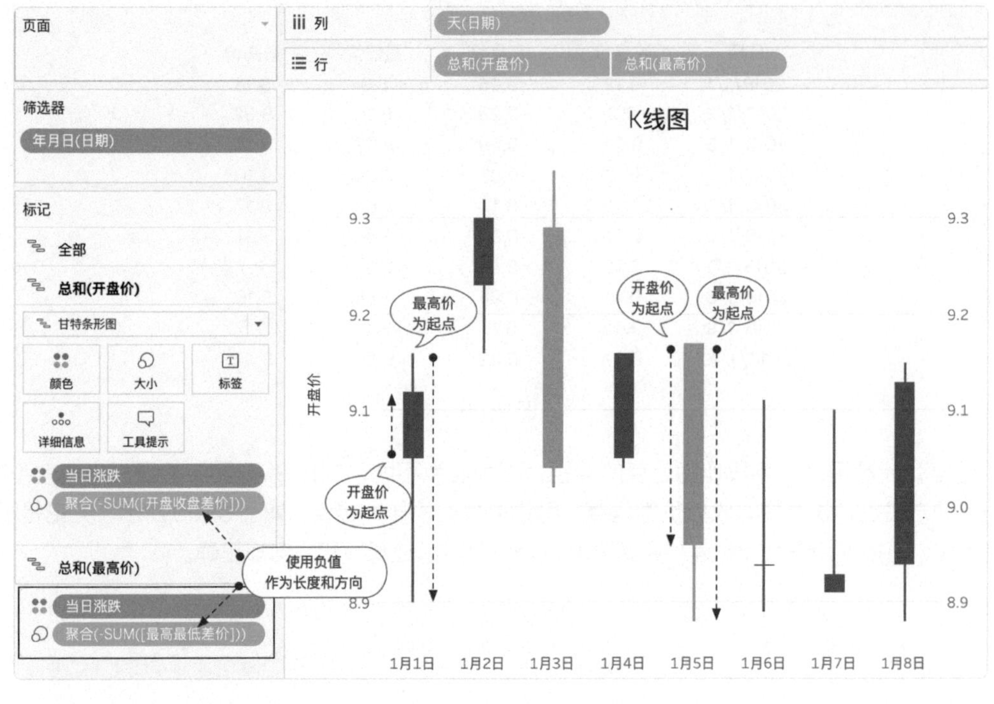

图9-57

K线图的绘制相对前面几个案例来说，难度更高，自由度也更大。差价的计算方式和起点的字段都可以不同，只要保证两个差价字段的方向（正或负）正确即可。

9.3 条形图

9.3.1 分组条形图

分组条形图（Grouped Bar Chart）在Excel中又被叫作簇状条形图，通常用于相同分类的不同分组间数据的比较。为了保证数据清晰可辨，各个分组之间需要保持一定的间距（图9-58）。

在Tableau的默认逻辑中，分组条形图之间并不存在间距（图9-59）。在帽子图的案例中使用添加合计并隐藏显示的方法（参考图9-51），在条形图右侧增加了固定的空白作为组间距。如果希望在每组两侧都增加可调节大小的组间距，这种方法就不太适用了。

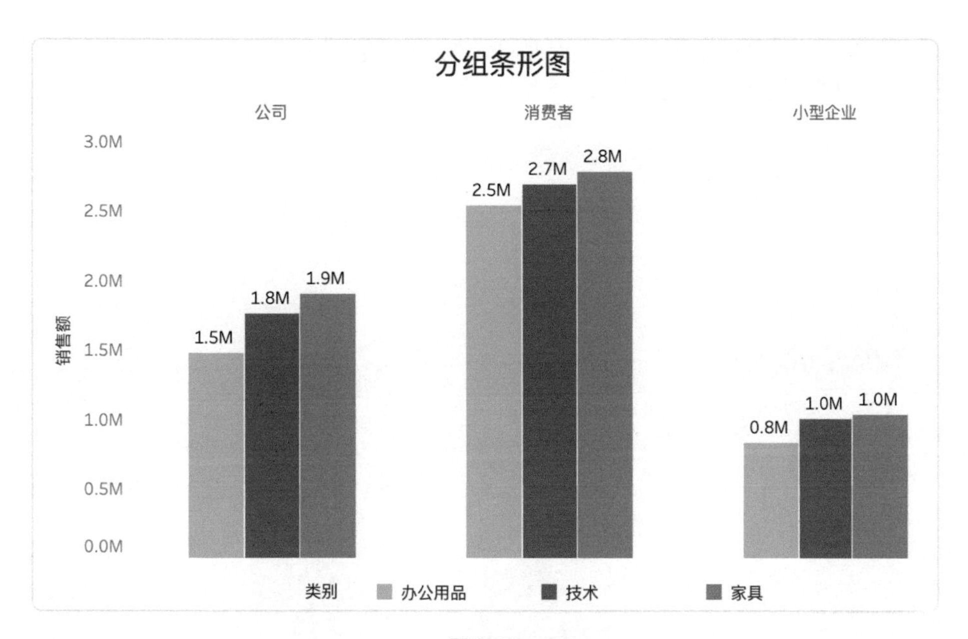

图 9-58

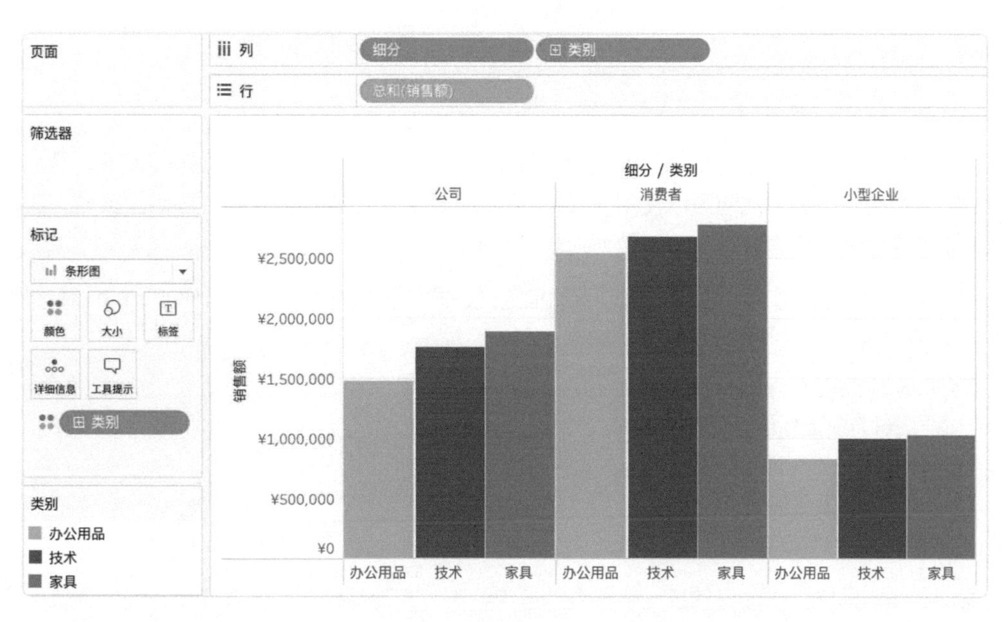

图 9-59

用离散字段无法直接控制组间距，但可以通过创建连续字段构造坐标轴的方式，可以间接达到控制组间距的目的。如图 9-60 所示，去掉列功能区的“类别”字段，换成即席计算字段“INDEX()”，表计算依据选择“类别”，此时条形图就出现在坐标轴上了。不过，通过大小栏的“手动”模式控制坐标轴上形成的条形图的宽度，并不会出现紧贴排列的效果，这就需要启用“固定”模式进行调整[1]，对齐方式选择“左侧”即可。

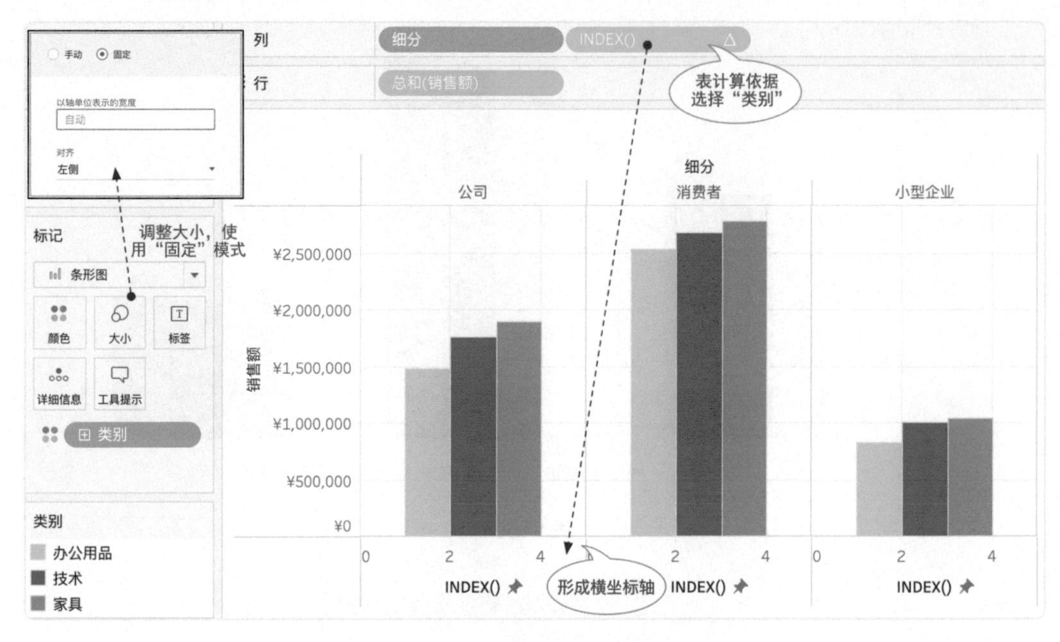

图 9-60

如果需要控制组间距，则可通过编辑横坐标轴的范围进行调整。不过，由于 INDEX 函数直接返回的结果是整数型的，此时可以使用 FLOAT(INDEX()) 将即席计算转换成浮点型数值，这样就可以更加精准地控制轴范围。

除使用 INDEX 函数外，也可以通过手动指定的方式给类别排序，比如新建如下的计算字段。

- 类别排序：
  CASE [类别]
  WHEN“办公用品”THEN 1
  WHEN“技术”THEN 2
  WHEN“家具”THEN 3
  END

这个“类别排序”字段显然是一个行级别运算，不过无论是使用表计算还是行级别计算，只要视图数据中的排名正确（图 9-61），条形图就可以出现在横坐标的正确位置上。

---

1 关于用“固定”模式调整宽度，在第 10.4 节“马赛克图”中会有更详细的讲解。

分区 方向

细分	类别	平均值 类别排序	销售额
公司	办公用品	1	¥1,484,596
	技术	2	¥1,764,575
	家具	3	¥1,903,623
消费者	办公用品	1	¥2,543,529
	技术	2	¥2,692,828
	家具	3	¥2,788,714
小型企业	办公用品	1	¥837,465
	技术	2	¥1,011,620
	家具	3	¥1,042,004

图 9-61

9.3.2 帕累托图

意大利著名经济学者维尔弗雷多 · 帕累托于 1906 年提出了关于意大利社会财富分配的著名研究结论：20%的人口掌握了 80%的社会财富。罗马尼亚管理学家约瑟夫 · 朱兰将这个发现应用于管理学领域，并命名为帕累托法则，也称二八法则或关键少数法则。目前，这个法则被广泛应用于生活中的各个领域。帕累托图（Pareto Chart）就是帕累托法则的图形化展现（图 9-62）。

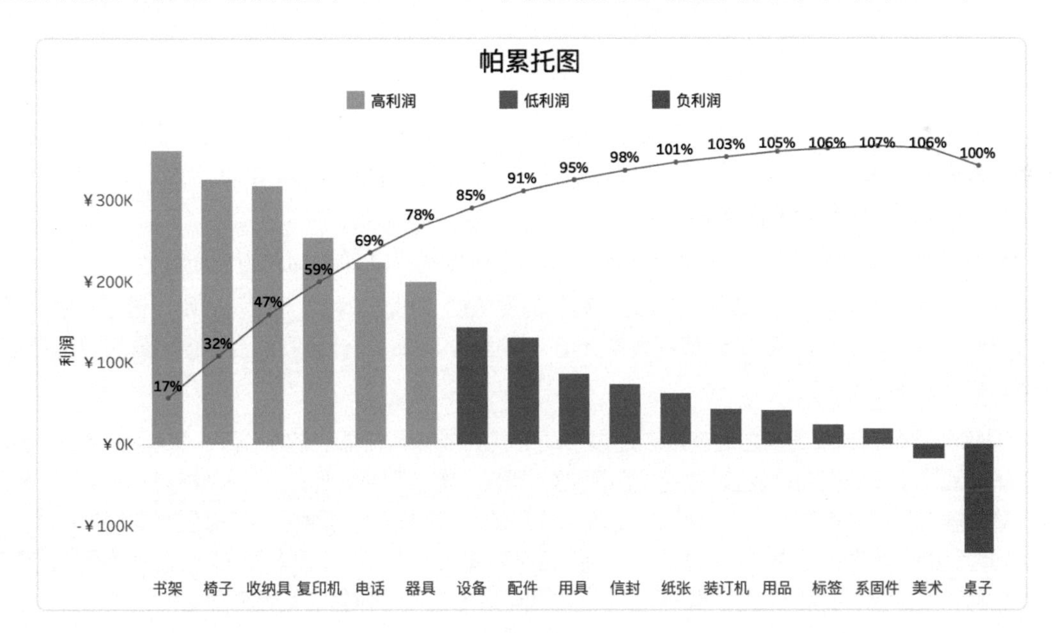

图 9-62

从图 9-62 中可以看出，帕累托图是经典的条形图和折线图的组合图表，需要使用双轴来完成，整体难度并不高，唯一的难点就是如何计算累计利润的占比。

如图 9-63 所示,在行功能区放置两个“利润”字段,第一个“利润”字段选择条形图,第二个“利润”字段选择折线图。之后在编辑第二个“利润”字段的表计算依据时,“主要计算类型”选择“累计汇总”,“从属计算类型”选择“合计百分比”,就可以得到利润累计占比的折线图。

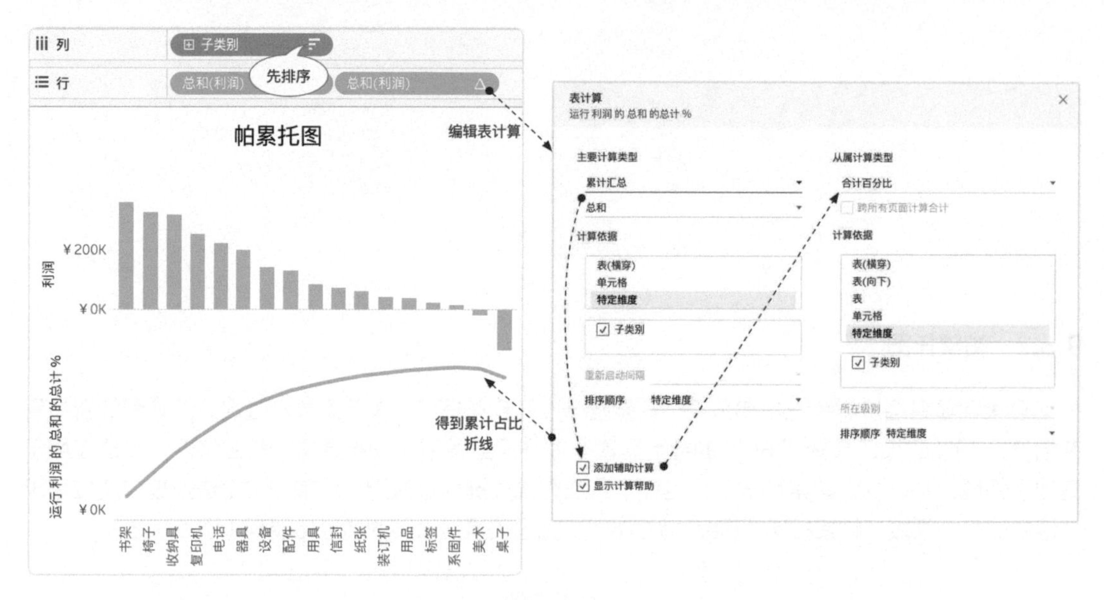

图 9-63

对初学者来说,虽然整个操作过程简洁高效,没有新建任何计算字段,但是嵌套表计算的逻辑着实让人摸不着头脑。所以,下面有必要详细讲解一下这里的计算逻辑。上面的整个表计算操作,可以转换为如下所示的一个计算字段。

- 利润累计百分比:RUNNING_SUM(SUM([利润]))/TOTAL(SUM([利润]))

如图 9-64 所示,在计算累计求和时,首先需要依据“利润总和”对“子类别”进行排序,然后才能通过 RUNNING_SUM 计算利润累计值,再通过 TOTAL 计算利润合计值,最后将两者相除得到利润的累计占比。

理解了所有的计算逻辑之后就可以通过手动方式完成帕累托图表的制作了。如图 9-65 所示,将“子类别”字段拖到列功能区,并依据利润总和排序,将“利润累计百分比”字段拖到行功能区,表计算依据选择“子类别”,与“利润”字段构成双轴。新建一个“颜色”字段用于区分利润类型,将利润为负的子类别标记为“负利润”,利润为正且利润累计百分比小于等于 80% 的子类别被标记为“高利润”,其余的被标记为“低利润”,这样就可以得到一个精美的帕累托图。

方向

计算累计求和，需要先排序

子类别	SUM([利润]) 利润	RUNNING_SUM(SUM([利润])) 沿着 子类别 的 利润累计求和	TOTAL(SUM([利润])) 沿着 子类别 的 总利润	RUNNING_SUM(SUM([利润]))/TOTAL(SUM([利润])) 沿着 子类别 的 利润累计百分比
书架	¥361,137	361,137	2,147,539	16.82%
椅子	¥325,837	686,974	2,147,539	31.99%
收纳具	¥316,843	1,003,817	2,147,539	46.74%
复印机	¥252,897	1,256,714	2,147,539	58.52%
电话	¥223,350	1,480,064	2,147,539	68.92%
器具	¥199,027	1,679,091	2,147,539	78.19%
设备	¥144,111	1,823,202	2,147,539	84.90%
配件	¥130,805	1,954,007	2,147,539	90.99%
用具	¥85,168	2,039,175	2,147,539	94.95%
信封	¥72,505	2,111,680	2,147,539	98.33%
纸张	¥61,622	2,173,302	2,147,539	101.20%
装订机	¥42,758	2,216,060	2,147,539	103.19%
用品	¥40,576	2,256,637	2,147,539	105.08%
标签	¥23,946	2,280,583	2,147,539	106.20%
系固件	¥18,629	2,299,211	2,147,539	107.06%
美术	-¥18,267	2,280,945	2,147,539	106.21%
桌子	-¥133,406	2,147,539	2,147,539	100.00%

图 9-64

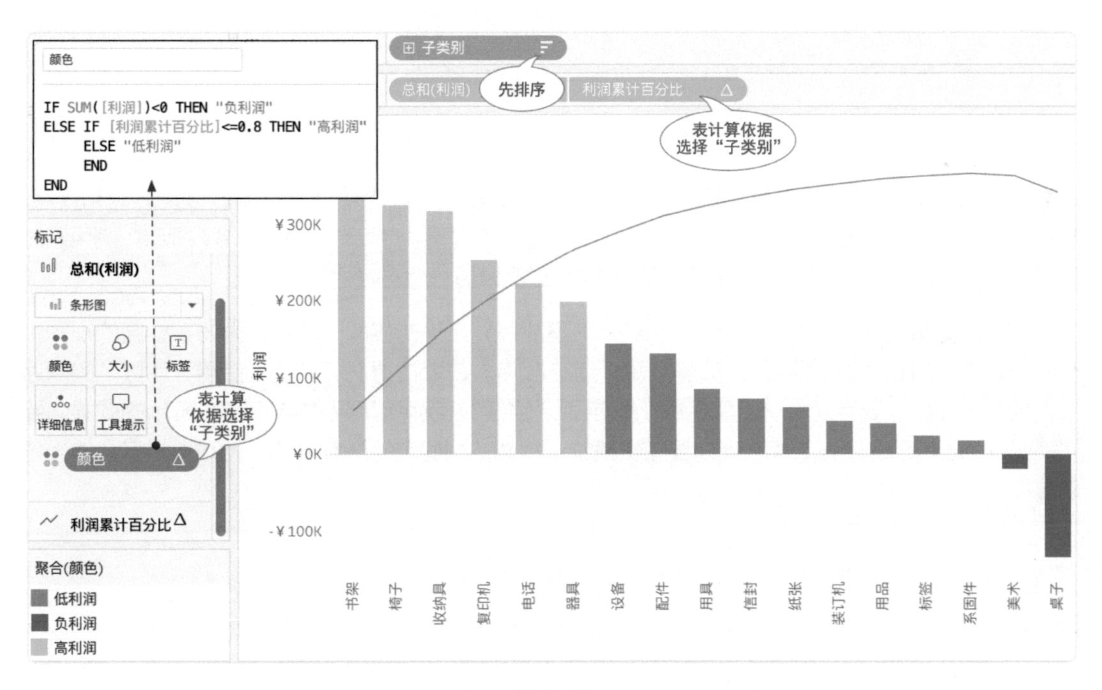

图 9-65

9.3.3 圆角条形图

在默认情况下，Tableau 中的条形图都是以直角方式呈现的。如果需要制作圆角条形图（图 9-66），最简单的方案就是通过双轴，将“圆”与“条形图”组合成一个圆角条形，这与制作棒棒糖图的思路一致。本节将采用另一种方案——使用“线”元素来实现圆角条形图。

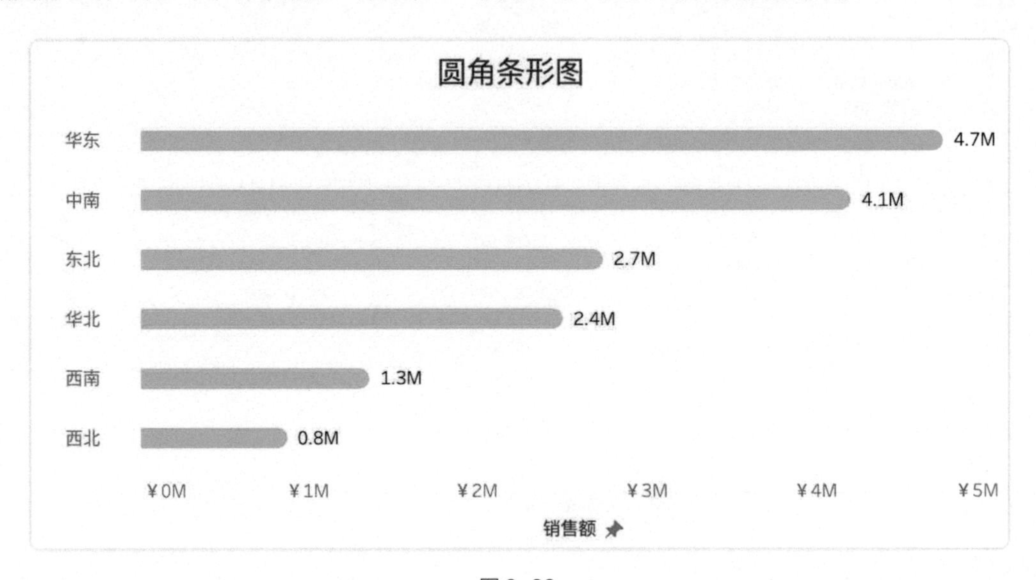

图 9-66

我们在数学课上都学过“两点确定一条线段”，所以画线段的前提是先确定好线段的起点和终点。从图 9-66 中可以看出，线段的起点是“0”，终点是“销售额”合计。如图 9-67 所示，使用即席计算“AVG(0)”和“销售额”字段在视图中构造出度量值和度量名称 [1]。

此时，如果直接将标记类型改为“线”，则不能得到正确的线段，这是因为在多维度的视图中有时需要单独指定线的“路径”，即连接每个点的顺序。在默认情况下，这里使用“地区”的顺序来连接多个点，需要手动将“度量名称”指定为“路径”，就可以得到如图 9-68 所示的效果。要实现图 9-66 所示的最终效果，还需要编辑横轴，将轴范围固定为从 0 开始，就可以将多余的圆角隐藏掉。

1 快速构建度量值字段的方法请参考第 8.7 节“案例：百分比条形图”（图 8-19）。

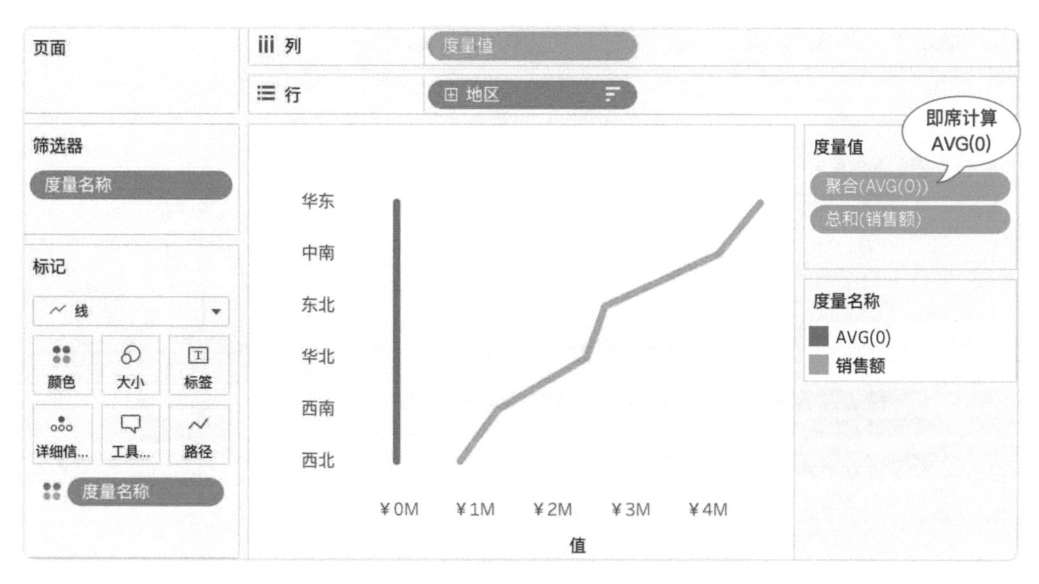

图 9-67

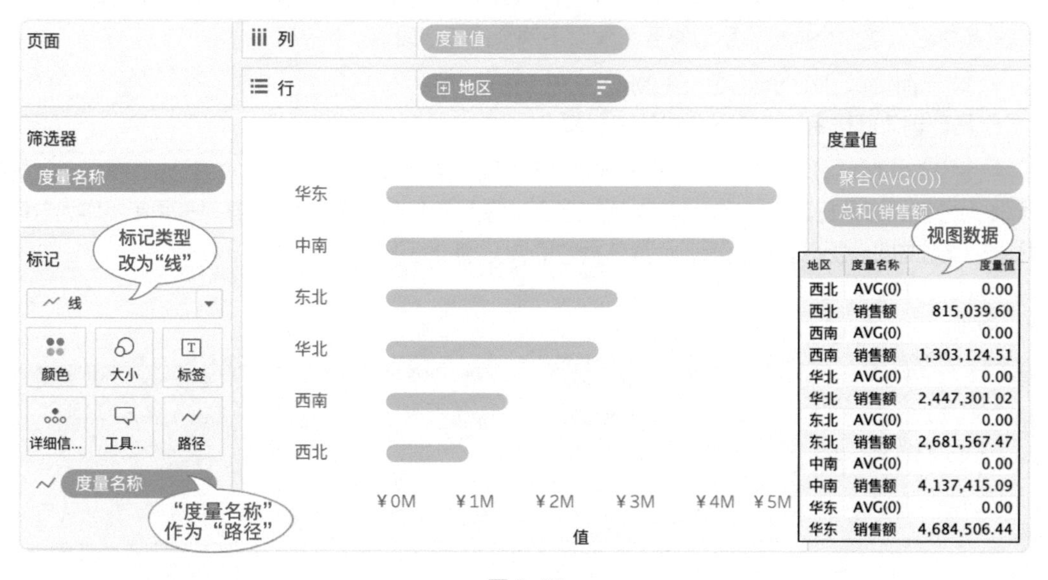

地区	度量名称	度量值
西北	AVG(0)	0.00
西北	销售额	815,039.60
西南	AVG(0)	0.00
西南	销售额	1,303,124.51
华北	AVG(0)	0.00
华北	销售额	2,447,301.02
东北	AVG(0)	0.00
东北	销售额	2,681,567.47
中南	AVG(0)	0.00
中南	销售额	4,137,415.09
华东	AVG(0)	0.00
华东	销售额	4,684,506.44

图 9-68

9.3.4 动态条形图

动态条形图（Bar Chart Race）可以随着时间的推移动态地展示指标排名的变化。早期的 Tableau 版本实现这个功能需要进行复杂的处理，在 Tableau 2020.1 版推出动画（Animations）

功能后，配合表计算实现动态条形图就变得非常简单了（图 9-69）。

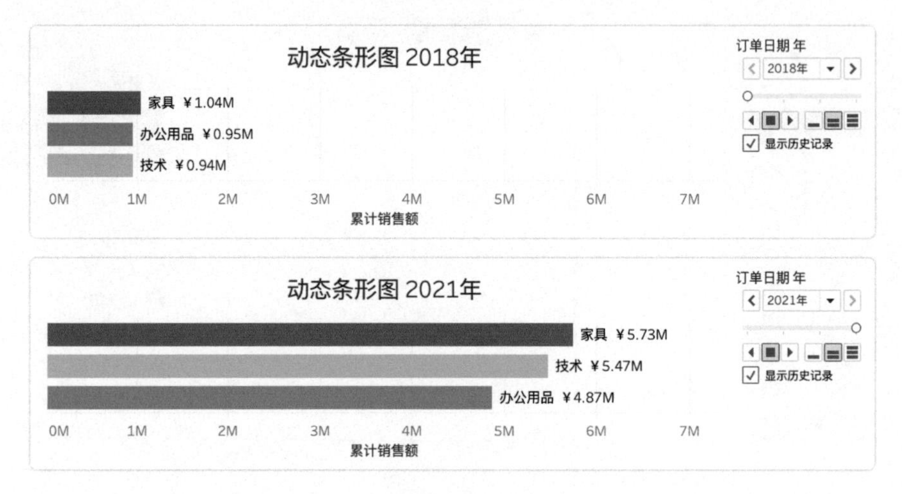

图 9-69

制作如图 9-69 所示的展示累计销售额的动态条形图，关键是要计算出“累计销售额”和“累计销售额排名”这两个指标，所以需要新建以下两个计算字段。

- 累计销售额：RUNNING_SUM(SUM([销售额]))
- 累计销售额排名：RANK([累计销售额])

如图 9-70 所示，这两个计算字段分别使用了不同的表计算逻辑，在计算“累计销售额”时，“类别”作为分区，“订单日期 年”作为方向，而在计算“累计销售额排名”时，“订单日期 年”作为分区，“类别”作为方向。所以，在编辑表计算依据时需要分别进行设置。

类别（分区）	订单日期 年（方向）	销售额	沿着 订单日期 的累计销售额
家具	2018年	¥1,036,266	1,036,266
	2019年	¥1,297,643	2,333,908
	2020年	¥1,412,676	3,746,584
	2021年	¥1,987,756	5,734,341
技术	2018年	¥944,943	944,943
	2019年	¥1,169,583	2,114,526
	2020年	¥1,544,433	3,658,959
	2021年	¥1,810,064	5,469,024
办公用品	2018年	¥949,848	949,848
	2019年	¥964,694	1,914,542
	2020年	¥1,286,430	3,200,972
	2021年	¥1,664,618	4,865,590

订单日期 年（分区）	类别（方向）	沿着 订单日期 的累计销售额	累计销售额排名
2018年	家具	1,036,266	1
	办公用品	949,848	2
	技术	944,943	3
2019年	家具	2,333,908	1
	技术	2,114,526	2
	办公用品	1,914,542	3
2020年	技术	3,658,959	2
	家具	3,746,584	1
	办公用品	3,200,972	3
2021年	家具	5,734,341	1
	技术	5,469,024	2
	办公用品	4,865,590	3

图 9-70

在创建动态条形图前，首先通过菜单栏的“设置格式”打开动画功能。如图 9-71 所示，将“订单日期”字段拖到页面功能区，“类别”字段拖到“颜色”栏，此时两个维度字段都影响了视图的详细级别。将“累计销售额”字段拖到列功能区，调整计算依据为“订单日期 年”。将“累计销售额排名”字段拖到行功能区并转为离散字段，此时由于字段嵌套了两层表计算，所以需要分别设置不同的表计算依据，才能保证计算的准确。

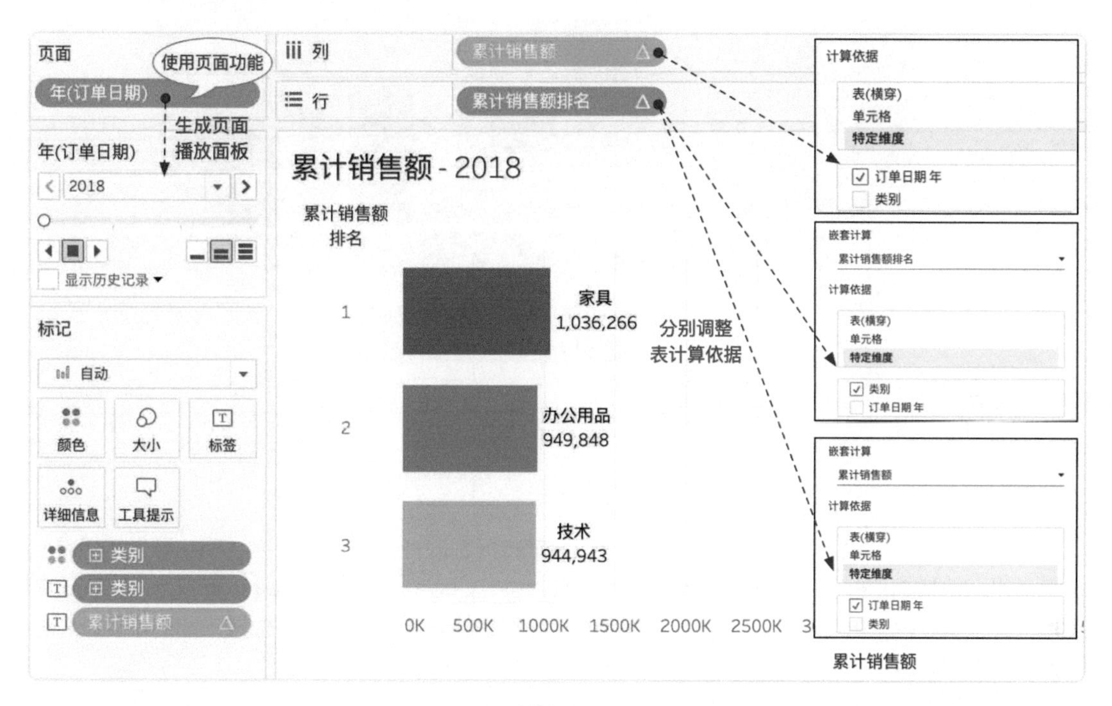

图 9-71

在后面的案例中还会遇到类似的嵌套表计算问题。由于需要使用不同的表计算依据，所以要分别建立计算字段，并不能将两个计算字段合并成一个。这是初学者需要特别注意的，尤其是在进行复杂的表计算时，建议更要分步骤建立计算字段，避免此类问题的发生。

9.4 地图

9.4.1 瓷砖地图

瓷砖地图（Tile Map）是网格地图的一个典型代表，作为传统地图的一个替代方案，有着明显的优势和劣势。它将所有地理单元设计成相同的大小，避免了某些地理单元由于面积过小而无法被呈现。但它展示的是地理单元的相对位置，无法与真实的地理位置一一对应（图 9-72）。

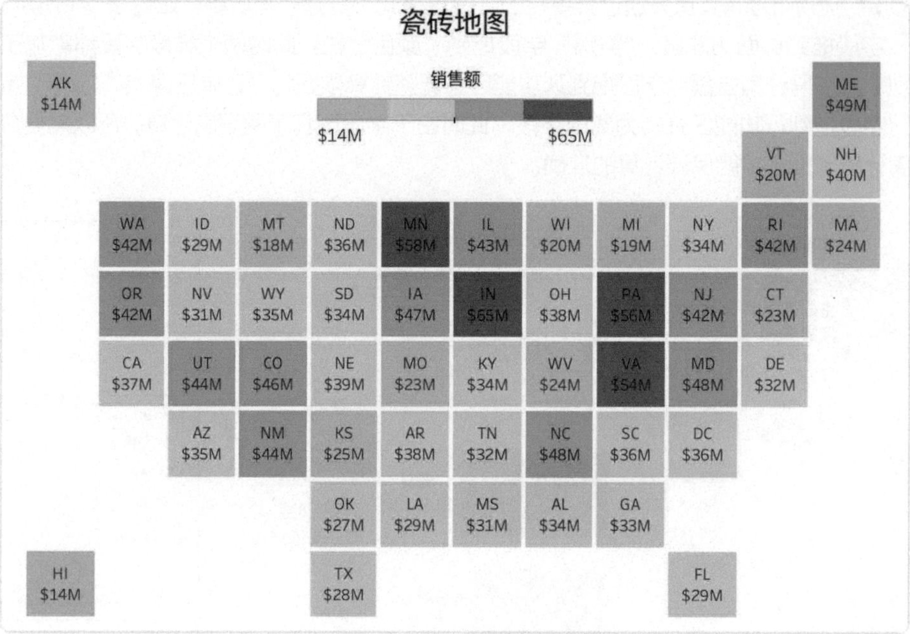

图 9-72

从图 9-72 中可以很明显地看出，每个州 / 直辖特区都对应了一个单元格，现在要做的就是指定每个州 / 直辖特区的相对位置。从图形结构上来讲，它对应的是“离散字段 + 离散字段”构成的表格，不过构建这样的离散字段需要自定义每个州 / 直辖特区所在的单元格位置，因此需要新建以下两个计算值字段[1]。

- X 轴：
```
CASE [State Name]
WHEN 'Alabama' THEN 8
WHEN 'Alaska' THEN 1
WHEN 'Arizona' THEN 3
WHEN 'Arkansas' THEN 6
WHEN'California'THEN 2
......
END
```
- Y 轴：
```
CASE [State Name]
WHEN 'Alabama' THEN 7
WHEN 'Alaska' THEN 1
WHEN 'Arizona' THEN 6
```

1 受篇幅影响，这里只列举计算字段的一部分。

```
WHEN 'Arkansas' THEN 6
WHEN 'California' THEN 5
……
END
```

如图 9-73 所示，将两个计算字段转为维度，分别拖到行 / 列功能区，标记类型选择“方形”，利用“销售额”字段调整颜色，这个过程与制作突出显示表的过程完全一致，只不过哪个单元格里显示数据是提前自定义好的。除使用方形外，还可以使用条形图、折线图、自定义形状、地图，甚至是 Emoji 表情，来丰富瓷砖地图所传达的信息。

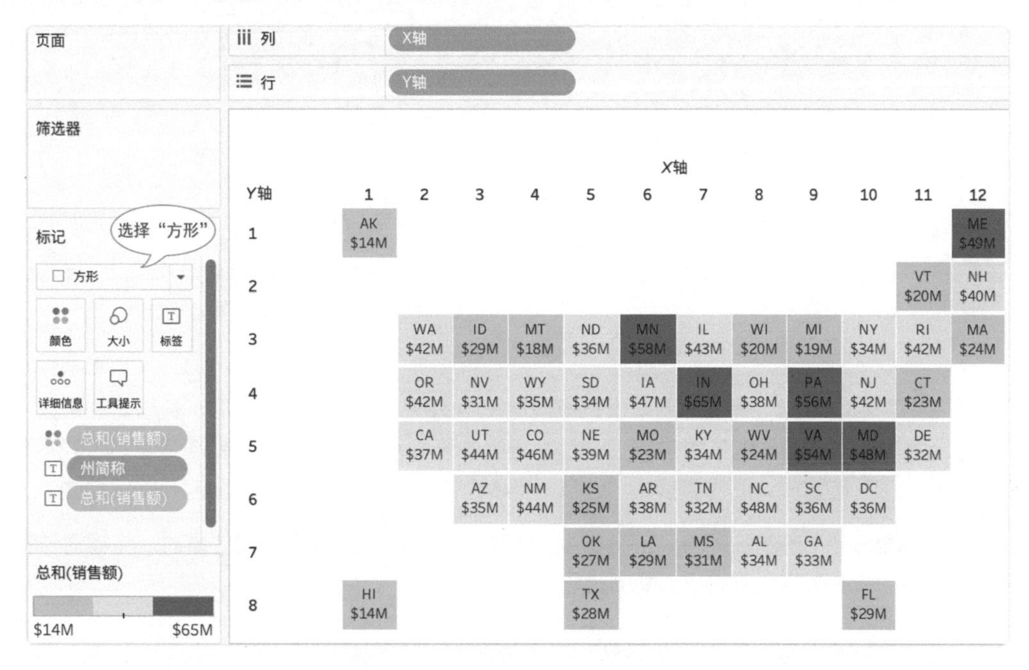

图 9-73

如果希望对单元格边框做更加细致的调整，则可以使用第 12.1.2 节“改进突出显示表”中的“增加空字符串”技术（图 12-6），这里不具体介绍了。

9.4.2 蜂窝地图

蜂窝地图（Hex Map）也是网格地图的一种，其中最经典的就是六边形地图。与其他形状相比，六边形的排布更加灵活，所以被广泛接纳和使用（图 9-74）。

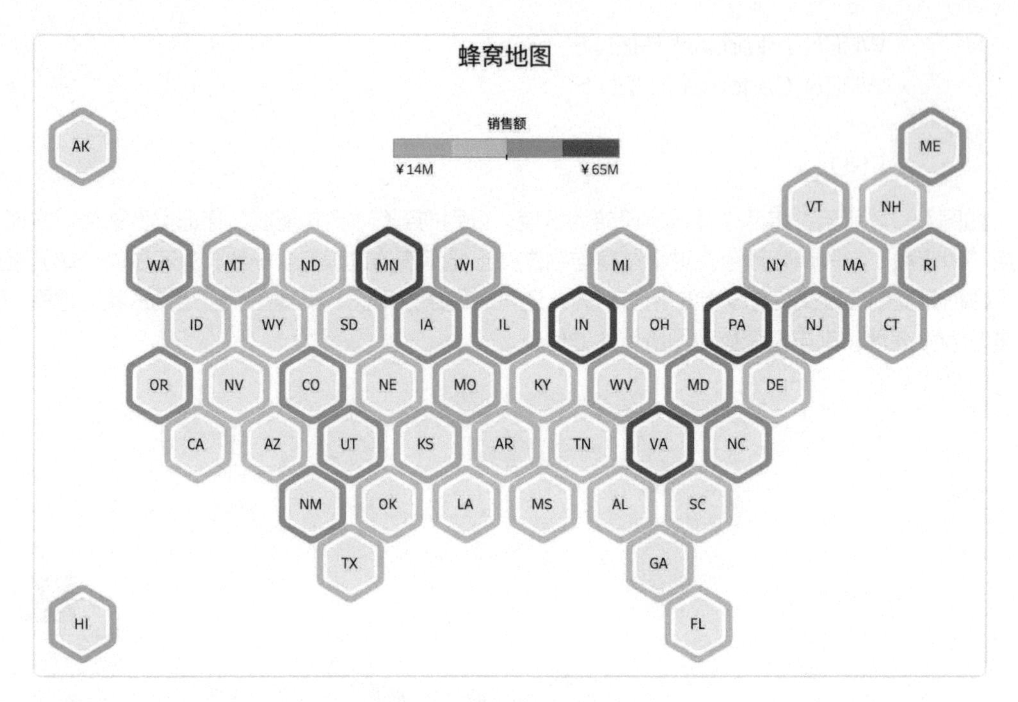

图 9-74

从图 9-74 可以看出，蜂窝地图不仅把瓷砖地图中的正方形换成了六边形，更重要的是为了保证交错显示各州，对六边形的位置进行了调整。正是由于位移的存在，在绘制蜂窝地图时就不能使用“离散 + 离散”的方式，而需要换成“连续 + 连续”的方式，即通过散点图制作蜂窝地图。

现在使用第 9.4.1 节的数据集，部分数据如图 9-75 所示。在定义各州位置时，将相对位置进行了重新排列，保证两行之间的州都能交错显示。

州全称	州简称	销售额	X轴	Y轴
Alabama	AL	34429345.56	7.5	6
Alaska	AK	14157509.16	0.5	0
Arizona	AZ	347060[illegible]	3	5
Arkansas	AR	378982[illegible]	6	5
California	CA	36971377.08	2	5

以0.5为一个单位控制位移

图 9-75

如图 9-76 所示，分别拖动“Y 轴”“X 轴”到行 / 列功能区，并更改为“连续”类型，标记类型调整为自定义形状。此案例使用双轴，将一个标记选择为实心六边形，另一个标记选择为空心六边形，从而绘制出了更加别致的蜂窝地图。这就是连续字段的优势，可以通过双轴创造出许多与众不同的可视化效果。

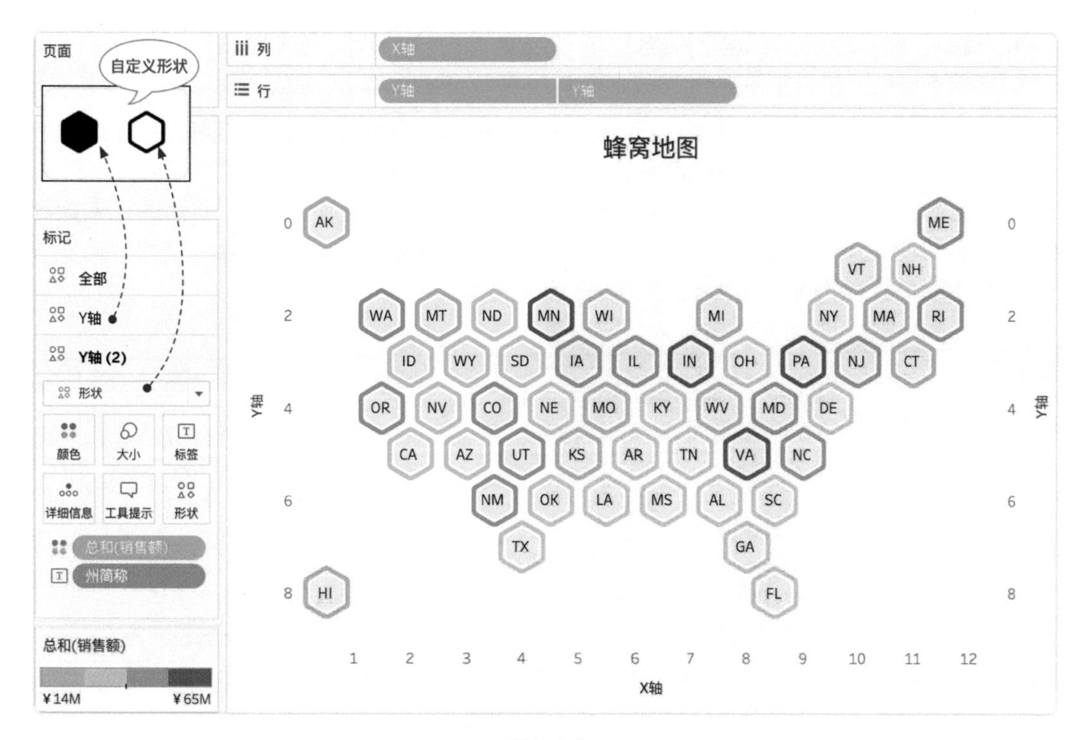

图 9-76

通过自定义位置的方式制作蜂窝地图只适合地理位置信息较少的情况。在数据源中的地理位置信息较多且包含经纬度的情况下，密度图通常被作为首选的解决方案。不过用户仍然可以通过系统自带的 HEXBINX 和 HEXBINY 函数制作蜂窝地图。

HEXBINX 和 HEXBINY 分别用于六边形数据桶的分桶函数和标绘函数，它们将经纬度坐标映射到最接近的六边形数据桶的坐标上，即将相近的经纬度分成一个组，共用一个新坐标，通常会配合控制缩放比率的参数使用。现在使用龙卷风数据集（图 9-77），新建“缩放比率”参数，并新建以下两个计算字段。

龙卷风ID	日期	纬度	经度
3881955616	1955/6/16	35.92	-100.12
3881955616	1955/6/16	35.95	-100.07
4381955627	1955/6/27	40.5	-104.5
4391955627	1955/6/27	40.5	-104.5
452195571	1955/7/1	41.75	-80.37
452195571	1955/7/1	41.77	-80.33
458195573	1955/7/3	46.4	-93.6
462195575	1955/7/5	42.43	-72.57
4771955710	1955/7/10	37.45	-105.87

编辑参数 [缩放比率]

名称: 缩放比率　注释 >>

属性

数据类型: 浮点

当前值: 1

工作簿打开时的值: 当前值

显示格式: 1

允许的值: 全部　列表　范围

图 9-77

- HexX：HEXBINX([纬度]*[缩放比率],[经度]*[缩放比率])/[缩放比率]
- HexY：HEXBINY([纬度]*[缩放比率],[经度]*[缩放比率])/[缩放比率]

在两个计算字段上单击鼠标右键，在弹出的快捷菜单中选择相应选项设置地理角色，将“HexX”字段转换为纬度，“HexY”字段转换为经度。通过这样的调整后，将数据集中自带的经纬度通过计算字段转换成新的经纬度，不仅可以自由调整六边形分组的大小，还可以保证转换后的经纬度坐标都能准确落在地图上。如图 9-78 所示，将“HexX”和“HexY”字段分别拖到行 / 列功能区，形状改为六边形，通过调整参数和大小达到合适的图形密度。

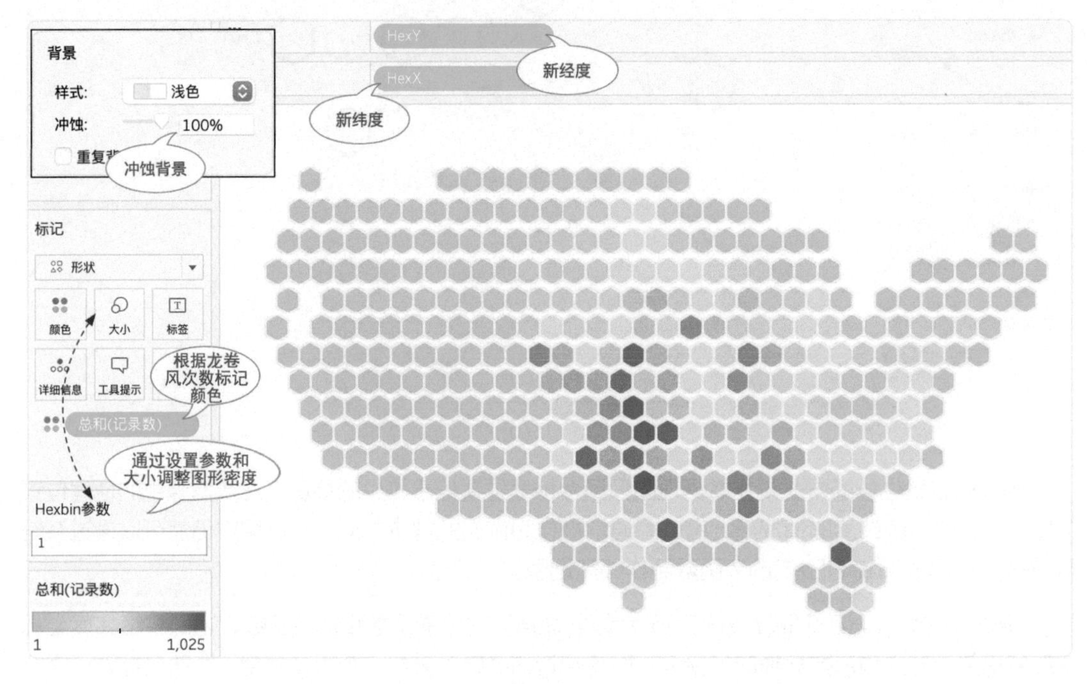

图 9-78

另外，还可以通过矢量作图工具自定义多边形文件，或使用地图软件制作 shapfile（.shp）地图文件，去构造更加复杂的蜂窝地图，但这已经超出了本书的范畴，有兴趣的读者可以参考 Tableau Public 上的案例和其他相关文献。

9.4.3 地铁线路图

地铁线路图通常有两种，一种是经过制图方式绘制的示意图，另一种是将线路与站点直接绘制在地图中的实景图（图 9-79）。示意图是在平面直角坐标系中绘制的，实景图是在平面地理坐标系中绘制的，其本质上是一样的。比如，现在广泛使用的墨卡托投影地图就是通过地图投影技术，把地球表面的经线、纬线转换到平面直角坐标系中，经度就是横轴，纬度就是纵轴。所以，只要知道了地球上某个点的经度和纬度（坐标），就可以在地图中呈现这个点，只要知道了一系列点的连接顺序就可以把这些点连接成线，如果线是封闭的又可以绘制成面，这就是制作地图类图表的基本逻辑。

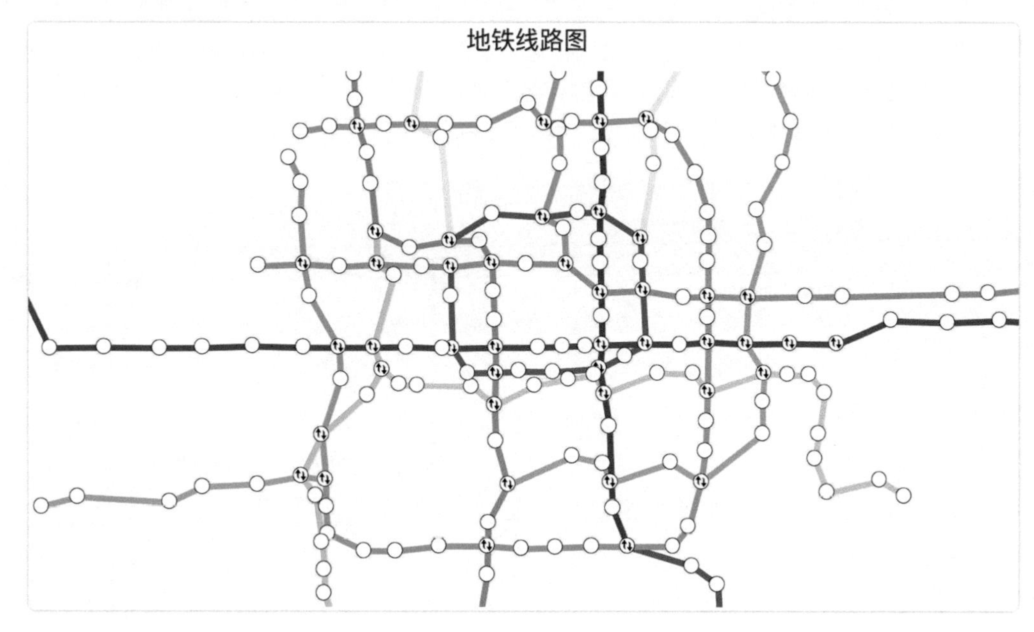

图 9-79

下面使用地铁数据集绘制地铁线路实景图，从表 9-1（只展示了部分站点信息）中可以看到，数据集中包含了在地图中绘制点和线必需的字段，有线路名称、站点顺序等。

表 9-1

地铁站	线路	站点顺序	纬度	经度	是否是换乘站（截至本书出版）
苹果园	1 号线	1	39.92632514	116.1777806	否
古城	1 号线	2	39.90720147	116.1902475	否
八角游乐园	1 号线	3	39.9074319	116.212821	否
八宝山	1 号线	4	39.9072673	116.2358236	否
玉泉路	1 号线	5	39.90733314	116.2530327	否
五棵松	1 号线	6	39.90782694	116.2740183	否
万寿路	1 号线	7	39.9074319	116.2951756	否
公主坟	1 号线	8	39.9074319	116.3097668	是
军事博物馆	1 号线	9	39.90746482	116.3240147	是

将数据集中的“经度”和“纬度”字段转换为地理信息字段，“站点顺序”转换为维度字段。如图 9-80 所示，拖动“经度”和“纬度”字段到行 / 列功能区，标记类型选择“线”，将“线路”和“地铁站”分别拖到“颜色”栏和“详细信息”栏。此时，视图中的线是杂乱无章的，只有将“顺序”字段拖到“路径”栏并改为“属性”之后，才能使站点之间的连接顺序正确。这里改为“属性”是为了保证视图中的详细级别不被改变，否则点与点之间无法连线[1]。绘制完“线”之后，再使用形状标记站点，通过双轴技术将点和线重合在一起，就完成了地铁图的绘制。

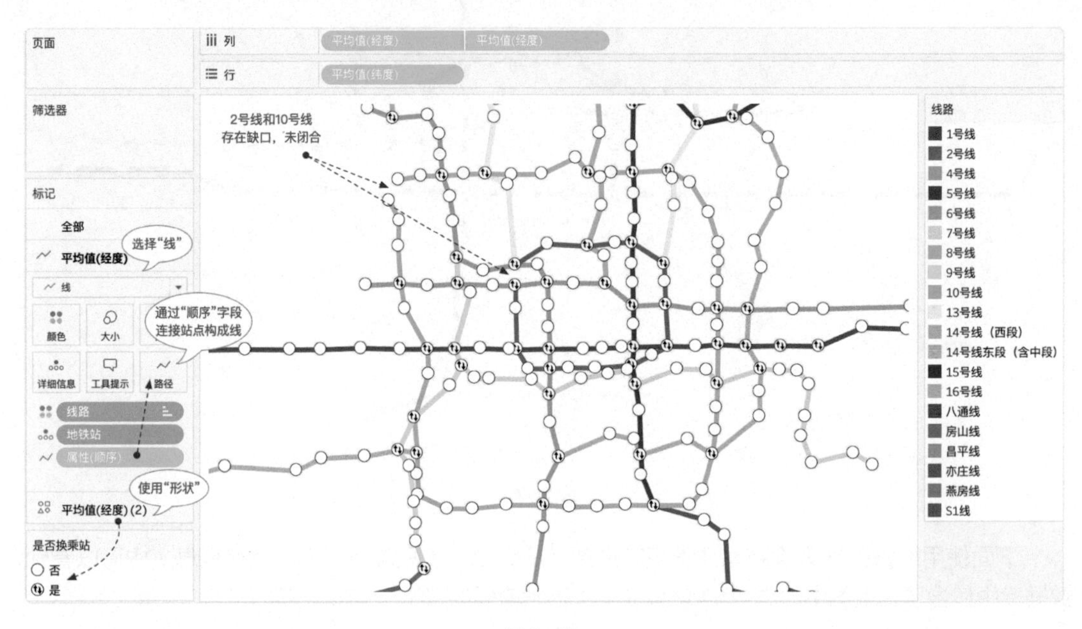

图 9-80

另外，视图中还存在一个 BUG，2 号线和 10 号线原本是环线，但由于数据集的问题导致在视图中的线路没有形成闭环。至于相关原理及如何修改数据源，在第 11.1 节“直角坐标系绘图原理”中会详细讲解。

9.4.4 旭日图（地图层）

Tableau 在 2020.4 之后的版本中增加了地图层（Map Layers）这个突破性的功能，将 Tableau 的绘图能力又提升到了一个新高度。在 Tableau 的早期的版本中，并没有其他绘图软件中常见的“图层”概念，只能使用“双轴”功能变相地叠加两个标记层，在新版本中就可以使用“标记”栏中的标记层向地图中添加多个地理数据层，每个图层透明叠加且独立工作，可以单独设置详细级别、标记类型、标题和颜色等。

1 如果“顺序”是度量字段也不会改变详细级别，并有同样的效果，但建议作为“路径”的字段都使用维度。

更有趣的是，由于 Tableau 中的地图是一个标准的平面直角坐标系系统，在叠加了图层这个概念后，以前制作起来非常复杂的图表，现在绘制起来就变得简单了许多。例如，以前绘制旭日图（Sunburst Chart）需要提前处理数据集，但是地图层功能将这个过程变得简单而有趣（图 9-81）。

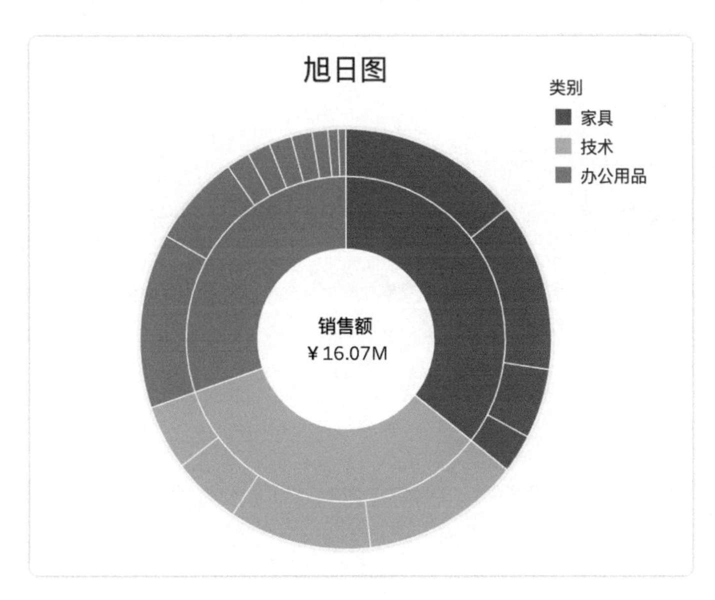

图 9-81

在直角坐标系中绘制任何点都需要给点定位，即要知道该点的经纬度。在“超市数据集”中并没有自带的经纬度坐标，所以需要使用 MAKEPOINT 函数增加一个新的地理信息字段。MAKEPOINT 函数是空间函数中的一个，它将数据从纬度和经度列转换为空间对象，可以简单理解为给数据集增加了纬度和经度列。因此，新建一个计算字段，如下所示。

- 中心点：MAKEPOINT(0,0)

为了计算方便，通过 MAKEPOINT(0,0) 将“中心点”直接定位到了地图里纬度和经度都为 0 的点上，这个点在非洲的西海岸几内亚湾里。这个点的位置并不重要，可以在经纬度的有效范围内随意填写[1]，目前只是通过这个点定位饼图的位置。

将“中心点”字段拖到标记栏的“详细信息”里，系统会自动在列功能区生成“经度”字段，在行功能区生成“纬度”字段，此时的“中心点”也出现在了地图中。调整标记类型为“饼图”，并更改颜色和标签，添加即席计算“AVG(1)”以增加用户在调整大小时的自由度[2]，最后冲蚀掉地图背景或在背景地图设置中直接选择“无”，就可以得到旭日图的空心圆（图 9-82）。

如图 9-83 所示，拖动“中心点”字段到视图中，通过添加标记层功能增加一个地图层。

1　经纬度的有效范围：经度 -180° 到 +180°，纬度 -90° 到 +90°。

2　也可以不添加即席计算，直接通过在菜单栏中选择“设置格式→单元格大小”选项，手动扩大或缩小图形的大小。

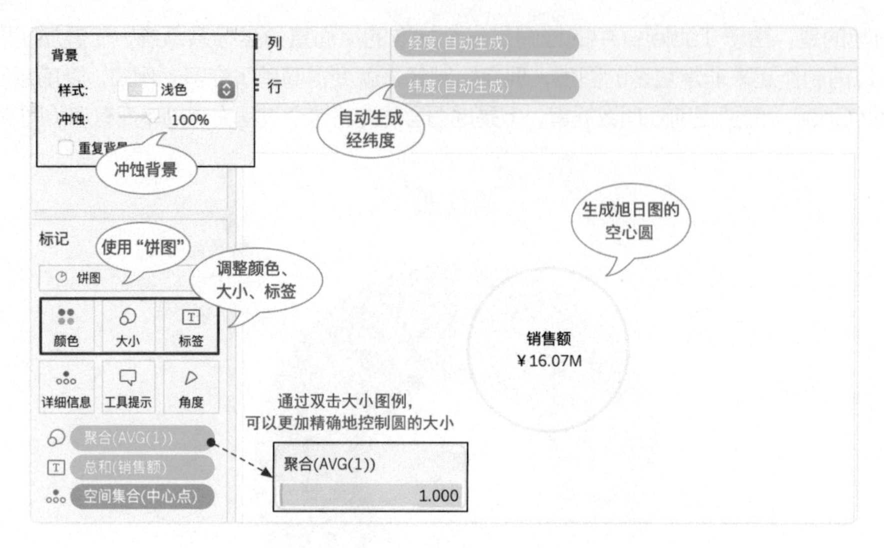

图 9-82

图 9-83

增加新的地图层后，如图 9-84 所示，首先调整地图层的上下关系，使地图层“中心点 (2)”在地图层“中心点”的下方，以此保证两个图层的遮挡关系正确。然后，调整饼图的大小，让下层的饼图呈现出来。最后，用“销售额”字段标记角度，用“类别”字段调整颜色和边框，并根据需求调整排序依据，此时“中心点 (2)”这个地图层的详细级别已经发生了变化。

依据同样的方法再增加一个地图层，并将这个地图层移至最下层，拖动“子类别”字段到“详细信息”栏，调整大小后，就可以让最底层的饼图显示出来，得到如图 9-85 所示的效果。

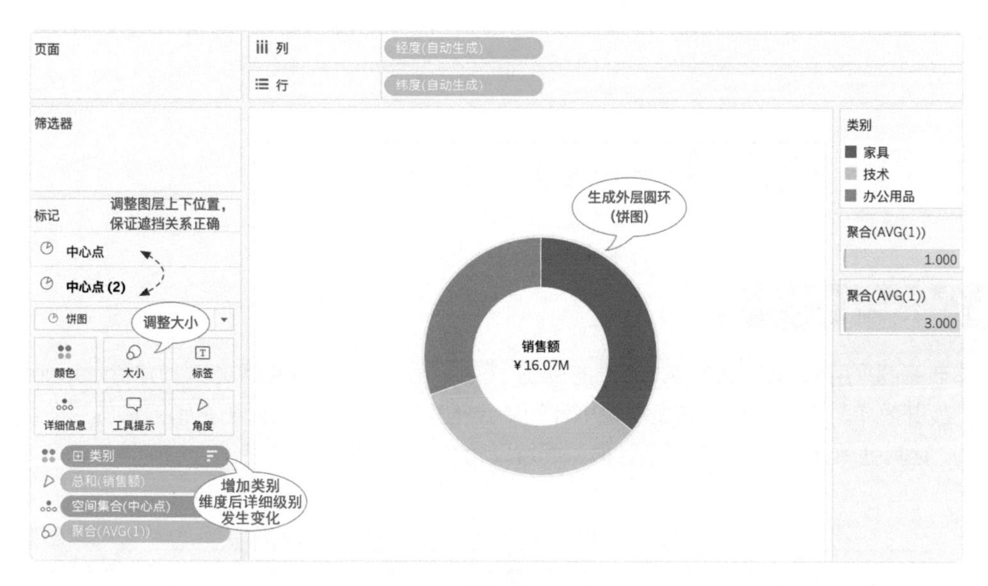

图 9-84

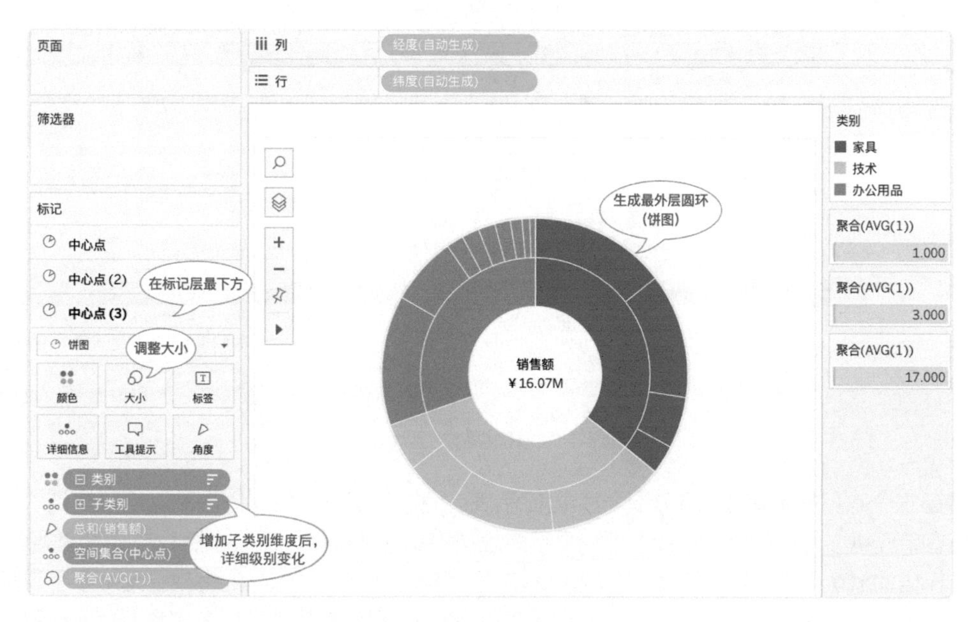

图 9-85

这里只是抛砖引玉，介绍通过地图层绘制图表的基本逻辑，地图层功能极大地丰富了 Tableau 绘图的手段。我们完全可以在地图中叠加多个图层，将省、市、区县、道路、轨迹、缓冲区等地理元素都绘制在一张地图中，也可以叠加点、线、条形图、多边形等绘图元素，尽情发挥创意，创造出无限的可能。

第10章　提高篇——综合案例

10.1　不一样的合计

本节案例采用 WOW2021 第 52 周的挑战（Can you build a table with one measure？），这个挑战既简单又有趣，需要在类别为小计的单元格里显示类别销售额占总销售额的百分比（图 10-1），让其他单元格显示销售额合计值，而且只允许新建一个计算字段。

Category	Sub-Category	一月	二月	三月	四月	五月	六月	七月	八月	九月	十月	十一月	十二月
总和		$94,925	$59,751	$205,005	$137,762	$155,029	$152,719	$147,238	$159,044	$307,650	$200,323	$352,461	$325,294
Furniture	合计	33%	26%	25%	30%	31%	35%	34%	28%	35%	29%	34%	37%
	Bookca	$5,352	$1,650	$7,352	$4,720	$6,290	$9,148	$8,589	$5,622	$23,373	$8,247	$23,561	$10,977
	Chairs	$11,285	$7,583	$21,344	$18,527	$25,894	$21,523	$23,016	$18,340	$51,577	$24,170	$47,760	$57,429
	Furnishings	$3,980	$2,316	$5,159	$7,538	$6,893	$5,923	$7,609	$4,034	$11,805	$5,447	$16,783	$14,218
	Tables	$10,952	$4,218	$16,913	$9,913	$9,288	$16,405	$10,163	$16,889	$19,626	$20,223	$33,182	$39,193
Office Supplies	合计	35%	35%	28%	36%	28%	34%	29%	39%	33%	28%	28%	32%
	Appliances	$3,176	$4,933	$6,734	$6,042	$7,526	$7,479	$3,823	$13,062	$10,193	$9,152	$18,970	$16,443
	Art	$914	$1,118	$1,302	$2,407	$2,231	$2,218	$2,066	$1,690	$3,660	$1,923	$3,954	$3,636
	Binders	$12,214	$4,237	$13,889	$13,365	$9,159	$13,287	$8,557	$20,430	$37,344	$18,077	$20,858	$31,997
	Envelopes	$750	$669	$1,657	$945	$1,096	$514	$1,200	$701	$2,177	$1,403	$2,907	$2,458
	Fasteners	$88	$159	$150	$258	$109	$116	$182	$243	$406	$326	$550	$438
	Labels	$207	$300	$940	$430	$863	$1,207	$1,692	$876	$1,496	$1,248	$1,850	$1,376
	Paper	$2,264	$2,813	$6,286	$3,964	$6,213	$6,722	$4,180	$6,523	$10,690	$4,997	$12,578	$11,250
	Storage	$9,218	$6,125	$14,793	$15,806	$14,670	$18,606	$12,491	$17,743	$29,487	$17,240	$37,023	$30,643
	Supplies	$4,403	$289	$10,637	$6,216	$1,154	$1,267	$8,816	$866	$6,436	$838	$1,350	$4,402
Technology	合计	32%	39%	48%	35%	41%	32%	37%	33%	32%	43%	37%	31%
	Accessories	$5,478	$5,369	$8,767	$7,952	$9,613	$8,908	$17,126	$12,376	$24,900	$12,927	$25,957	$28,007
	Copiers	$3,960		$25,590	$3,880	$18,400	$900	$9,780	$5,730	$10,320	$37,020	$15,150	$18,800
	Machines	$7,215	$8,990	$35,052	$18,190	$11,268	$12,183	$4,065	$6,262	$26,386	$10,613	$33,807	$15,210
	Phones	$13,469	$8,984	$28,443	$17,609	$24,362	$26,314	$23,883	$27,658	$37,775	$26,472	$56,221	$38,817

图 10-1

这是一个常见的带有总计和小计的突出显示表。通常状况下，将“销售额”字段拖到“标签”栏，所有单元格（包括总计和小计）都会显示对应销售额的合计值，但这个挑战却要改变类别为小计的单元格的默认显示内容，不了解 Tableau 底层逻辑的读者面对这样的挑战会无从下手。其实，在 Tableau 中总计和小计对普通单元格来说是独立存在的，只需要想办法区分出哪些单元格是总计，哪些是小计，便可以分别给予不同的计算逻辑。这里计算的方式很多，笔者认为最简单的方式就是用 SIZE 函数。这个函数在讲解表计算逻辑时使用过，它会返回分区的行数。

如图 10-2 所示，使用 SIZE 函数，调整表计算依据为“表（向下）”[1] 后会发现，普通单元格

1　使用不同的数据源、不同的计算依据，结果可能不同，只要能区分出总计单元格和小计单元格即可。

结果为 17，小计单元格的结果为 3，总计单元格的结果为 1，这样就可以区分出总计和小计单元格了。

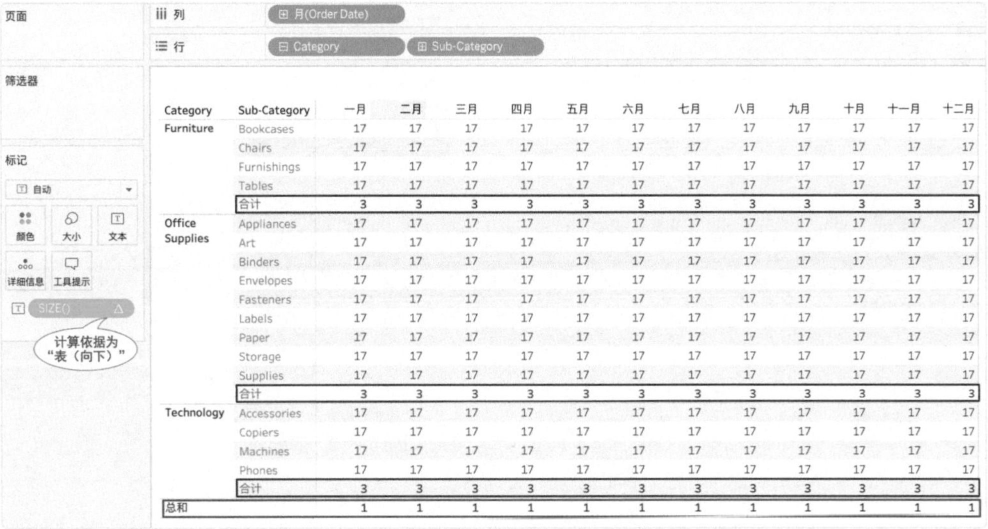

Category	Sub-Category	一月	二月	三月	四月	五月	六月	七月	八月	九月	十月	十一月	十二月
Furniture	Bookcases	17	17	17	17	17	17	17	17	17	17	17	17
	Chairs	17	17	17	17	17	17	17	17	17	17	17	17
	Furnishings	17	17	17	17	17	17	17	17	17	17	17	17
	Tables	17	17	17	17	17	17	17	17	17	17	17	17
	合计	3	3	3	3	3	3	3	3	3	3	3	3
Office Supplies	Appliances	17	17	17	17	17	17	17	17	17	17	17	17
	Art	17	17	17	17	17	17	17	17	17	17	17	17
	Binders	17	17	17	17	17	17	17	17	17	17	17	17
	Envelopes	17	17	17	17	17	17	17	17	17	17	17	17
	Fasteners	17	17	17	17	17	17	17	17	17	17	17	17
	Labels	17	17	17	17	17	17	17	17	17	17	17	17
	Paper	17	17	17	17	17	17	17	17	17	17	17	17
	Storage	17	17	17	17	17	17	17	17	17	17	17	17
	Supplies	17	17	17	17	17	17	17	17	17	17	17	17
	合计	3	3	3	3	3	3	3	3	3	3	3	3
Technology	Accessories	17	17	17	17	17	17	17	17	17	17	17	17
	Copiers	17	17	17	17	17	17	17	17	17	17	17	17
	Machines	17	17	17	17	17	17	17	17	17	17	17	17
	Phones	17	17	17	17	17	17	17	17	17	17	17	17
	合计	3	3	3	3	3	3	3	3	3	3	3	3
总和		1	1	1	1	1	1	1	1	1	1	1	1

图 10-2

顺着这个思路就可以实现在 SIZE() 等于 3 时显示百分比，在不等于 3 时显示销售额。因此，新建一个计算字段，如下所示。

- 显示标签：

```
IF SIZE()=3 THEN -SUM([Sales])/TOTAL(SUM([Sales]))
ELSE SUM([Sales])
END
```

这里使用 -SUM([Sales])/TOTAL(SUM([Sales])) 计算来显示小计单元格里的百分比。由于只能新建一个计算字段，这个字段不仅要计算百分比，还要用于区分颜色，所以使用负号强制把小计单元格里的数据转换成负值，才能起到区分颜色的作用。但这样会导致小计单元格里显示的数值错误，这个 BUG 可以通过设置字段的默认格式来调整，让显示结果变为正数。

继续图 10-2 的思路，将标记类型调整为“方形”，删除 SIZE 函数，把“显示标签”字段拖到“标签”栏，调整计算依据为“表（向下）”，此时小计单元格里的值为负数，颜色也并不正确。

首先调整颜色，将“显示标签”拖到“颜色”栏，打开“编辑颜色”对话框，如图 10-3 所示进行调整。为了保证正值显示为蓝色，负值显示为绿色，所以特别要将中心设置为 0。然后调整数据的显示格式，在“显示标签”字段上单击鼠标右键，在弹出的快捷菜单中打开“默认属性→数字格式”对话框[1]，将正值调整为显示货币的形式，负值调整为显示百分比的形式。

1　或使用鼠标右键单击标记栏里的“显示标签”字段，在弹出的快捷菜单中选择“设置格式”进行设置，这种设置方式只改变本视图内的格式。

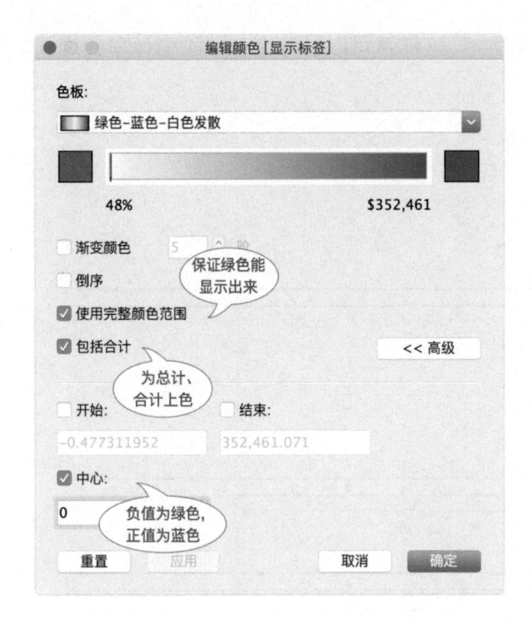

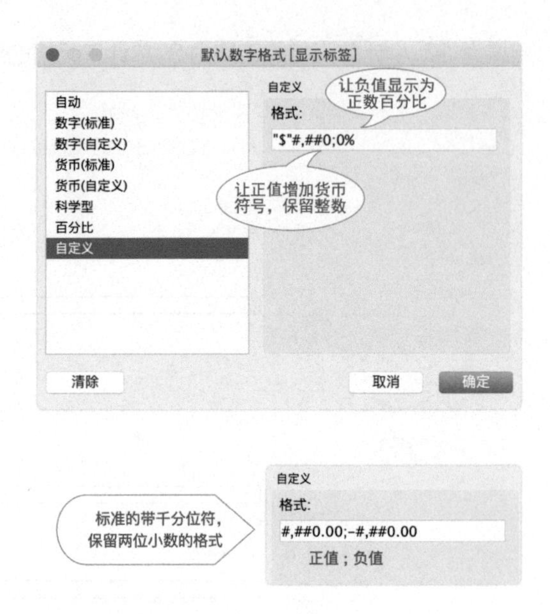

图 10-3

最后，通过在菜单栏中选择“分析→合计”选项将合计调整到顶部，就得到了最终的结果（图 10-4）。

WOW2021 - Week 52: Can you build a table with one measure?

Category	Sub-Category	一月	二月	三月	四月	五月	六月	七月	八月	九月	十月	十一月	十二月
总和		$94,925	$59,751	$205,005	$137,762	$155,029	$152,719	$147,238	$159,044	$307,650	$200,323	$352,461	$325,294
Furniture	合计	33%	26%	25%	30%	31%	35%	34%	28%	35%	29%	34%	37%
	Bookcases	$5,352	$1,650	$7,352	$4,720	$6,290	$9,148	$8,589	$5,622	$23,373	$8,247	$23,561	$10,977
	Chairs	$11,285	$7,583	$21,344	$18,527	$25,894	$21,523	$23,016	$18,340	$51,577	$24,170	$47,760	$57,429
	Furnishings	$3,980	$2,316	$5,159	$7,538	$6,893	$5,923	$7,609	$4,034	$11,805	$5,447	$16,783	$14,218
	Tables	$10,952	$4,218	$16,913	$9,913	$9,288	$16,405	$10,163	$16,889	$19,626	$20,223	$33,182	$39,193
Office Supplies	合计	35%	35%	28%	36%	28%	34%	29%	39%	33%	28%	28%	32%
	Appliances	$3,176	$4,933	$6,734	$6,042	$7,526	$7,479	$3,823	$13,062	$10,193	$9,152	$18,970	$16,443
	Art	$914	$1,118	$1,302	$2,407	$2,231	$2,218	$2,066	$1,690	$3,660	$1,923	$3,954	$3,636
	Binders	$12,214	$4,237	$13,889	$13,365	$9,159	$13,287	$8,557	$20,430	$37,344	$18,077	$20,858	$31,997
	Envelopes	$750	$669	$1,657	$945	$1,096	$514	$1,200	$701	$2,177	$1,403	$2,907	$2,458
	Fasteners	$88	$159	$150	$258	$109	$116	$182	$243	$406	$326	$550	$438
	Labels	$207	$300	$940	$430	$863	$1,207	$1,692	$876	$1,496	$1,248	$1,850	$1,376
	Paper	$2,264	$2,813	$6,286	$3,964	$6,213	$6,722	$4,180	$6,523	$10,690	$4,997	$12,578	$11,250
	Storage	$9,218	$6,125	$14,793	$15,806	$14,670	$18,606	$12,491	$17,743	$29,487	$17,240	$37,023	$30,643
	Supplies	$4,403	$289	$10,637	$6,216	$1,154	$1,267	$8,816	$866	$6,436	$838	$1,350	$4,402
Technology	合计	32%	39%	48%	35%	41%	32%	37%	33%	32%	43%	37%	31%
	Accessories	$5,478	$5,369	$8,767	$7,952	$9,613	$8,908	$17,126	$12,376	$24,900	$12,927	$25,957	$28,007
	Copiers	$3,960		$25,590	$3,880	$18,400	$900	$9,780	$5,730	$10,320	$37,020	$15,150	$18,800
	Machines	$7,215	$8,990	$35,052	$18,190	$11,268	$12,183	$4,065	$6,262	$26,386	$10,613	$33,807	$15,210
	Phones	$13,469	$8,984	$28,443	$17,609	$24,362	$26,314	$23,883	$27,658	$37,775	$26,472	$56,221	$38,817

图 10-4

这样一个看似简单实则非常考验功力的挑战，需要挑战者对 Tableau 绘图逻辑有深刻的理解。假如使用 Excel 来实现这样的表格，只需要修改不同单元格的颜色，但是要用 Tableau 来实现就略显复杂了一些。如果应用到实际工作中，就可以新建两个计算字段，一个用作显示标签，另一个用作区分颜色。

与这个挑战异曲同工的还有 Tableau Ambassador Michael Ye 在知乎上的一篇文章《一道烧脑的 Tableau 面试题》(图 10-5)。这道题的计算难度更高了一点，要求不同的合计区域显示不同的计算结果。[1]

	Region				
Ship Mode	Central	East	South	West	总和
First Class	58,747	113,587	49,333	129,762	351,428
Same Day	20,415	43,327	21,017	43,604	128,363
Second Class	103,550	116,546	93,759	145,339	459,194
Standard Class	318,528	405,322	227,614	406,753	1,358,216
总和	125,310	169,695	97,930	181,364	2,297,201

Ship Mode销售额合计

Region销售额平均值　　总销售额

图 10-5

解题思路与之前的案例一致，但要区分出 4 个不同区域，并分别计算各区域的指标，1 个 SIZE 字段已经不能满足要求，所以需要新建两个计算字段，如下所示。

- size by region：SIZE()
- size by ship mode：SIZE()

将两个计算字段拖到“文本”栏，“size by region”字段的表计算依据选择“Region”，“size by ship mode”字段的表计算依据选择“Ship Mode”，这样即可区分出 4 个不同区域 (图 10-6)。

	Region				
Ship Mode	Central	East	South	West	总和
First Class	S:4 R:4	S:4 R:4	S:4 R:4	S:4 R:4	S:4 R:1
Same Day	S:4 R:4	S:4 R:4	S:4 R:4	S:4 R:4	S:4 R:1
Second Class	S:4 R:4	S:4 R:4	S:4 R:4	S:4 R:4	S:4 R:1
Standard Class	S:4 R:4	S:4 R:4	S:4 R:4	S:4 R:4	S:4 R:1
总和	S:1 R:4	S:1 R:4	S:1 R:4	S:1 R:4	S:1 R:1

1区　2区　3区　4区

图 10-6

1 用百度搜索“知乎 一道烧脑的 Tableau 面试题”，即可看到 Michael Ye 老师的解题思路。

由于在不同区域内，指标计算的详细级别并不相同，所以需要新建 LOD 字段计算不同分区的销售额，再根据分区使用不同的指标，如下所示。

- LOD sum sales：{ FIXED [Region], [Ship Mode]:SUM([Sales])}
- 显示标签：
  IF [size by ship mode]=1 and [size by region]=1 then SUM([LOD sum sales]) // 计算 4 区
  ELSEIF [size by ship mode]=1 and [size by region]!=1 then AVG([LOD sum sales]) // 计算 2 区
  ELSE SUM([Sales]) // 计算 1 区和 3 区
  END

如图 10-7 所示，将“显示标签”拖到“文本”栏并调整表计算依据，“size by region”字段的表计算依据选择“Region”，“size by ship mode”字段的表计算依据选择“Ship Mode”，这样就可以得到正确的结果。

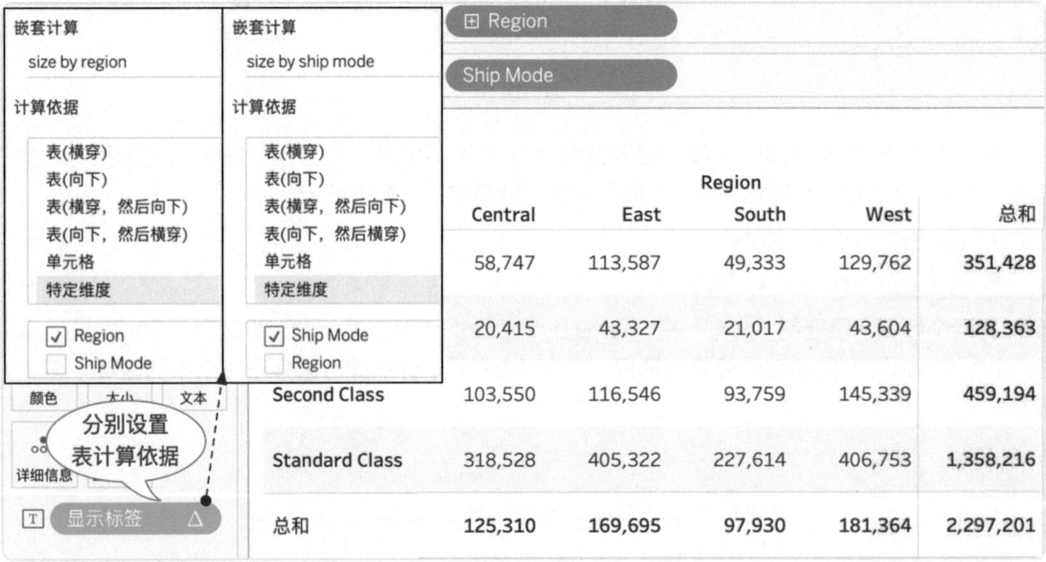
嵌套计算
size by region
计算依据
表(横穿)
表(向下)
表(横穿，然后向下)
表(向下，然后横穿)
单元格
特定维度
Region
Ship Mode
嵌套计算
size by ship mode
计算依据
表(横穿)
表(向下)
表(横穿，然后向下)
表(向下，然后横穿)
单元格
特定维度
Ship Mode
Region
颜色
大小
文本
详细信息
分别设置
表计算依据
显示标签
Region
Ship Mode
Region
Central
East
South
West
总和
58,747
113,587
49,333
129,762
351,428
20,415
43,327
21,017
43,604
128,363
Second Class
103,550
116,546
93,759
145,339
459,194
Standard Class
318,528
405,322
227,614
406,753
1,358,216
总和
125,310
169,695
97,930
181,364
2,297,201

图 10-7

10.2 模仿 Excel 条形图

本节案例采用 WOW2020 第 23 周的挑战（Can you excel at bar charts？），这个挑战看似与分组条形图类似，但思路并不完全相同，也非常考验我们对 Tableau 底层逻辑的掌握情况（图 10-8）[1]。

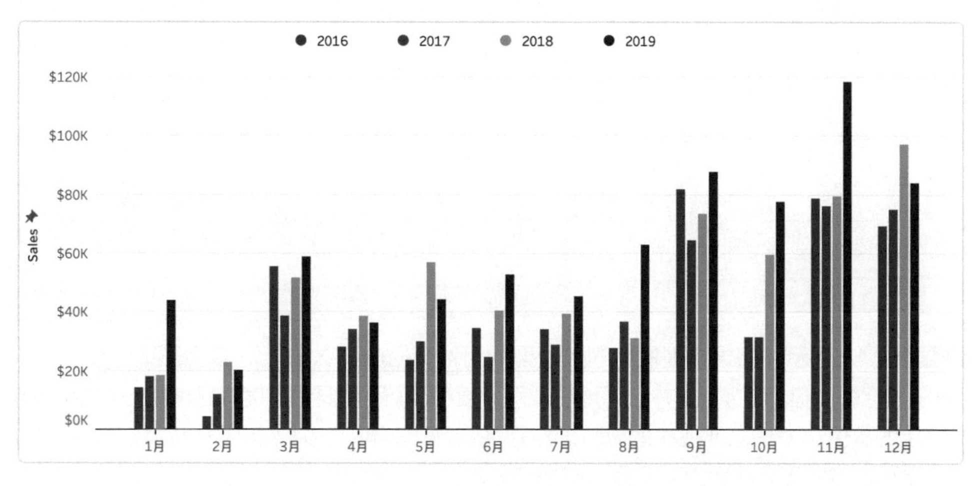

图 10-8

按照一般的制图思路，通常会将两个订单日期（Order Date）拖到列功能区，分别修改成“月（Order Date）”和“年（Order Date）”这两个离散字段，但是这样的条形图并不满足要求，不仅轴的位置不对，而且也不能保证月份之间有足够的间隔（图 10-9）。

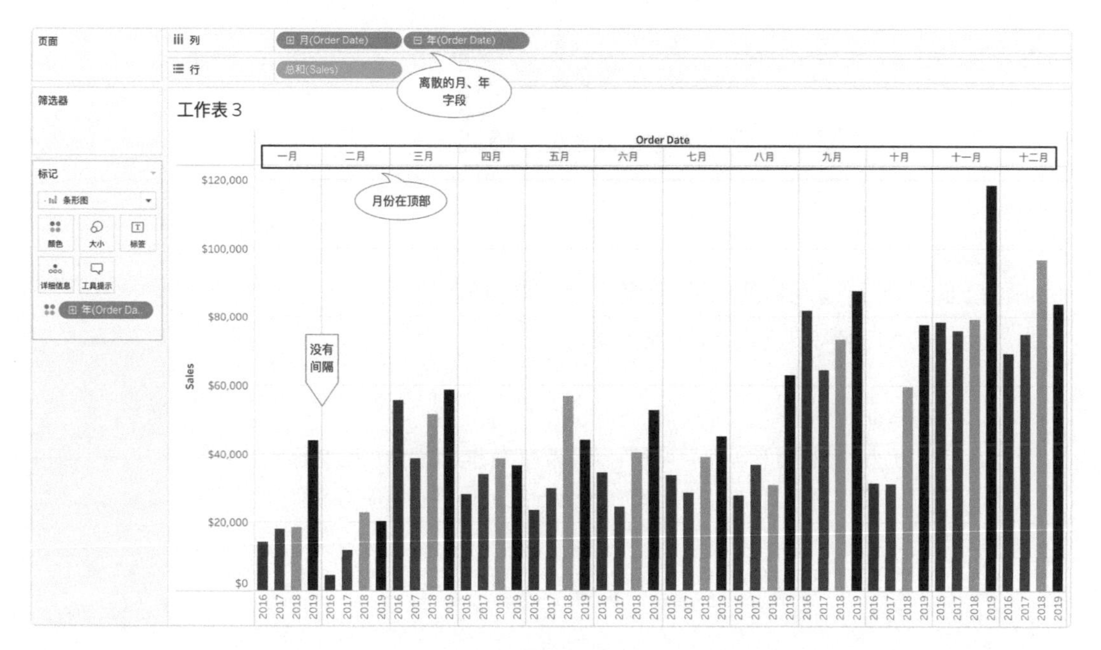

图 10-9

1　为了保证结果和原项目一致，这里使用 2020 版 Tableau 自带的超市数据。

前面的章节中已经讲解了分组条形图的制作方法，但这个挑战的难度还要略高于前面的案例。当你认真去观察这个图表时，就会发现 X 轴有零值线和刻度，很明显是一个连续字段形成的坐标轴（图 10-10）。顺着这个思路继续思考，连续字段无非就是日期或数值，但尝试使用日期类型的月份作为横轴后，并没有太好的方法控制条形图的位置。遇到这种情况，使用数值型数据更有利于创建控制条形图位置的计算字段，而显示成“×× 月”则可以通过调整字段格式来实现。

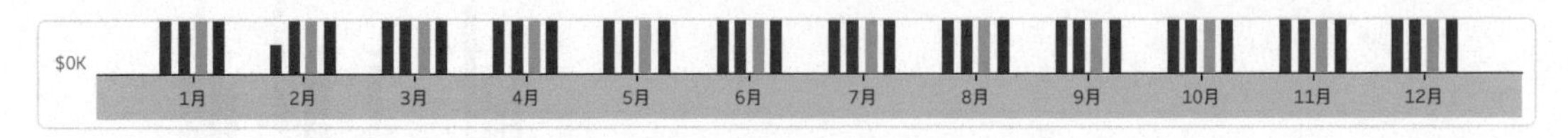

图 10-10

如图 10-11 所示，如果将提取出的数值型的月份数据放到 X 轴上，就会形成一条连续的坐标轴，要想在坐标轴上显示柱状图，并不能直接使用年度信息，而是要将年度信息根据已提取出的月份，转化成特定的数值。为了保证柱状图显示的对称性，2016 年和 2017 年应转换为小于月份的数值，而 2018 年和 2019 年应转换为大于月份的数值。

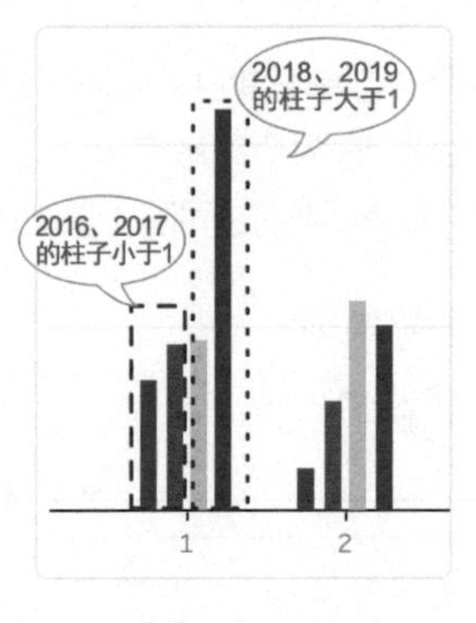

图 10-11

根据上面的分析，就可以新建两个计算字段，如下所示。

- year：DATEPART('year',[Order Date])
- X 轴：

```
CASE [year]
WHEN 2016 THEN DATEPART('month',[Order Date])-0.24
WHEN 2017 THEN DATEPART('month',[Order Date])-0.08
WHEN 2018 THEN DATEPART('month',[Order Date])+0.08
WHEN 2019 THEN DATEPART('month',[Order Date])+0.24
END[1]
```

1　不同年度的偏移值需要根据最终的仪表板大小进行反复调整。

将“X 轴”字段拖到列功能区，“Sales”字段拖到行功能区，“year”字段拖到“颜色”栏，适当调整标记大小，最后通过修改轴的显示格式，即可将数值型数据显示为月份数据。通过构造连续轴的方式，就成功地在 Tableau 中模仿了 Excel 中的条形图（图 10-12）。

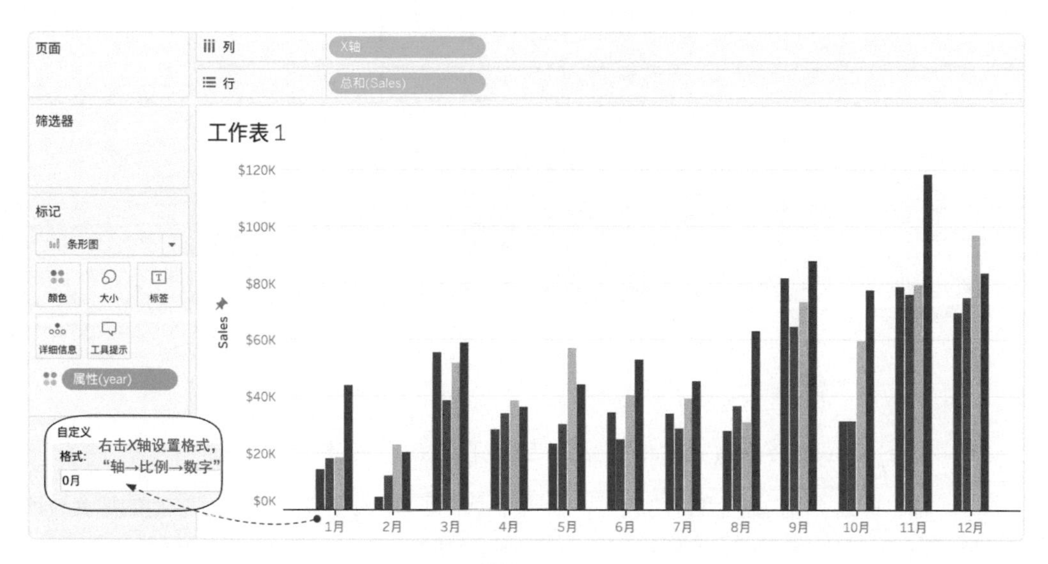

图 10-12

还可以在这个挑战的基础上做进一步延伸，制作 Excel 中常见的多柱图与折线图的组合图表。虽然这种复合图表在国内被广泛使用，但它并不是一种优秀的可视化解决方案。不过，在实际工作中如果有类似的需求，使用 Tableau 也是可以完成的。

在基础知识部分中已经讲解过，使用离散字段作为 *X* 轴，由于分区的存在会导致折线图被截断。如果在图 10-9 的基础上制作折线图，就会出现这种情况。而图 10-12 中的 *X* 轴已经被改造成了连续的坐标轴，因此可以绘制出连续的折线图。

假如，需要计算各月份（不区分“年”）的销售利润，由于这个计算的详细级别与当前视图的详细级别不同，所以要使用 LOD 表达式新建计算字段，如下所示。

- 月度利润：{ FIXED DATEPART('month',[Order Date]):SUM([Profit])}

理论上，我们希望在 *X* 轴数值等于 1，2，3，…时显示月度销售额的合计值，但在观察了视图数据之后，却发现 *X* 轴上并没有 1、2、3 这样的整数（图 10-13），不同年份的数据已经被分配到了整数的左右两侧。因此，只能退而求其次，让利润数据与 2018 年（或 2017 年）相对应，因此，新建一个计算字段，如下所示。

- Y 轴（折线）：
  IF [X 轴]=DATEPART('month',[Order Date])+0.08 THEN [月度利润] END

查看数据: 工作表 1

显示别名　X 轴无整数　全部导出

X轴 ▲	year	Sales	
0.7600	2,016	$14,237	1月
0.9200	2,017	$18,174	
1.0800	2,018	$18,542	
1.2400	2,019	$43,971	
1.7600	2,016	$4,520	2月
1.9200	2,017	$11,951	
2.0800	2,018	$22,979	
2.2400	2,019	$20,301	
2.7600	2,016	$55,691	
2.9200	2,017	$38,726	
3.0800	2,018	$51,716	
3.2400	2,019	$58,872	
3.7600	2,016	$28,295	
3.9200	2,017	$34,195	

摘要　完整数据　48 行

图 10-13

- “路径”：

  IF [X 轴]=DATEPART('month',[Order Date])+0.08 THEN [X 轴] END

将“Y 轴（折线）”字段拖到行功能区，默认计算依据为总和，其不具有业务上的意义，所以修改计算依据为“最大值”，标记类型选择“线”并使用双轴，将“路径”字段拖到“路径”栏。就得到了多柱图与折线图的结合图表（图 10-14）。不过，由于案例中的年度为偶数个，所以折线的位置有些偏移，这是视图数据结构导致的。如果年度为奇数个，就可以在整数位置设置一根柱状图，折线图也就不会发生偏移。

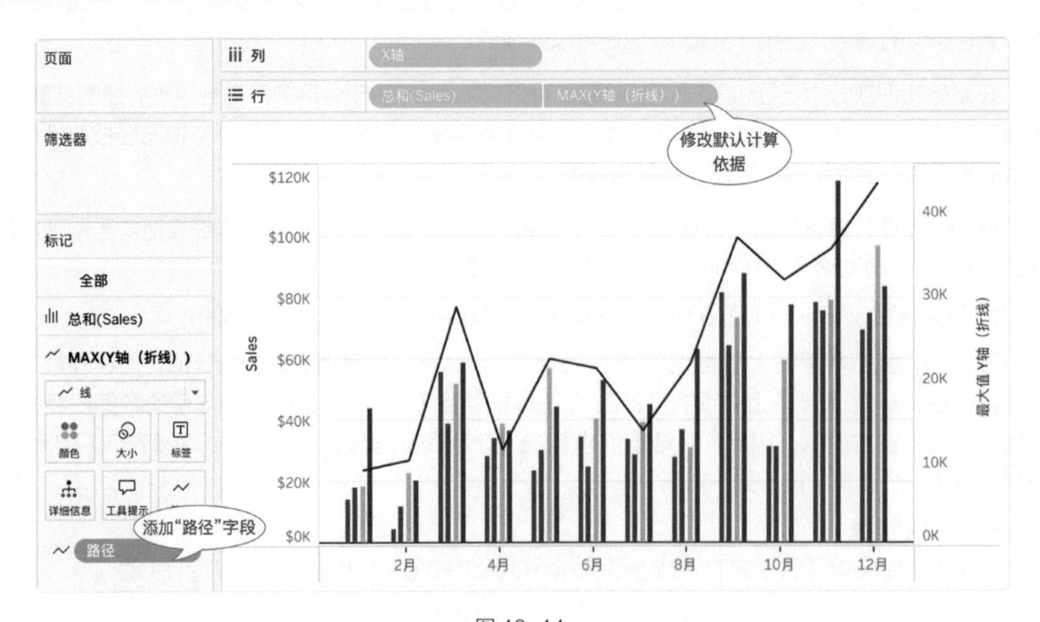

图 10-14

10.3 同比差异图

本节的案例选取 WOW2021 第 46 周的挑战（Can you recreate this difference chart？），这是一个并不常见的图表（图 10-15），用两条粗的条形图分别显示本年和上一年的销售额，用细线显示同比差异，并用颜色和三角符号区分差异的正负。

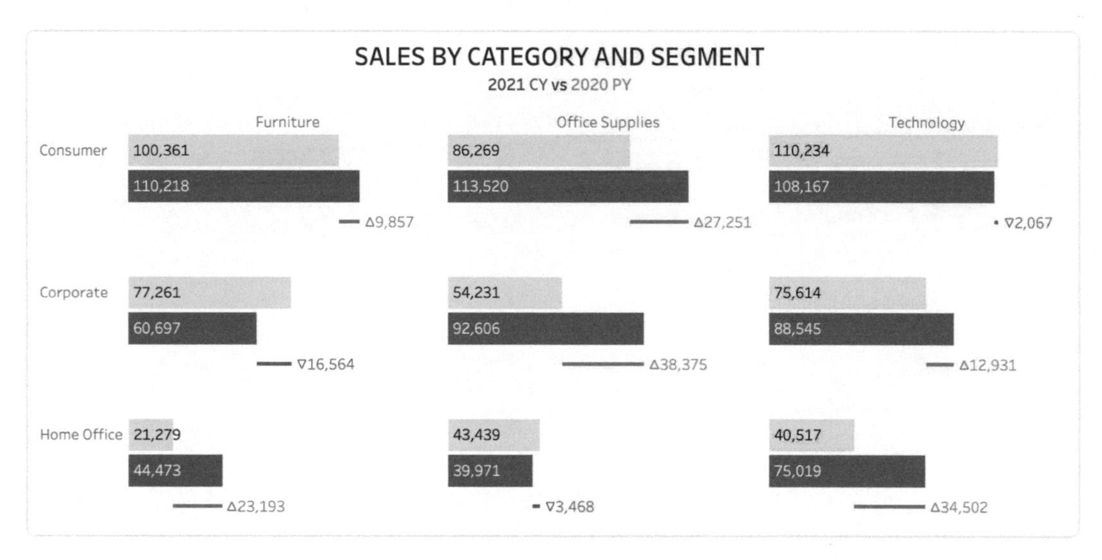

图 10-15

首先要分析整个图表的结构，“Segment”和“Category”这两个离散字段将图表分成了 9 个不同的区域，这是之前讲过的“离散 + 离散”的图形结构。在这个结构中嵌套两个条形图，首先要分别计算出本年和上年的销售额。因此，新建 4 个计算字段，如下所示。

- 本年：YEAR(TODAY())
- 上年：YEAR(TODAY())-1
- 本年销售额：IF YEAR([Order Date])=[本年] then [Sales] END
- 上年销售额：IF YEAR([Order Date])=[上年] then [Sales] END

双击“Segment”和“Category”这两个字段后会形成表格，将“本年销售额”和“上年销售额”两个字段都拖到表格的 ABC 区域，就会自动生成度量值表格（图 10-16）。

基本的数据有了之后，就可以慢慢改造这个图表。首先将图表标记类型改为“条形图”，此时条形图的大小并没有改变，所以需要再复制一个“度量值”字段到“大小”栏，给条形图分配长度。Segment 之间的空白可以采用在度量值内增加一个即席计算“MAX(NULL)”来实现。而将“度量名称”拖到“颜色”栏，就可以用颜色区分不同年份的销售额。经过简单的调整，图表已经初具雏形（图 10-17）。

Segment		Furniture	Office Supplies	Technology
Consumer	上年销售额	100,361	86,269	110,234
	本年销售额	110,218	113,520	108,167
Corporate	上年销售额	77,261	54,231	75,614
	本年销售额	60,697	92,606	88,545
Home Office	上年销售额	21,279	43,439	40,517
	本年销售额	44,473	39,971	75,019

图 10-16

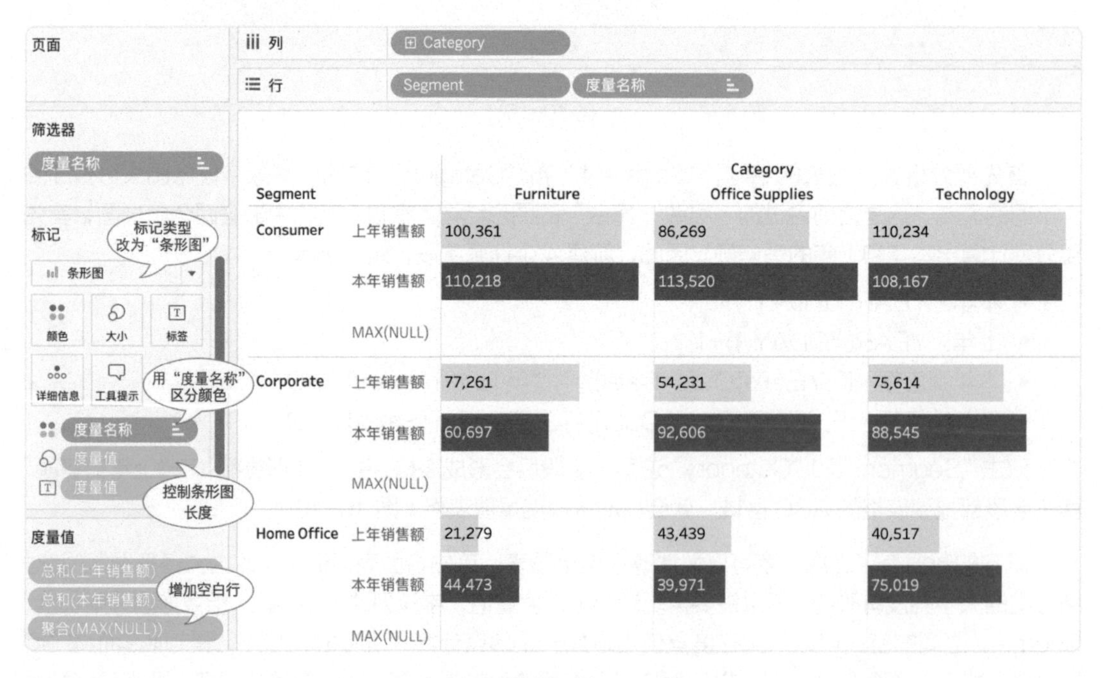

Segment		Furniture	Office Supplies	Technology
Consumer	上年销售额	100,361	86,269	110,234
	本年销售额	110,218	113,520	108,167
	MAX(NULL)			
Corporate	上年销售额	77,261	54,231	75,614
	本年销售额	60,697	92,606	88,545
	MAX(NULL)			
Home Office	上年销售额	21,279	43,439	40,517
	本年销售额	44,473	39,971	75,019
	MAX(NULL)			

图 10-17

接下来就要绘制两年间销售额差异的细线，可以注意到细线的两端都是直角，同时，起始点不从零轴开始，说明细线是用甘特条形图绘制的。前面的章节已经提到过，绘制甘特图需要计算两个值：起始点和长度（兼方向）。从图 10-18 中可以看出，选择不同的起始点，所对应的长度都是同比销售额（绝对值），但方向却是相反的。

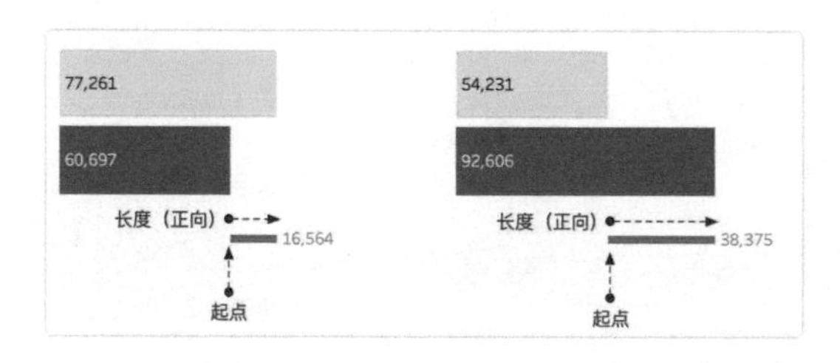

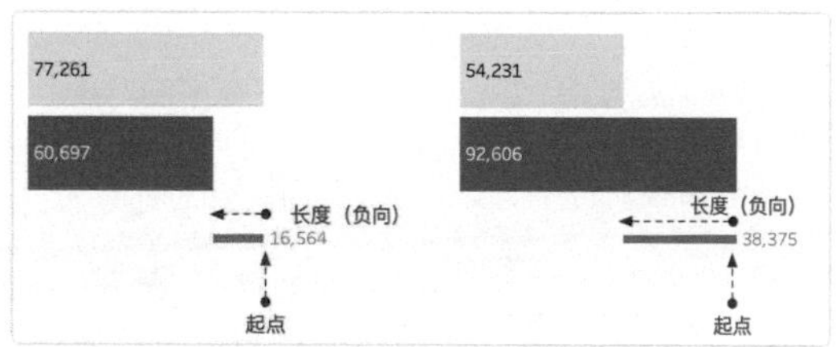

图 10-18

使用两年中的销售额最小值作为甘特图的起始点后，可新建两个计算字段，如下所示。

- 同比销售额：SUM([本年销售额])-SUM([上年销售额])
- 起始点：
  IF [同比销售额]>=0 THEN SUM([上年销售额]) ELSE SUM([本年销售额]) END

创建好计算字段后，如果将“起始点”直接拖到行 / 列功能区并不能得到一个新的标记栏来配置“甘特条形图”，这就需要对已有的图表进行再次改造。因为需要两个以上的连续字段才能生成多个标记栏，从而绘制不同的图形，所以需要将度量值从“长度”栏拖到列功能区，这样操作后图表仍然是条形图，但是这个条形图是通过连续字段构建轴的方式形成的，与通过“大小”栏构建的条形图有本质的区别，这是制作条形图的两种不同方案。

如图 10-19 所示，拖动“起始点”字段到列功能区，标记类型选择“甘特条形图”，与“度量值”字段合并成双轴并同步轴，将“同比销售额”字段拖到“大小”栏并修改计算依据为绝对值。最后，还需要进行一些微调，用即席计算“[同比销售额]>=0”区分颜色，用“同比销售额”字段做标签，对齐方式为居右，颜色为“匹配标记颜色”，并调整数值显示格式。要得到如图 10-15 所示的最终效果，还需要隐藏掉不必要的标题和线。

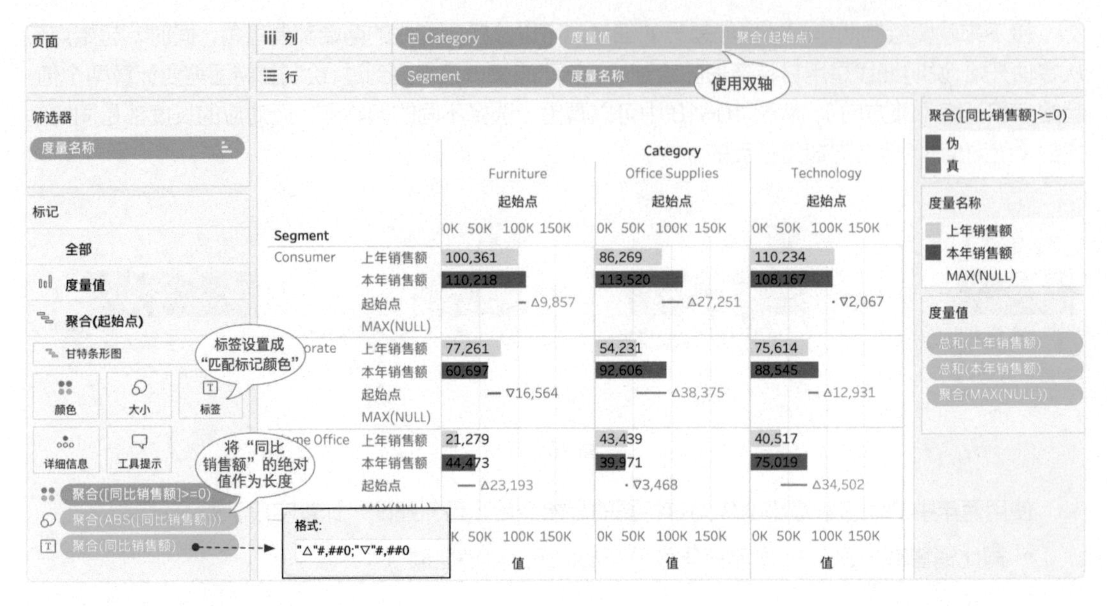

图 10-19

10.4 马赛克图

本节案例采用 WOW2022 第 36 周的挑战（Let's build a Marrimeko Chart），成品如图 10-20 所示。马赛克图其实是堆叠条形图的一种变体，由于在横轴上增加了宽度，因此可以同时展现两个指标（度量值）。

从图 10-21 中可以看出，横轴是不同职级的员工占总体的比例，而纵轴是不同职级内员工的男女比例。例如“Entry”这个职级的员工占员工总数的 53%，这个职级内男女员工的百分比分别是 54% 和 46%。通过方形的面积就可以很直观地看出不同职级的员工的男女比例，这一点与树图非常相似。

在正常情况下制作堆叠条形图，列功能区应为离散的维度“Job Type”（图 10-22），但是离散字段的条形图的宽度是一致的，因此需要改用“Total By Job”来控制横轴的宽度。

如图 10-23 所示，如果直接将“Total By Job”字段拖到列功能区，则柱状图会根据“Total By Job”的值排列在横轴上，这并不符合我们的要求。

如果要保证每个柱状图都排在正确的位置，实际上并不能直接使用“Total By Job”本身的值，而应该使用“Total By Job”累计求和之后的结果（图 10-24），这一步是制作马赛克图的关键所在。

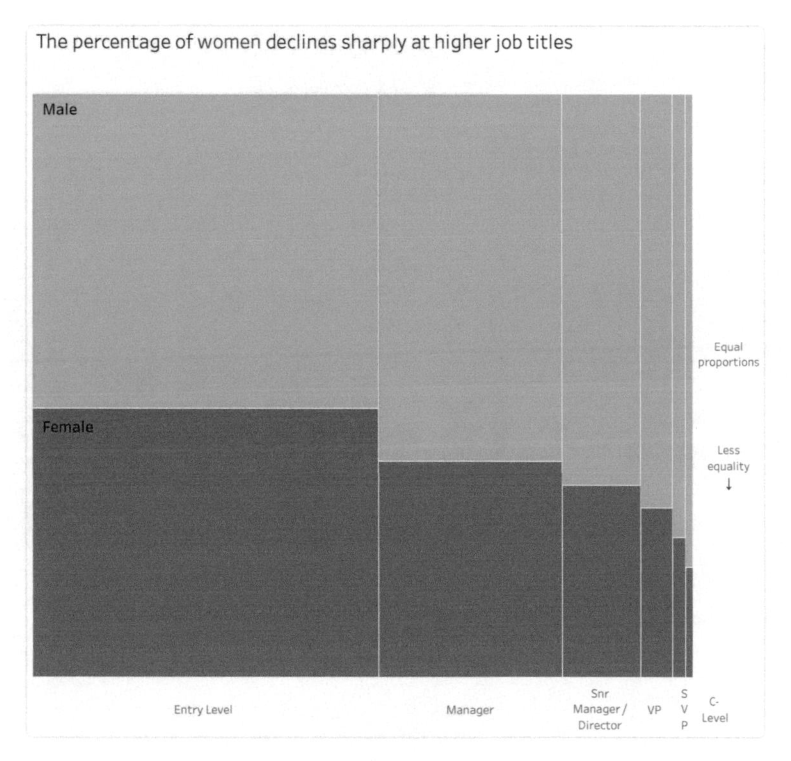

图 10-20

Job Type	Gender	Percentage By gender	Total By Job
Entry	Female	46%	53%
Manager	Female	37%	28%
Senior Manager	Female	33%	12%
Senior Vice President	Female	24%	2%
Vice President	Female	29%	5%
C-Suite	Female	19%	1%
Entry	Male	54%	53%
Manager	Male	63%	28%
Senior Manager	Male	67%	12%
Senior Vice President	Male	76%	2%
Vice President	Male	71%	5%
C-Suite	Male	81%	1%

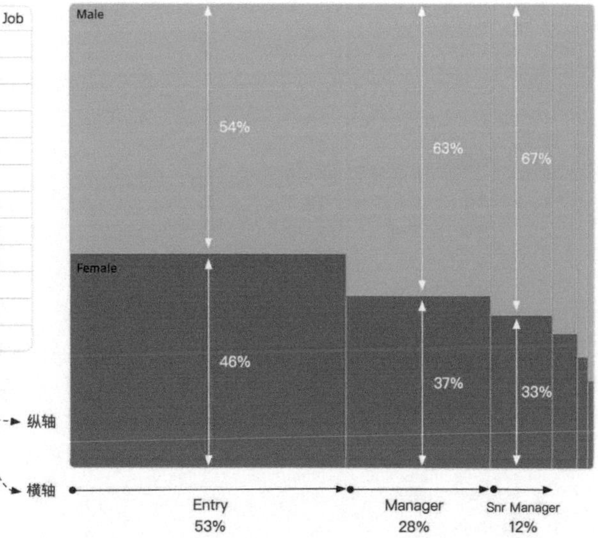

纵轴

横轴

Male

Female

54%　63%　67%

46%　37%　33%

Entry 53%　Manager 28%　Snr Manager 12%

图 10-21

页面
列
Job Type
行
总和(Percentage By g..
筛选器
工作表 3
Job Type
标记
自动
颜色
大小
标签
详细信息
工具提示
Gender
Percentage By gender
1.0
0.8
0.6
0.4
0.2
0.0
Entry
Manager
Senior Manager
Vice President
Senior Vice President
C-Suite
Gender
Male
Female

图 10-22

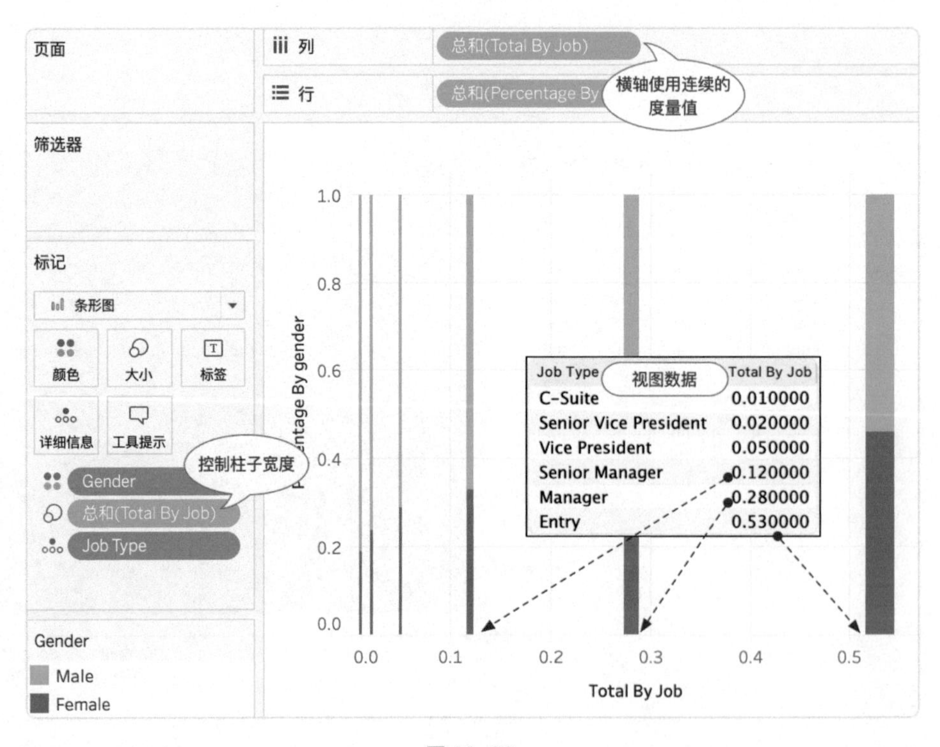
页面
列
总和(Total By Job)
行
总和(Percentage By
横轴使用连续的度量值
筛选器
标记
条形图
颜色
大小
标签
详细信息
工具提示
Gender
总和(Total By Job)
Job Type
控制柱子宽度
Job Type
视图数据
Total By Job
C-Suite 0.010000
Senior Vice President 0.020000
Vice President 0.050000
Senior Manager 0.120000
Manager 0.280000
Entry 0.530000
1.0
0.8
0.6
0.4
0.2
0.0
0.0
0.1
0.2
0.3
0.4
0.5
Total By Job
Gender
Male
Female

图 10-23

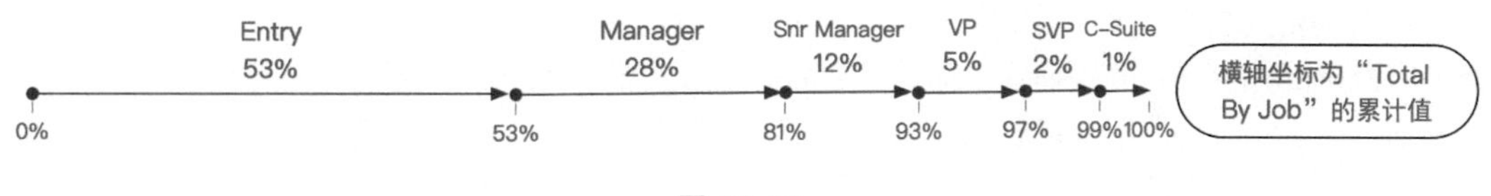

图 10-24

如图 10-25 所示，右击“总和（Total By Job）”，在弹出的快捷菜单中选择“快速表计算→累计汇总”选项[1]，并把表计算依据修改为“Job Type”，同时还需要将“Job Type”字段的排序依据改为“Total By Job”降序。最后，单击标记栏的“大小”的图标，调整为“固定”模式，将对齐方式修改为“右侧”，也就是让每个柱状图的起始点为右侧，根据大小向左填充以控制宽度，这一点与甘特图的原理非常相似。对齐方式的调整在本方案中非常重要，如果使用其他对齐方式，则要用更加复杂的方式计算横轴的值，这里不再赘述，有兴趣的读者可以自行尝试。

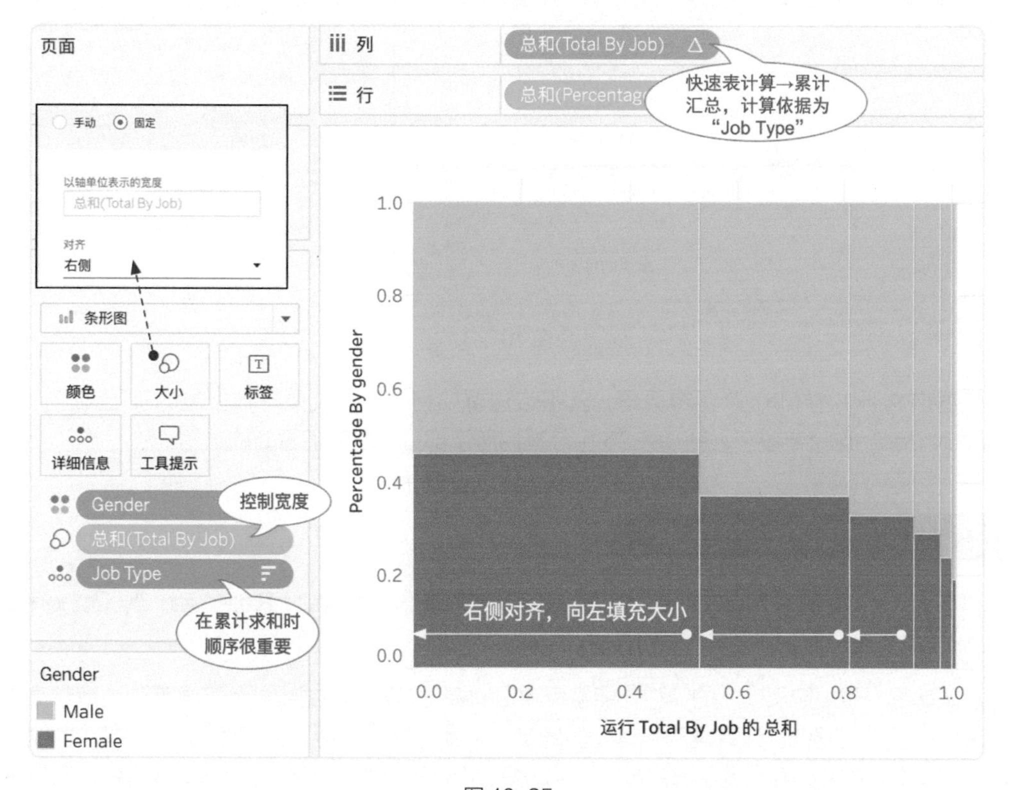

图 10-25

另外，由于连续字段并不能像离散字段那样产生标题，所以职务名称需要在仪表板中通过文本对象逐一添加，这样才能形成如图 10-20 所示的效果。

1 等同于 RUNNING_SUM(SUM([Total By Job]))。

制作马赛克图的难度并不是很大，本期挑战的难度也并不仅来源于制图本身。前面使用的数据集并非是挑战提供的，而是笔者手动处理之后的结果。如图 10-26 所示，原始数据集中只有一个度量值“Percentage”，因此需要将“Total”部分提取出来作为一个独立的度量值。为了使步骤清晰，下面新建两个计算字段。

- Total percentage：IF [Sub-Type]="Total" THEN [Percentage] END
- Total By Job：{FIXED [Job Type]:MAX([Total percentage])}

Job Type	Sub-Type	Percentage	Total percentage	模拟FIXED结果 Total By Job
C-Suit	Female	19%	null	1%
Entry	Female	46%	null	53%
Manager	Female	37%	null	28%
Senior Manager	Female	33%	null	12%
Senior Vice President	Female	24%	null	2%
Vice President	Female	29%	null	5%
C-Suit	Male	81%	null	1%
Entry	Male	54%	null	53%
Manager	Male	63%	null	28%
Senior Manager	Male	67%	null	12%
Senior Vice President	Male	76%	null	2%
Vice President	Male	71%	null	5%
C-Suit	Total	1%	1%	1%
Entry	Total	53%	53%	53%
Manager	Total	28%	28%	28%
Senior Manager	Total	12%	12%	12%
Senior Vice President	Total	2%	2%	2%
Vice President	Total	5%	5%	5%

提取Total部分，避免其他值干扰

{ FIXED [Job Type]:MAX([Total percentage])} 的结果

Job Type	Total percentage
C-Suit	1%
Entry	53%
Manager	28%
Senior Manager	12%
Senior Vice President	2%
Vice President	5%

连接回数据源

计算出Job Type的Total percentage

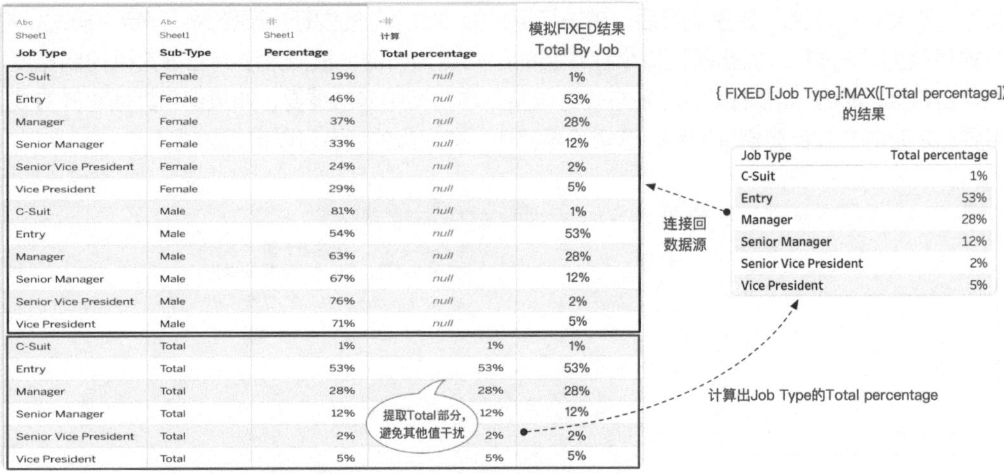

图 10-26

根据前文所讲的 FIXED 函数原理，就不难理解如何在不改变原始数据集的基础上，计算出“Total By Job”这个字段了。图 10-26 中红框内所示部分就是我们需要的数据。

10.5 复购率和终身价值矩阵

本节第一个案例采用 WOW2018 第 18 周的挑战（Customer Retention By Cohort and Quarter）绘制客户复购率矩阵（图 10-27）[1]。

复购率是“重复购买率”的简称，能够反映出消费者对某产品或服务的忠诚度，比率越高则忠诚度越高，反之则越低。计算复购率首先要确定一个客户样本数量，在不考虑购买次数的情况下，统计这个样本中重复购买商品的客户数量。用重复购买的客户数量除以总的样本数量就可以得出复购率，计算公式是：复购率 = 重复购买客户数量 / 客户样本数量。

1　改用 Tableau 2021.4 版本的英文版超市数据集。

客户复购率矩阵

首次购买季度	首次购买人数	Q0	Q1	Q2	Q3	Q4	Q5	Q6	Q7	Q8	Q9	Q10	Q11	Q12	Q13	Q14	Q15
2018 Q1	121	100%	17%	23%	34%	15%	22%	27%	37%	21%	28%	36%	44%	28%	40%	42%	55%
2018 Q2	160	100%	24%	36%	18%	28%	29%	43%	21%	32%	36%	49%	23%	36%	45%	53%	
2018 Q3	161	100%	33%	19%	29%	30%	42%	19%	30%	40%	43%	23%	39%	45%	52%		
2018 Q4	153	100%	18%	20%	31%	40%	20%	33%	38%	41%	27%	37%	42%	62%			
2019 Q1	32	100%	25%	31%	25%	19%	19%	38%	50%	38%	38%	22%	50%				
2019 Q2	36	100%	31%	39%	28%	28%	44%	44%	36%	19%	56%	58%					
2019 Q3	36	100%	42%	28%	22%	39%	44%	25%	53%	53%	42%						
2019 Q4	32	100%	9%	16%	34%	38%	38%	19%	41%	53%							
2020 Q1	14	100%	43%	43%	50%	57%	43%	64%	50%								
2020 Q2	22	100%	59%	23%	36%	23%	41%	59%									
2020 Q3	6	100%		17%	50%	17%	67%										
2020 Q4	9	100%	22%	11%	22%	78%											
2021 Q1	3	100%	33%	33%	33%												
2021 Q2	2	100%		50%													
2021 Q3	3	100%	33%														
2021 Q4	3	100%															

图 10-27

以图 10-27 中第一行的复购率 17% 这个值为例，2018 年第一季度首次购买的客户样本是 121 人，其中 20 人在首次购买后的下一个季度又发生了购买行为（重复购买），复购率 =20/121，约为 17%。由此可以看出，在进行复购率计算时，一定要先确认时间周期，以便于对不同周期内的数据进行对比来判断复购趋势。本案例中有两个关键的时间周期，“首次购买季度”和“复购间隔季度”，只有计算出了这两个时间周期，才能确定客户样本。因此，新建 3 个计算字段，如下所示。

- 首次购买日期：{FIXED [Customer Name]:MIN([Order Date])}
- 首次购买季度：DATETRUNC('quarter',[首次购买日期])
- 复购间隔季度：DATEDIFF('quarter',[首次购买日期],[Order Date])

通过交叉表（图 10-28）验证后就会发现，根据第一次购买日期，每个客户都确定了“首次购买季度”，余下的每一次购买行为又都可以定位到一个“复购间隔”周期内。

因此，可以通过这两个时间周期对客户进行分组，并计算出每个分组内的客户数量，也就是重复购买客户数量（图 10-29）。

Customer Name	首次购买日期	首次购买季度	Order Date	复购间隔季度
Aaron Bergman	2018/2/18	2018 Q1	2018/2/18	0
			2018/3/7	0
			2020/11/10	11
Aaron Hawkins	2018/4/22	2018 Q2	2018/4/22	0
			2018/5/13	0
			2018/10/25	2
			2018/12/31	2
			2019/12/27	6
			2020/3/20	7
			2021/12/18	14

图 10-28

首次购买季度	复购间隔季度 0	1	2	3	4	5	6	7	8	9	10	11	12	13	14	15
2018 Q1	121	20	28	41	18	27	33	45	26	34	43	53	34	49	51	66
2018 Q2	160	39	58	28	44	47	68	33	51	57	78	37	58	72	85	
2018 Q3	161	53	30	46	48	67	30	48	64	70	37	63	72	84		
2018 Q4	153	27	31	48	61	30	50	58	63	42	56	64	95			
2019 Q1	32	8	10	8	6	6	12	16	12	12	7	16				
2019 Q2	36	11	14	10	10	16	16	13	7	20	21					
2019 Q3	36	15	10	8	14	16	9	19	19	15						
2019 Q4	32	3	5	11	12	12	6	13	17							
2020 Q1	14	6	6	7	8	6	9	7								
2020 Q2	22	13	5	8	5	9	13									
2020 Q3	6		1	3	1	4										
2020 Q4	9	2	1	2	7											
2021 Q1	3	1	1	1												
2021 Q2	2		1													
2021 Q3	3	1														
2021 Q4	3															

图 10-29

接下来只要单独计算出客户样本数量（也就是“首次购买人数”）即可，实际上就是图 10-29 中复购间隔季度为 0 的这一列值。这里可用的计算方法就很多了，表计算和 LOD 计算都可以选择，如下所示。

- 首次购买人数：WINDOW_MAX(COUNTD([Customer Name]))
  或 { FIXED [首次购买季度]:COUNTD([Customer Name])}
  或 { EXCLUDE [复购间隔季度]:COUNTD([Customer Name])}

无论采用何种计算方式，只要按照图 10-30 所示，将“首次购买人数”拖到行功能区并转换成离散字段，就搭建好了这个表格矩阵的基本结构。

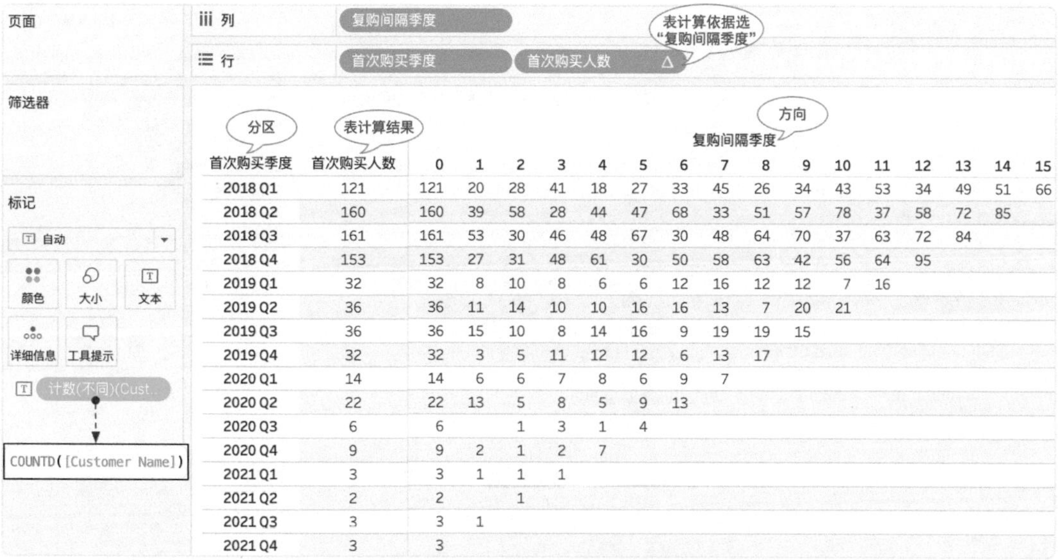

页面

列：复购间隔季度

行：首次购买季度　首次购买人数 △

表计算依据选“复购间隔季度”

筛选器

标记

自动

颜色　大小　文本

详细信息　工具提示

计数(不同)(Cust..

COUNTD([Customer Name])

分区　表计算结果　方向

复购间隔季度

首次购买季度	首次购买人数	0	1	2	3	4	5	6	7	8	9	10	11	12	13	14	15
2018 Q1	121	121	20	28	41	18	27	33	45	26	34	43	53	34	49	51	66
2018 Q2	160	160	39	58	28	44	47	68	33	51	57	78	37	58	72	85	
2018 Q3	161	161	53	30	46	48	67	30	48	64	70	37	63	72	84		
2018 Q4	153	153	27	31	48	61	30	50	58	63	42	56	64	95			
2019 Q1	32	32	8	10	8	6	6	12	16	12	12	7	16				
2019 Q2	36	36	11	14	10	10	16	16	13	7	20	21					
2019 Q3	36	36	15	10	8	14	16	9	19	19	15						
2019 Q4	32	32	3	5	11	12	12	6	13	17							
2020 Q1	14	14	6	6	7	8	6	9	7								
2020 Q2	22	22	13	5	8	5	9	13									
2020 Q3	6	6		1	3	1	4										
2020 Q4	9	9	2	1	2	7											
2021 Q1	3	3	1	1	1												
2021 Q2	2	2		1													
2021 Q3	3	3	1														
2021 Q4	3	3															

图 10-30

最后，只要再计算出复购率就完成了所有必要指标的构建，下面新建一个计算字段。

- 复购率：COUNTD([Customer Name])/[首次购买人数]

如图 10-31 所示，用“复购率”字段标记颜色和标签，通过筛选器将复购率为“NULL”的值筛掉，可以去除右侧空值部分的颜色干扰。调整完格式和颜色后，就可以得到一个完整的客户复购率矩阵。

CLTV（Customer Lifetime Value）或称 LTV/CLV，即“客户终身价值”，也是市场营销领域中常见的核心指标，用于衡量客户对企业所产生的价值，是公司从与用户所有的互动中所得到的全部经济收益的总和，通常是客户消费的总金额。在 WOW2021 第 2 周的挑战（Can you build a Customer Lifetime Value Matrix？）中，就利用 CLTV 矩阵可视化地展现了这个指标的变化。

如图 10-32 所示，CLTV 矩阵与复购率矩阵的制作逻辑基本一致，只是 CLTV 这个指标的计算逻辑略有不同，下面修改了两个计算字段。

- 累计消费金额：RUNNING_SUM(SUM([Sales]))
- 首次购买人数：{FIXED [首次购买季度]:COUNTD([Customer Name])}

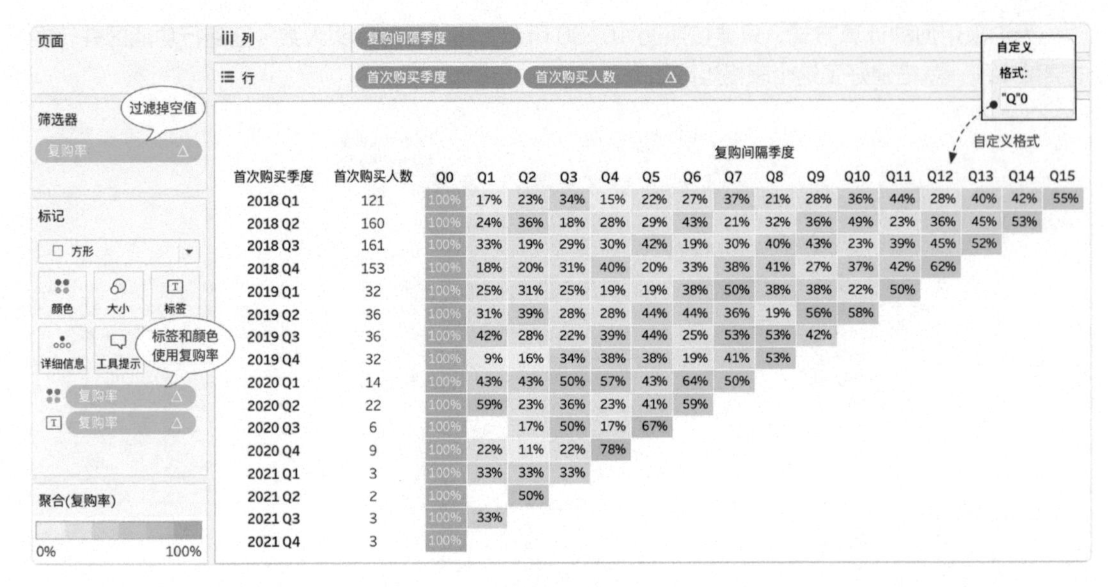

图 10-31

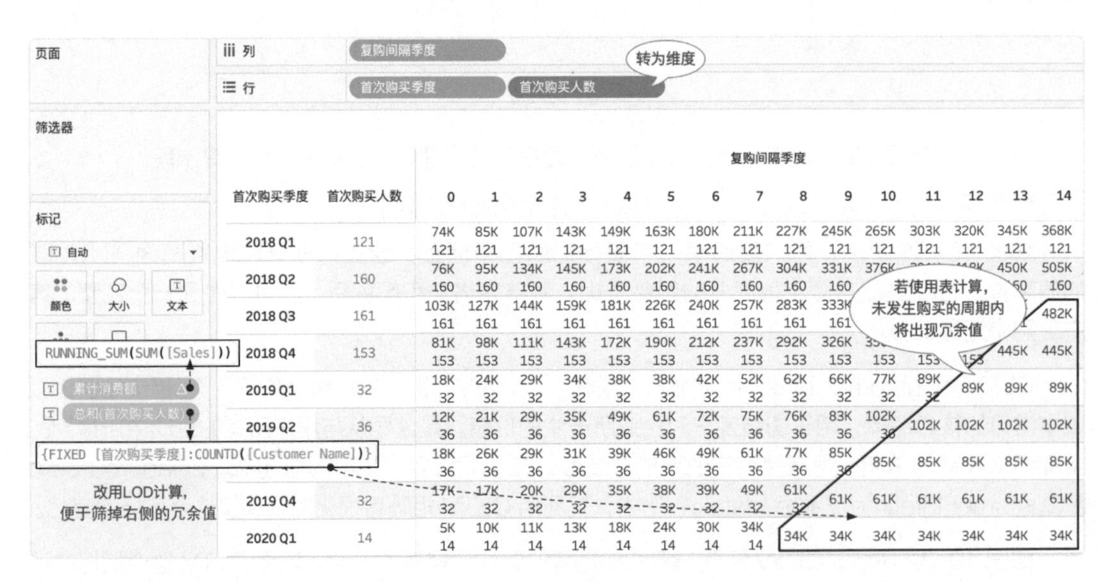

图 10-32

若使用前面说的步骤，通过表计算得到“首次购买人数”，那么计算结果将填充到所有的单元格内，就不便于筛掉右侧未发生购买的单元格内的冗余值，所以改用 LOD 计算算出“首次购买人数”可以简化计算难度。当然，使用表计算也可以完成图表的绘制，不过还需新增计算字段，有兴趣的读者可以自行探索。

本例中使用人均消费金额作为 CLTV 的计算指标，所以新建一个计算字段，如下所示。

- CLTV：[累计消费额]/MAX([首次购买人数])

由于“首次购买人数”使用了 FIXED 计算，所以在此处与表计算同时使用时需要聚合。按照图 10-33 所示，使用 CLTV 标记颜色和标签，并筛掉“NULL”值，就可得到一个客户终身价值矩阵。

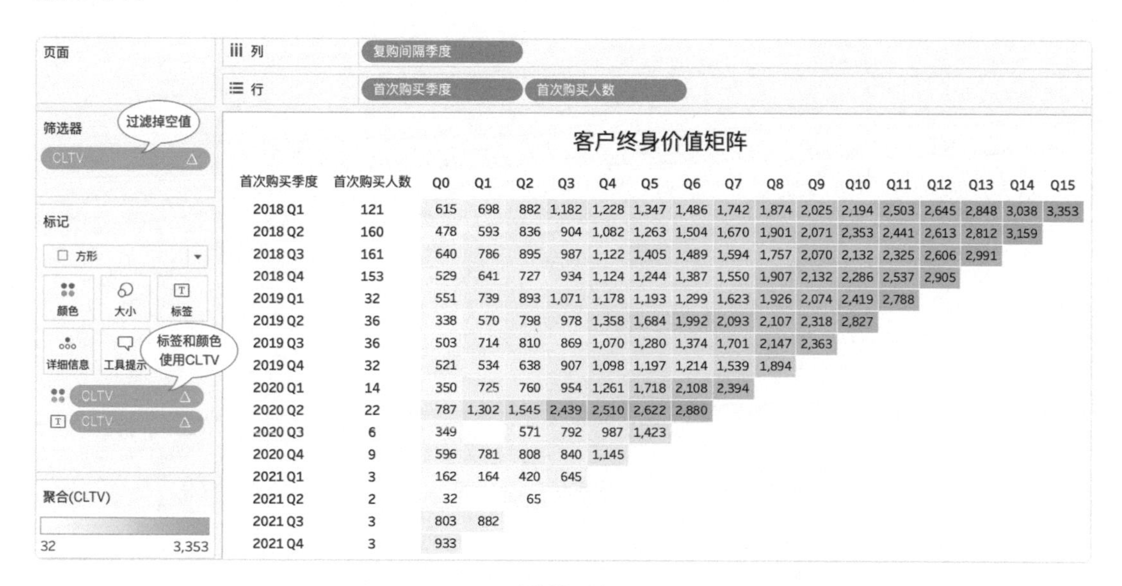

首次购买季度	首次购买人数	Q0	Q1	Q2	Q3	Q4	Q5	Q6	Q7	Q8	Q9	Q10	Q11	Q12	Q13	Q14	Q15
2018 Q1	121	615	698	882	1,182	1,228	1,347	1,486	1,742	1,874	2,025	2,194	2,503	2,645	2,848	3,038	3,353
2018 Q2	160	478	593	836	904	1,082	1,263	1,504	1,670	1,901	2,071	2,353	2,441	2,613	2,812	3,159	
2018 Q3	161	640	786	895	987	1,122	1,405	1,489	1,594	1,757	2,070	2,132	2,325	2,606	2,991		
2018 Q4	153	529	641	727	934	1,124	1,244	1,387	1,550	1,907	2,132	2,286	2,537	2,905			
2019 Q1	32	551	739	893	1,071	1,178	1,193	1,299	1,623	1,926	2,074	2,419	2,788				
2019 Q2	36	338	570	798	978	1,358	1,684	1,992	2,093	2,107	2,318	2,827					
2019 Q3	36	503	714	810	869	1,070	1,280	1,374	1,701	2,147	2,363						
2019 Q4	32	521	534	638	907	1,098	1,197	1,214	1,539	1,894							
2020 Q1	14	350	725	760	954	1,261	1,718	2,108	2,394								
2020 Q2	22	787	1,302	1,545	2,439	2,510	2,622	2,880									
2020 Q3	6	349		571	792	987	1,423										
2020 Q4	9	596	781	808	840	1,145											
2021 Q1	3	162	164	420	645												
2021 Q2	2	32		65													
2021 Q3	3	803	882														
2021 Q4	3	933															

图 10-33

另外，该案例还有一些关于格式上的额外要求，难度略有提高，超出了本书的讨论范围，有余力的读者可以参照挑战的原文要求做进一步的研究探讨。

10.6　网格图

本节案例采用 WOW2022第 21 周的挑战（Let 's Build a Trellis Chart!）。如图 10-34 所示，这种图表的英文名称有很多，Trellis Chart、Panel Chart 或 Small multiples Chart，本书统一称作网格图。制作网格图并不难，主体使用的是“离散 + 离散”的图形结构，与其原理类似的还有华夫饼图和瓷砖地图，但其内部通常还会嵌套由连续数据制作的散点图、折线图、柱状图等，整体来说属于“离散 + 连续”的图形结构。

本案例数据集采用经济合作与发展组织（OECD）公布的失业率数据（图 10-35 中只显示了部分信息），内容较为简单，包含 2000 年至 2021 年间 36 个国家的月度失业率数据。

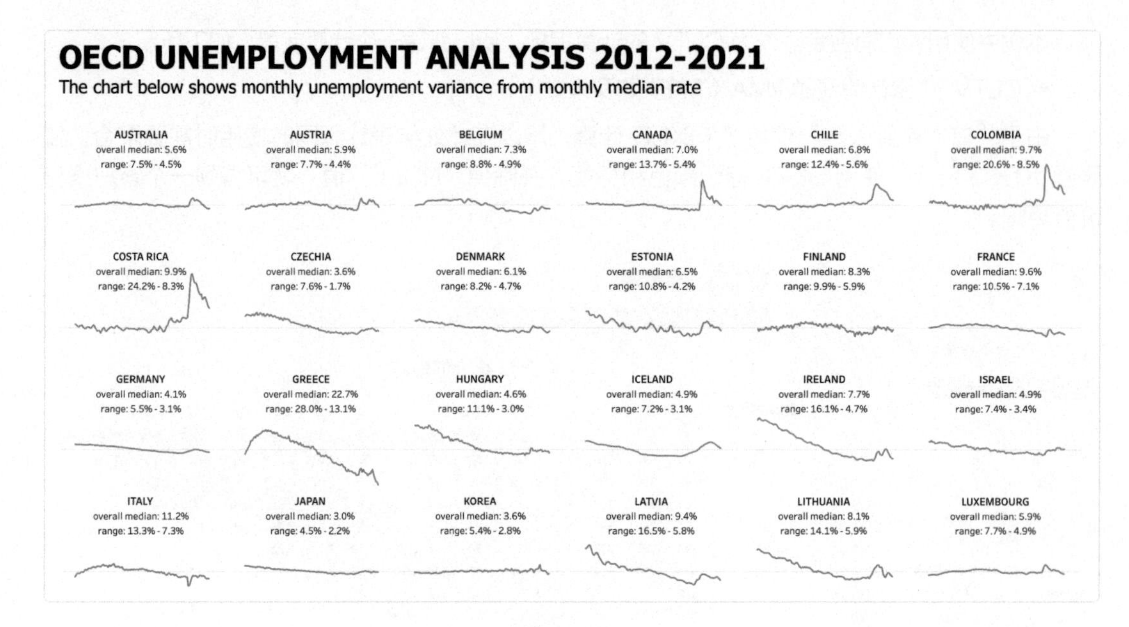

图 10-34

Country Code	Country Name	Gender	Date	Unemployement Rate
AUS	Australia	ALL	1/1/2000	6.77
AUT	Austria	ALL	1/1/2000	4.3
BEL	Belgium	ALL	1/1/2000	7.3
CAN	Canada	ALL	1/1/2000	6.8
CHL	Chile	ALL	1/1/2000	9.18
CZE	Czechia	ALL	1/1/2000	9.2
DEU	Germany	ALL	1/1/2000	8.2
DNK	Denmark	ALL	1/1/2000	5
ESP	Spain	ALL	1/1/2000	12.8
EST	Estonia	ALL	1/1/2000	14
FIN	Finland	ALL	1/1/2000	10.1

图 10-35

构建网格图的第一个关键点是将数据中的主要维度自动划分到网格中去，本案例中的维度是国家。需要使用的技术在华夫饼图中已经详细介绍过，下面新建两个计算字段。

- X 轴：(INDEX()−1)%6
- Y 轴：INT((INDEX()−1)/6)

如图 10-36 所示，将“Y 轴”和“X 轴”分别拖到行 / 列功能区并转为离散字段，就可以通过表计算函数 INDEX 将国家划分到 6 × 6 的表格中。

图 10-36

折线图需要展示各个国家的每月失业率与该国家所有年度失业率的中位数的差异，因此需要创建下面两个计算字段。

- 失业率中位数：WINDOW_MEDIAN(SUM([Unemployement Rate]))
- 失业率差异：SUM([Unemployement Rate])-[失业率中位数]

如图 10-37 所示，使用“Date”字段和“失业率差异”字段就可以在表格中分别构建每个国家的失业率差异折线图。

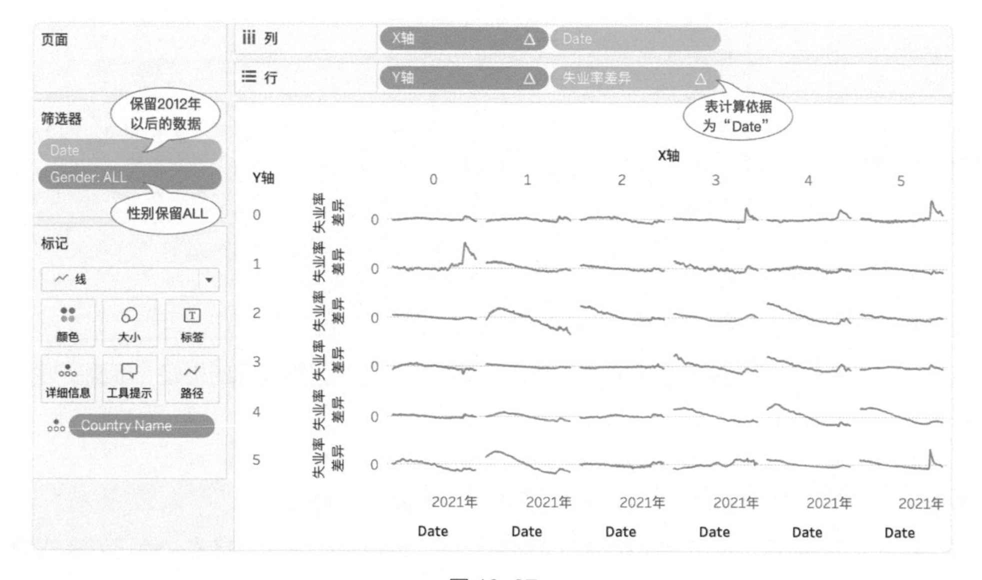

图 10-37

至此，网格图的主体结构就已经构建完成了，整体难度并不算高。但这个图形的难点在于如何去构建居中的标签。由于视图中包含了“Country Name”和“Date”这两个维度，所以视图的详细级别由两个维度共同决定，即视图数据是每个国家的每个月份各有一行，如果直接在折线图上使用标签，就会造成标签的重叠。因此，需要重新定位显示标签的点，即只让日期等于某一个月份时才显示标签，其他月份为空值。新建计算字段，如下所示。

- 标签高度：
  IF [Date]=DATE("2016/10/1") THEN 20 END
  或 IF INDEX() =INT((SIZE()/2)) THEN 20 END

这个“标签高度”字段，既可以手动指定某一个月份，也可以通过表计算自动获得中间月份，而 20 这个高度也可以根据是否使用“同步轴”进行微调。如图 10-38 所示，将“标签高度”拖到行功能区，与“失业率差异”形成双轴，这样就可以确定显示标签的点的位置。

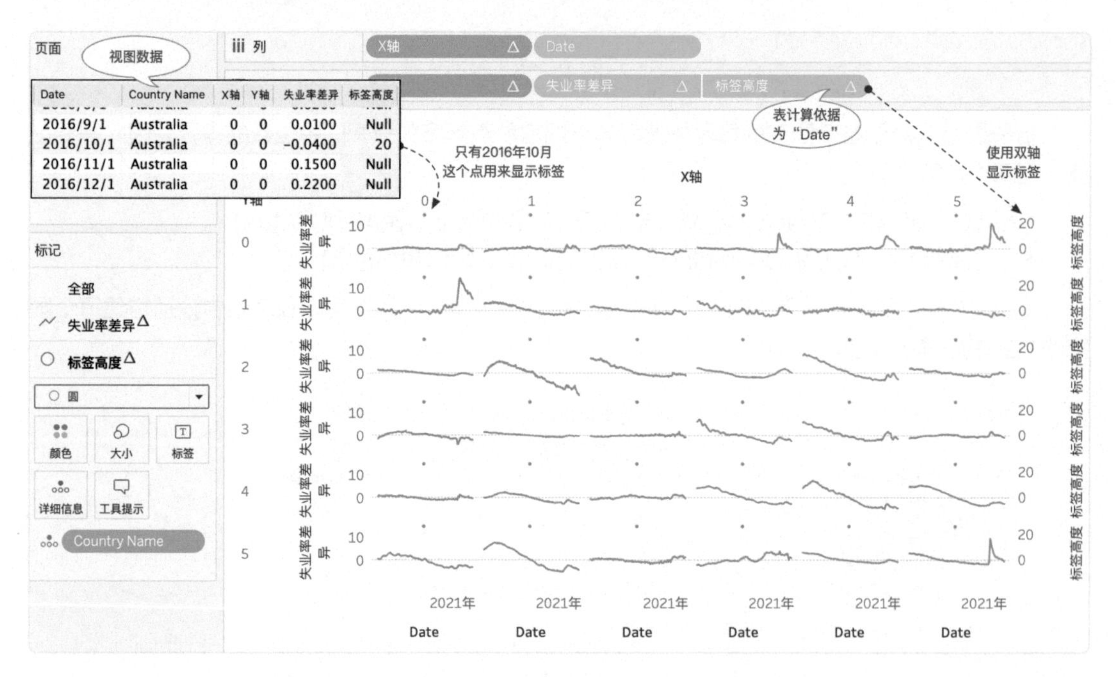

Date	Country Name	X轴	Y轴	失业率差异	标签高度
2016/9/1	Australia	0	0	0.0100	Null
2016/10/1	Australia	0	0	-0.0400	20
2016/11/1	Australia	0	0	0.1500	Null
2016/12/1	Australia	0	0	0.2200	Null

图 10-38

最后，只需要再计算出失业率的最大值和最小值就可以完成显示指标的构建，下面新建两个计算字段。

- 最小失业率：WINDOW_MIN(SUM([Unemployement Rate]))
- 最大失业率：WINDOW_MAX(SUM([Unemployement Rate]))

按照图 10-39 所示，将所需字段拖到“标签”栏，调整标签内容和格式，就可以完成整个网格图的绘制。

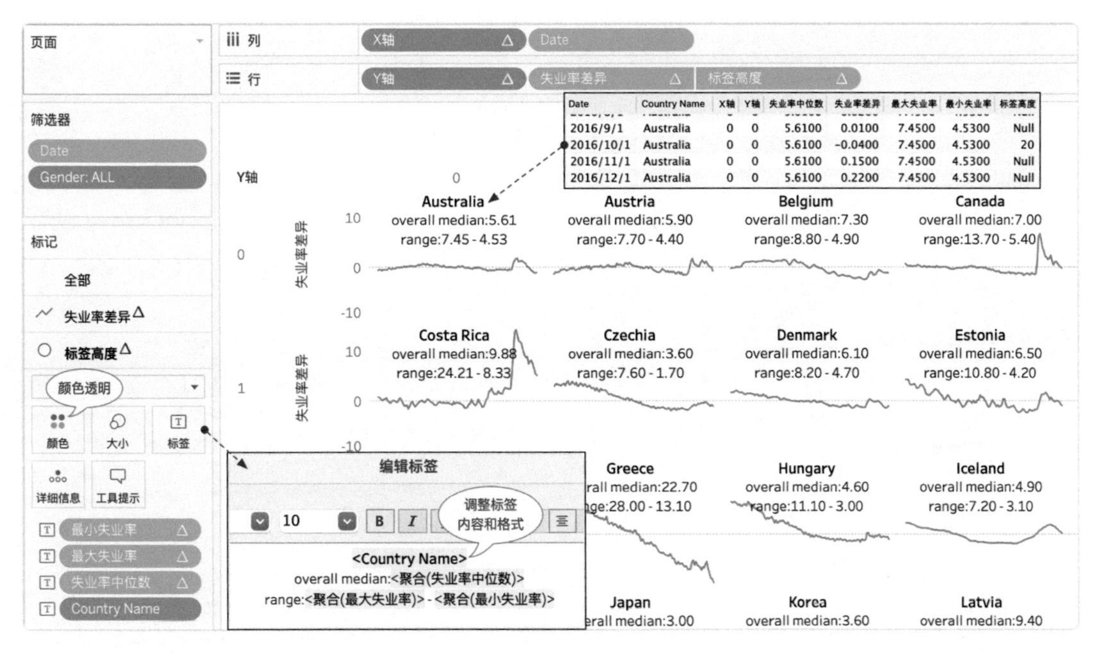

页面
iii 列
X轴
Date
☰ 行
Y轴
失业率差异
标签高度
筛选器
Date
Gender: ALL
标记
全部
失业率差异
标签高度
颜色透明
颜色
大小
标签
详细信息
工具提示
最小失业率
最大失业率
失业率中位数
Country Name
编辑标签
调整标签内容和格式
<Country Name>
overall median:<聚合(失业率中位数)>
range:<聚合(最大失业率)> - <聚合(最小失业率)>
Date | Country Name | X轴 | Y轴 | 失业率中位数 | 失业率差异 | 最大失业率 | 最小失业率 | 标签高度
2016/9/1 Australia 0 0 5.6100 0.0100 7.4500 4.5300 Null
2016/10/1 Australia 0 0 5.6100 -0.0400 7.4500 4.5300 20
2016/11/1 Australia 0 0 5.6100 0.1500 7.4500 4.5300 Null
2016/12/1 Australia 0 0 5.6100 0.2200 7.4500 4.5300 Null
Australia
overall median:5.61
range:7.45 - 4.53
Austria
overall median:5.90
range:7.70 - 4.40
Belgium
overall median:7.30
range:8.80 - 4.90
Canada
overall median:7.00
range:13.70 - 5.40
Costa Rica
overall median:9.88
range:24.21 - 8.33
Czechia
overall median:3.60
range:7.60 - 1.70
Denmark
overall median:6.10
range:8.20 - 4.70
Estonia
overall median:6.50
range:10.80 - 4.20
Greece
Hungary
overall median:4.60
range:11.10 - 3.00
Iceland
overall median:4.90
range:7.20 - 3.10
Japan
Korea
overall median:3.60
Latvia
overall median:9.40

图 10-39

第3部分

第11章　绘制圆形系列图表

11.1 直角坐标系绘图原理

常见的平面坐标系包括直角坐标系和极坐标系，Tableau 不支持绘制极坐标系，所以这里只介绍直角坐标系的绘图原理。在直角坐标系中绘图的案例，前面的章节已有所涉及，例如，华夫饼图就是通过构造数据在直角坐标系中绘制图形的典型案例。Tableau 并不像专业的数学绘图工具，只要给出数学公式就可以绘制出对应的图形。在 Tableau 中无论绘制任何图形，都需要先计算出视图数据，视图数据的每一行在坐标轴中都代表一个数据点，而每个点都有对应的 *X* 值和 *Y* 值，将这些点与点相连就可以绘制出线或者面。

如图 11-1 所示的直角坐标系中有 A、B、C、D 共 4 个点，每个点有自己的坐标值（*X*,*Y*），把这些坐标值转换成对应的数据源（或视图数据）后，就可以在 Tableau 中将其绘制出来。

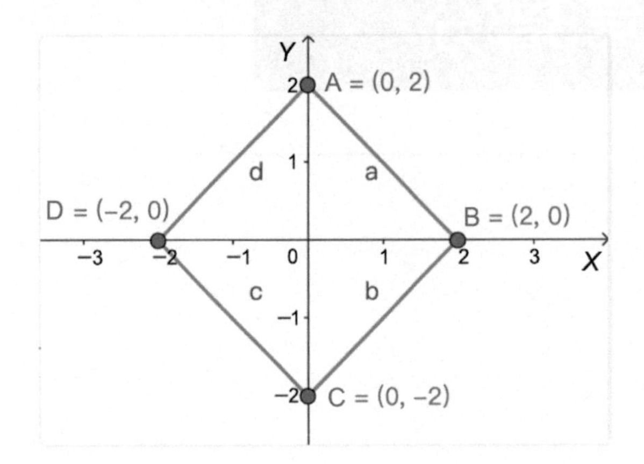

数据点	*X*轴	*Y*轴
A	0	2
B	2	0
C	0	-2
D	-2	0

图 11-1

将数据导入 Tableau 后，通过简单的拖曳就可以得到坐标系中的 4 个点，其本质上就是一个简单的散点图（图 11-2）。

如果将标记类型转换成“线”，就需要通过“路径”指定 4 个点连接的顺序。如图 11-3 所示，使用数据点字段作为“路径”，指明数据点的连接顺序后就可以得到线段。这个连接顺序也可以通过手动调节，以达到不同的连接效果。当然还可以通过在数据源中自定义一个字段，用于提前指定好数据点的连接顺序，这在绘制自定义边界地图时会经常用到。

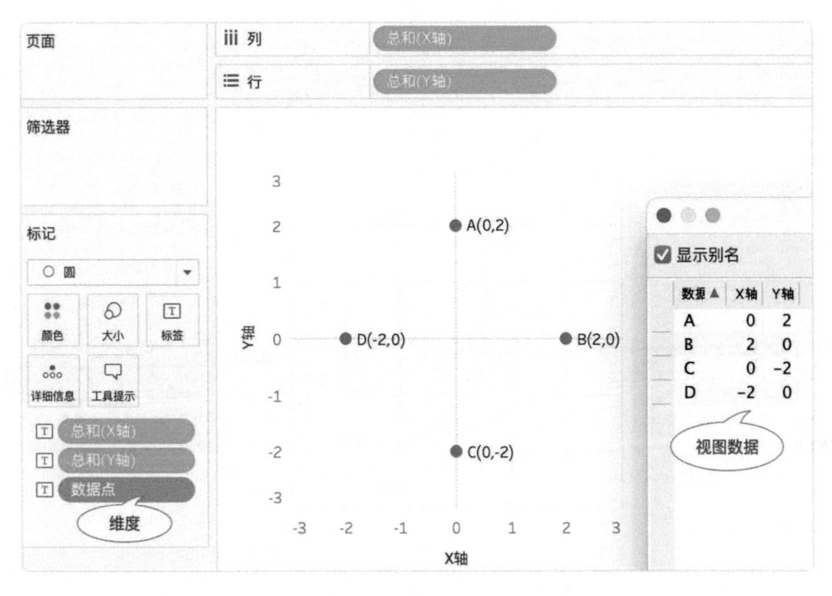

图 11-2

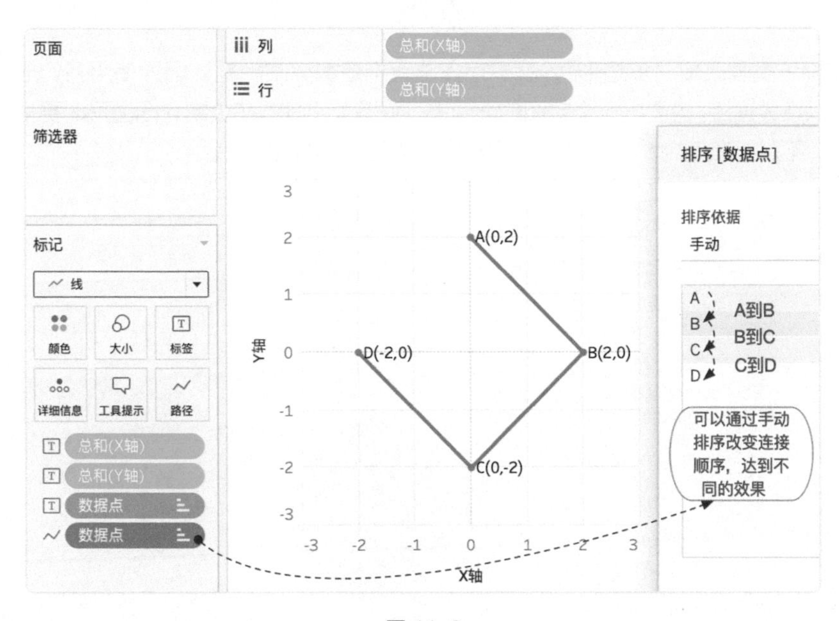

图 11-3

从图 11-3 中还可以发现，D 和 A 两点之间并没有连线，这是因为按照目前数据源中的 4 行数据以及当前的排序依据，按顺序执行后却没有一行数据来指定从 D 到 A 的线段，因此需要修改数据源，我们增加一个 E 点，坐标值与 A 点一致，将 D 与 E 相连，构造出第 4 条线段（图 11-4）。

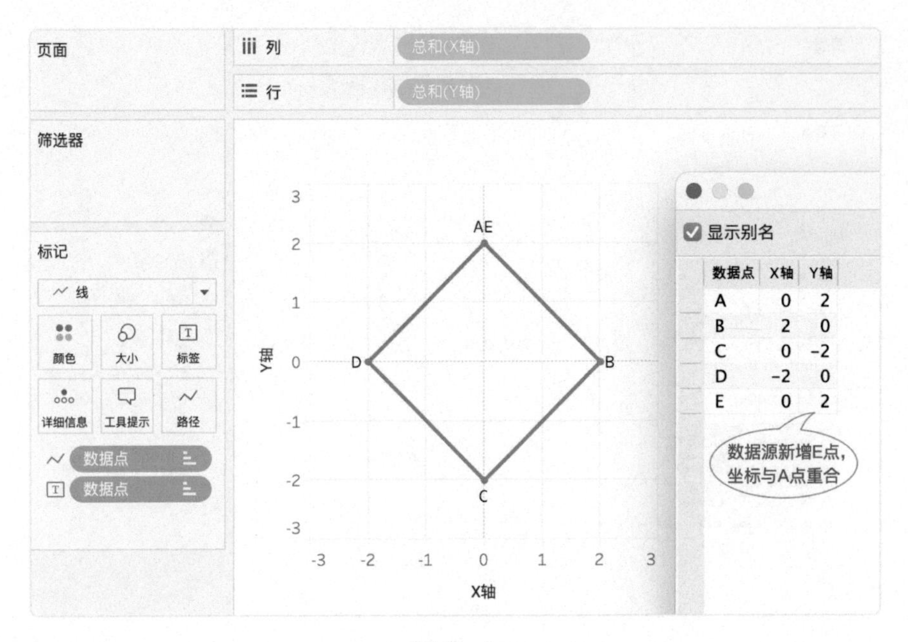

图 11-4

如果将标记类型改成“多边形”，就不存在重新构造数据的问题。因为使用多边形后系统会自动将首尾点以直线连接，构造出一个封闭的面（图 11-5）。因此，在绘制封闭图形时更推荐使用“多边形”标记。不过，在使用“多边形”标记时默认无法使用标签。

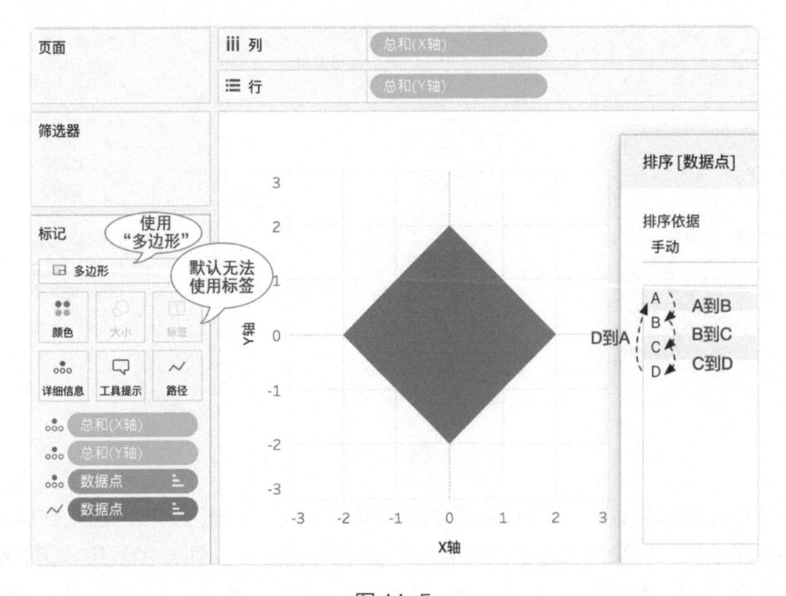

图 11-5

11.2　画一个简单的圆形

如图 11-6 所示，第 11.1 节画的四边形的 4 个点，实际上就是圆上的 4 个点，转换成角度就是 0°、90°、180°、270°，如果要保证首尾重合还应该包括 360°。由此可以想到，如果把 0° 到 360° 的每个角度都用一行数据来描述，就会在坐标轴中产生 361 个点，将这 361 个点连接起来就可以绘制出一个圆形。但这就会产生一个问题，如何计算每个角度的坐标值，也就是在 *X* 轴和 *Y* 轴上对应的值。

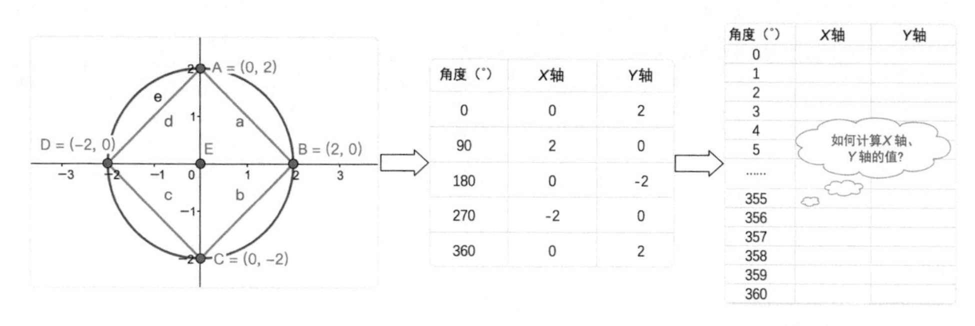

角度（°）	X轴	Y轴
0	0	2
90	2	0
180	0	-2
270	-2	0
360	0	2

角度（°）	X轴	Y轴
0		
1		
2		
3		
4		
5		
……		
355		
356		
357		
358		
359		
360		

图 11-6

这就需要用到三角函数知识，这部分知识并不在本书的讨论范围，请大家自行查阅相关内容。对于绘制圆形，这里只需要记住两个公式即可，**X 轴的值**：*r*×sin(2π×**角度**/360)，**Y 轴的值**：*r*×cos(2π×**角度**/360)，其中 *r* 为圆的半径。

只需要将“角度”列（共 361 行）作为数据源导入 Tableau 中，就能通过新建计算的方式计算出每个点的 *X* 轴和 *Y* 轴对应的值，如下所示。

- X 轴：SIN(2*PI()* 角度 /360)*2
- Y 轴：COS(2*PI()* 角度 /360)*2

如图 11-7 所示，将“Y 轴”和“X 轴”分别拖到行 / 列功能区，标记类型选择“线”，将“角度”拖到“路径”栏（同时起到“维度”作用）。此时，系统会按照“角度”字段默认的 0 ~ 360 的顺序将 361 个点连接成圆形。自此一个简单的圆形就绘制成功了。

但是这种方法也会产生一个重要的问题，为了绘制这个圆形，数据源被扩大了数倍，这会导致工作簿性能的下降。所以，我更推荐大家使用数据桶功能来处理，这样在数据源中只需要拥有首尾两个值，就可以完成圆形的绘制，但这涉及大量的表计算，会使计算难度大幅增加，并不适合初学者[1]。

如图 11-8 所示，创建一个只有首尾值的数据源，通过“角度”字段创建数据桶字段“角度（数据桶）”，再新建两个计算字段，如下所示。

- X 轴：SIN(2*PI()*INDEX()/360)*WINDOW_MAX(MAX([半径]))
- Y 轴：COS(2*PI()*INDEX()/360)*WINDOW_MAX(MAX([半径]))

1　原理部分请参阅第 7 章。

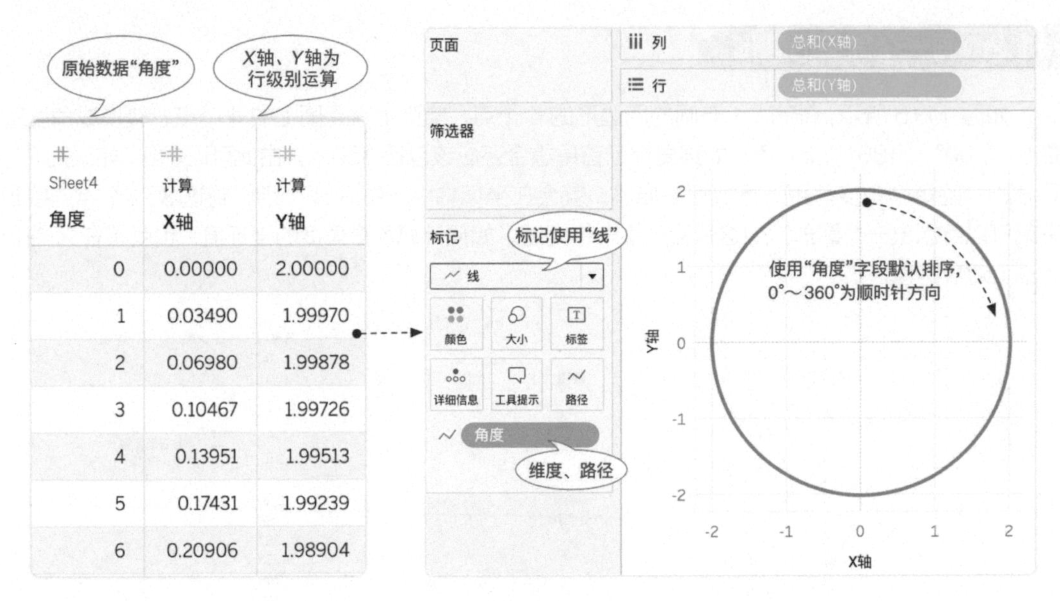

图 11-7

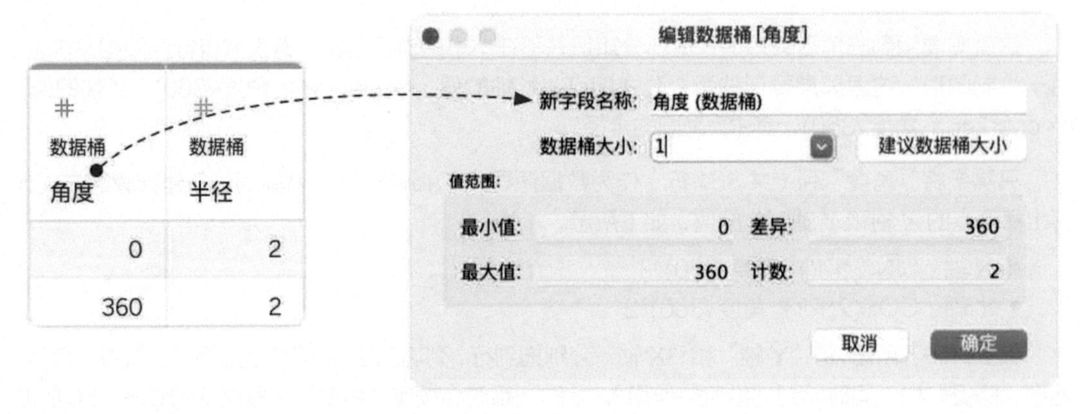

图 11-8

如图 11-9 所示，首先将标记类型选择为“线”，并将数据桶拖到行功能区，检查数据桶是否勾选了“显示缺失值”，将数据桶拖到“路径”栏里，这是所有使用数据桶绘图操作的第一步，以保证显示出所有数据点，后面的章节中将不再重复演示。

如图 11-10 所示，将“Y 轴”和“X 轴”分别拖到行 / 列功能区，表计算依据选择“角度 (数据桶)”，同样可以得到一个圆形。通过交叉表模拟的计算过程也可以看到，只有通过表计算才可以得到正确的视图数据。

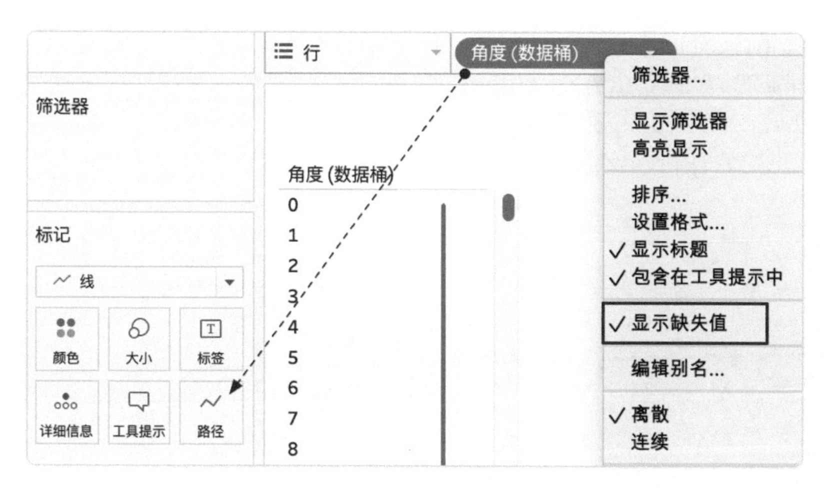

图 11-9

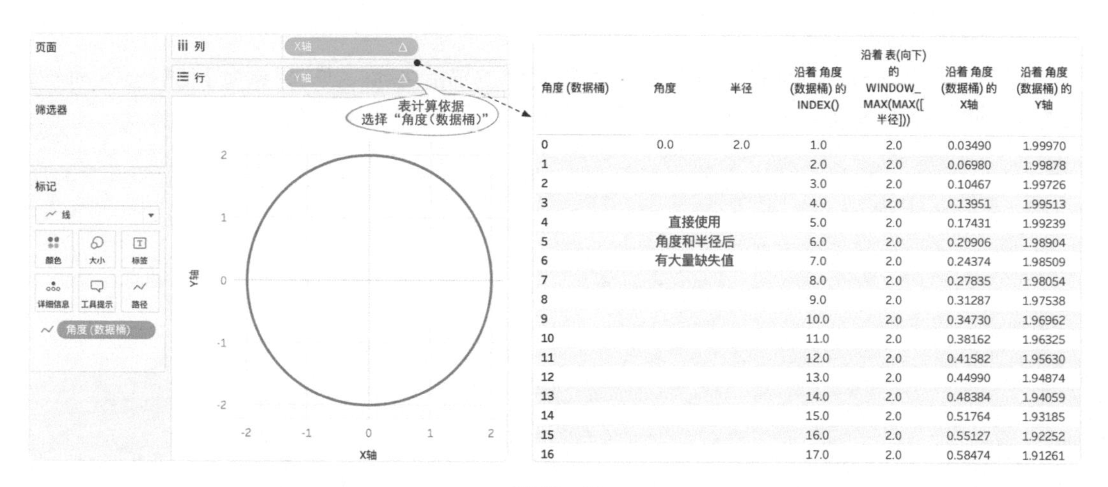

角度 (数据桶)	角度	半径	沿着 角度 (数据桶) 的 INDEX()	沿着 表(向下) 的 WINDOW_MAX(MAX([半径]))	沿着 角度 (数据桶) 的 X轴	沿着 角度 (数据桶) 的 Y轴
0	0.0	2.0	1.0	2.0	0.03490	1.99970
1			2.0	2.0	0.06980	1.99878
2			3.0	2.0	0.10467	1.99726
3			4.0	2.0	0.13951	1.99513
4			5.0	2.0	0.17431	1.99239
5			6.0	2.0	0.20906	1.98904
6			7.0	2.0	0.24374	1.98509
7			8.0	2.0	0.27835	1.98054
8			9.0	2.0	0.31287	1.97538
9			10.0	2.0	0.34730	1.96962
10			11.0	2.0	0.38162	1.96325
11			12.0	2.0	0.41582	1.95630
12			13.0	2.0	0.44990	1.94874
13			14.0	2.0	0.48384	1.94059
14			15.0	2.0	0.51764	1.93185
15			16.0	2.0	0.55127	1.92252
16			17.0	2.0	0.58474	1.91261

图 11-10

11.3　绘制同心圆

掌握了基本的圆形绘制方法，就可以增加难度练习绘制同心圆了。与绘制单一的圆形不同，在绘制同心圆时通常需要主数据和辅助表，主数据提供必要的业务数据，辅助表无业务意义，只为构造数据桶增加数据点。如图 11-11 所示，将主数据与辅助表通过关系进行关联。

一般情况下，在绘制复杂图形的过程中，为了保证思路清晰，便于调试，建议分步骤创建计算字段，按照第 11.2 节所讲述的原理，创建如下 5 个计算字段。

- 使用“角度”创建数据桶，并将其改名为“Path”

- Index：INDEX()-1[1]
- R：WINDOW_MAX(MAX([数量]))
- X：SIN(2*PI()*[Index]/360)*[R]
- Y：COS(2*PI()*[Index]/360)*[R]

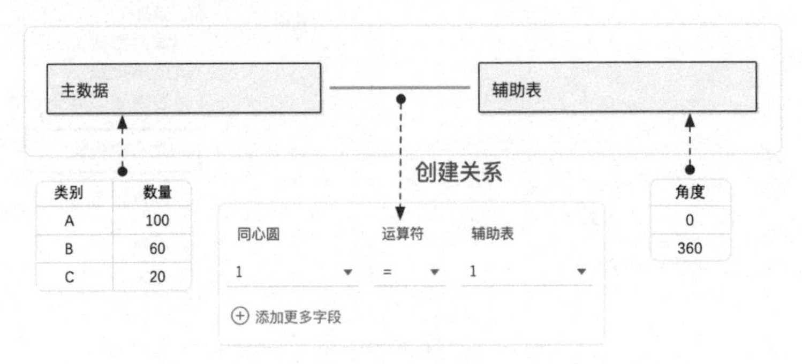

图 11-11

如图 11-12 所示，同心圆的绘制步骤基本与第 11.2 节的内容一致，只是为了区分出不同的圆形，增加了"类别"维度。

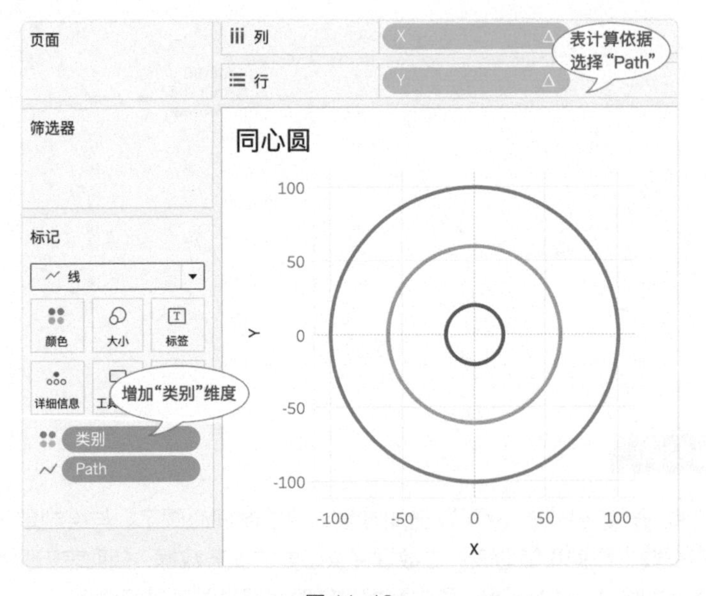

图 11-12

下面通过交叉表演示一下通过表计算获得视图数据的过程（图 11-13），为了方便演示，这里在筛选后只保留了 5 个基本数据点。以"Path"字段作为计算依据，那么"Path"字段作为方向，

1　使用 INDEX()-1 可以保证角度从 0° 开始。

剩下的“类别”字段作为分区。“Index”和“R”两个表计算字段依据这个逻辑，就可以分别计算出视图中每行的角度和半径，得到绘制同心圆所需的所有视图数据。

分区　方向

类别	Path	角度	数量	沿着 Path 的 Index	沿着 Path 的 R
A	0	0.0	100.0	0.0	100.0
	90			90.0	100.0
	180			180.0	100.0
	270			270.0	100.0
	360	360.0	100.0	360.0	100.0
B	0	0.0	60.0	0.0	60.0
	90			90.0	60.0
	180			180.0	60.0
	270			270.0	60.0
	360	360.0	60.0	360.0	60.0
C	0	0.0	20.0	0.0	20.0
	90			90.0	20.0
	180			180.0	20.0
	270			270.0	20.0
	360	360.0	20.0	360.0	20.0

只有表计算可以保证数据完整

图 11-13

11.4 跑马灯图

跑马灯图，也被称为跑道图（图 11-14），是常见的圆形图表，它的绘制原理与绘制同心圆的非常类似，但辅助数据并不能使用 0 和 360，而是使用 0 和 270，因为最大只会画 3/4 个圆。

图 11-14

如图 11-15 所示，主数据是从“超市数据集”中选取的 6 个地区经理的销售额，通过关系与辅助表关联（参考图 11-11）。

主数据

地区经理	销售额
白德伟	1303124.5
楚杰	2681567.5
范彩	4137415.1
洪光	4684506.4
杨健	815039.6
殷莲	2447301

辅助表

角度（℃）
0
270

主数据与辅助表
通过关系进行关联

图 11-15

下面新建两个计算字段，用于计算数据点的角度。

- 使用“角度”创建数据桶，并将其改名为“Path”
- Index：INDEX()-1

环形之间的间隔即圆的半径，其长度可以由销售额的排名来决定，所以新建以下两个计算字段。

- 排名：RANK_UNIQUE(SUM([销售额]),'ASC')
- R：WINDOW_MAX([排名])

由于圆环的长度需根据销售额的不同而变化，因此，还需要新建以下两个计算字段。

- 销售额百分比：SUM([销售额])/WINDOW_MAX(SUM([销售额]))
- 线长度：WINDOW_MAX([销售额百分比])

如图 11-16 所示，首先通过交叉表验证数据计算是否准确[1]。“Index”字段的表计算依据选择“Path”，也就是“Path”字段作为方向，“地区经理”字段作为分区，这一点非常好理解。

但是“R”字段的计算就略显复杂了，这是两个嵌套的表计算（图 11-17）。在计算“排名”时，只需要按照“地区经理”维度进行计算，并不希望“Path”字段影响计算结果，所以“所在级别”选择“地区经理”，而在计算“R”字段时，只需要将“排名”的结果填满每行，所以表计算依据选择“Path”[2]。计算“线长度”字段的逻辑与计算“R”字段的逻辑一致，这里不再赘述。

有了前面这些基本的计算字段后就可以新建字段，计算 *X* 轴和 *Y* 轴的值了，如下所示。这里唯一的不同就是需要额外乘以“线长度”来保证圆环长度正确。

- X 轴：SIN(2*PI()*[Index]/360*[线长度])*[R]
- Y 轴：COS(2*PI()*[Index]/360*[线长度])*[R]

1 这里只选择了 4 个重要的点（0、90、180、270）进行演示，省略了其他点。

2 这里的表计算依据并非只能选择一种方式，我只选择了自己认为最好理解的方式，读者可以根据自己的理解自行调整，只要得到正确的结果即可。

地区经理	Path	沿着 Path 的 Index	沿着 地区经理, Path 的 排名	R	沿着 地区经理, Path 的 销售额百分比	线长度
白德伟	0	0.0	2.0	2.0	27.82%	27.82%
	90	90.0		2.0		27.82%
	180	180.0		2.0		27.82%
	270	270.0	2.0	2.0	27.82%	27.82%
楚杰	0	0.0	4.0	4.0	57.24%	57.24%
	90	90.0		4.0		57.24%
	180	180.0		4.0		57.24%
	270	270.0	4.0	4.0	57.24%	57.24%
范彩	0	0.0	5.0	5.0	88.32%	88.32%
	90	90.0		5.0		88.32%
	180	180.0		5.0		88.32%
	270	270.0	5.0	5.0	88.32%	88.32%
洪光	0	0.0	6.0	6.0	100.00%	100.00%
	90	90.0		6.0		100.00%
	180	180.0		6.0		100.00%
	270	270.0	6.0	6.0	100.00%	100.00%
杨健	0	0.0	1.0	1.0	17.40%	17.40%
	90	90.0		1.0		17.40%
	180	180.0		1.0		17.40%
	270	270.0	1.0	1.0	17.40%	17.40%
殷莲	0	0.0	3.0	3.0	52.24%	52.24%
	90	90.0		3.0		52.24%
	180	180.0		3.0		52.24%
	270	270.0	3.0	3.0	52.24%	52.24%

图 11-16

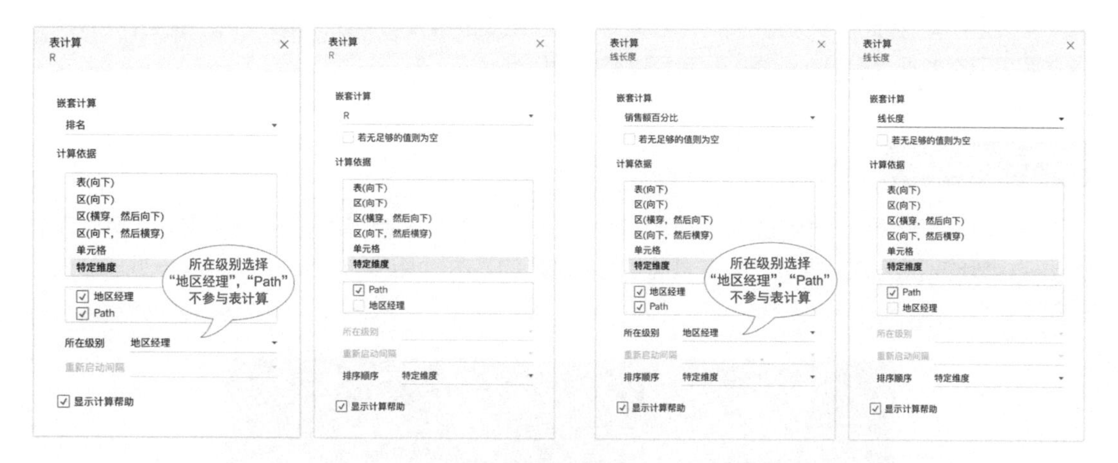

图 11-17

接下来，首先确认“Path”字段勾选了“显示缺失值”。如图 11-18 所示，标记类型选择“线”，将“Path”拖到“路径”栏，“地区经理”拖到“颜色”栏，“Y 轴”和“X 轴”分别拖到行 / 列功能区，再按照前面所述的逻辑，逐一调整计算字段的表计算依据，就可以得到一个跑马灯图。

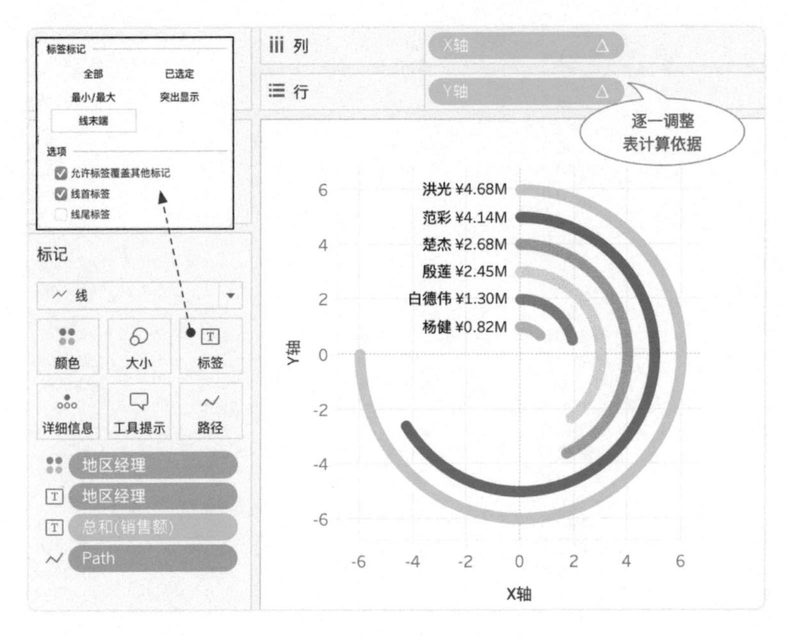

图 11-18

本例中，为了使读者充分理解表计算的奥妙，我使用了最简单的数据集，只包含一个维度字段和一个度量字段，因此需要大量的表计算，人为增加了绘制的难度。假如“排名”和“销售额百分比”这些字段已在数据源中提前计算好，就可以降低制作难度。

11.5 雷达图

雷达图本质上是一个简化的圆形（图 11-19），第 11.1 节中绘制的四边形，实际上可以理解为半径相等的四边形雷达图，所以在掌握了绘制圆形的基本知识后，制作雷达图就是一件非常简单的事了。

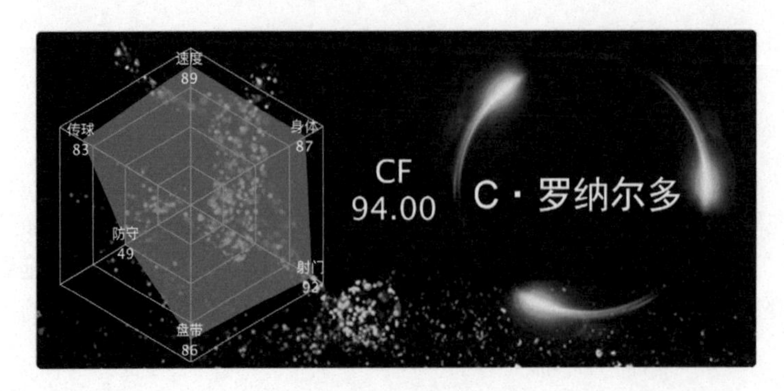

图 11-19

如图 11-20 所示的原始数据由多个度量字段组成，并不能满足一个点一行数据的要求，所以遇到这样的数据集需要先对数据进行“转置”操作，才能得到正确的数据结构[1]。

姓名	传球	射门	盘带	身体	速度	防守
C·罗纳尔多	83	92	86	87	89	49
阿扎尔	84	85	96	74	89	52
梅西	88	95	96	66	86	43
内马尔	88	86	96	65	92	48

重命名
复制值
隐藏
创建计
转置
合并不匹配的字段

全选度量字段后右击，在弹出的快捷菜单中选择转置命令

姓名	转置 能力	转置 数值
C·罗纳尔多	传球	83
C·罗纳尔多	射门	92
C·罗纳尔多	盘带	86
C·罗纳尔多	身体	87
C·罗纳尔多	速度	89
C·罗纳尔多	防守	49

图 11-20

下面新建两个计算字段。

- X 轴：SIN(2*PI()*INDEX()/6)*MAX([数值])
- Y 轴：COS(2*PI()*INDEX()/6)*MAX([数值])

将“Y 轴”和“X 轴”分别拖到行 / 列功能区，表计算依据选择“能力”。标记类型选择“多边形”，将“能力”字段拖到“路径”栏，“姓名”字段拖到“颜色”栏，并调整颜色透明度，得到如图 11-21 所示的结果。

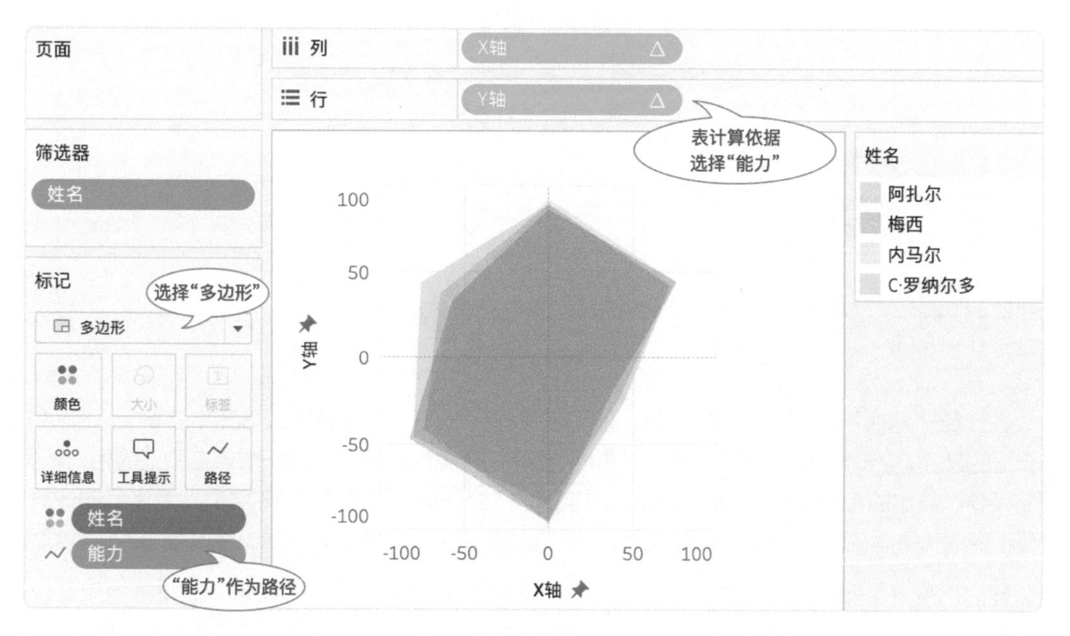

图 11-21

1 这里不需要通过辅助表来扩充数据集。

如图 11-22 所示，由于多边形不能使用“标签”栏，因此需要使用双轴来制作“标签”。复制“X 轴”，选择双轴并同步轴选项，标记类型选择“圆”，如果不需要显示圆点，则可以将颜色透明度调整为 0%。最后将“X 轴”和“Y 轴”的范围固定在 -100 ~ 100。对使用多边形绘制的雷达图来说，建议使用筛选器逐一探查数据，避免重叠后带来的视觉困扰。对于雷达图的背景，可以使用菜单栏中的“地图→背景图像”选项进行添加，本书并不做过多介绍。

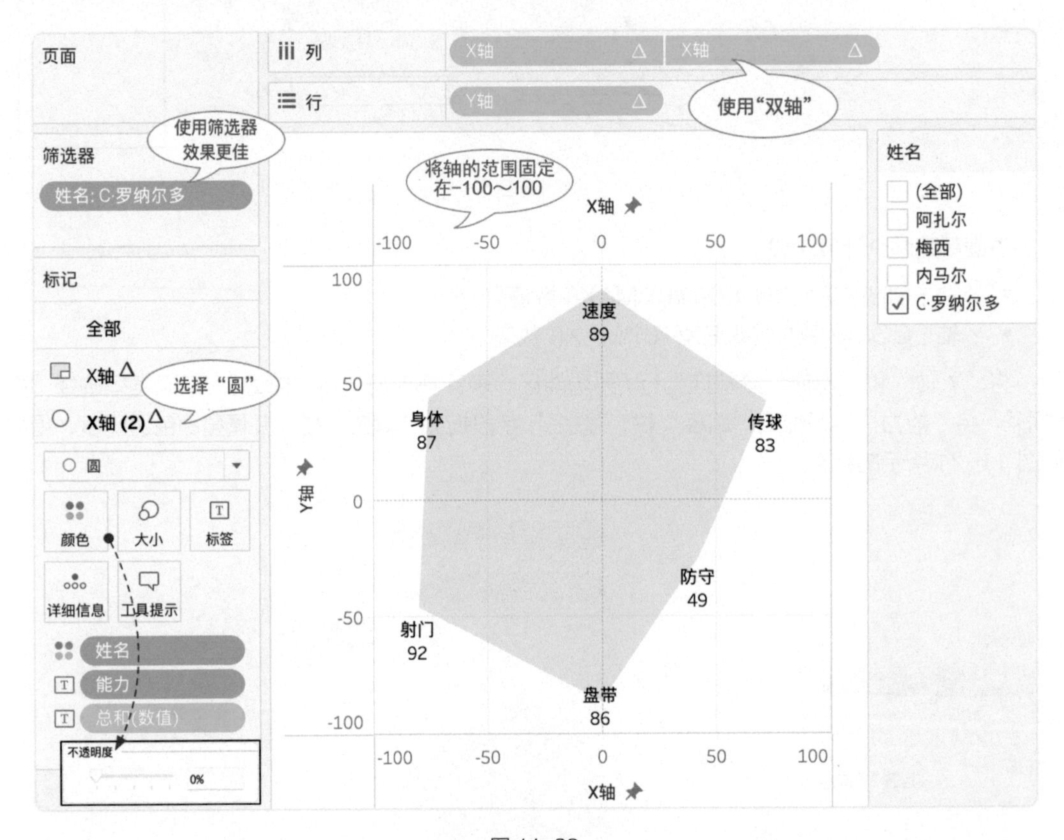

图 11-22

在计算“X 轴”和“Y 轴”的值时，使用了 INDEX()/6，而不是除以 360。实际上，第 11.2 节介绍的公式（2π × 角度 /360）里的“角度 /360”，计算的结果就是某一个点在圆上的相对位置，因此只要计算出的相对位置的值正确就可以得到同样的图形。如图 11-23 所示，简化后的计算结果是不变的，所以在绘制多边形（雷达图）时，只需要使用简化的计算逻辑，除以相应的边数即可。

我们仍然可以通过交叉表的方式回顾一下计算的过程。如图 11-24 所示，如果不使用 6 这个常量作为“边数”，通过计算字段更灵活地得到 6 这个值，也是完全可行的。所以，只要熟练掌握 Tableau 计算的逻辑，无论是使用 LOD 计算还是表计算，只要得到正确的结果即可，并不需要拘泥于某一种方式。

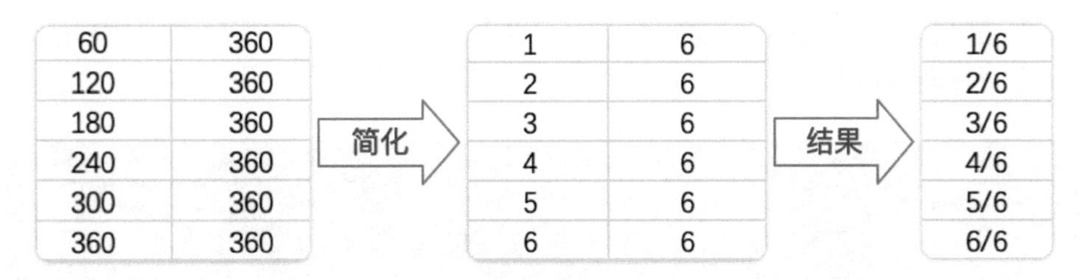

图 11-23

分区　方向

{COUNTD([能力])}　WINDOW_MAX(RUNNING_SUM(COUNTD([能力])))

姓名	能力	沿着 能力 的 INDEX()	能力数量(LOD)	沿着 能力 的 能力数量(表计算)	最大值 数值
C·罗纳尔多	传球	1.00	6.00	6.00	83.00
	防守	2.00	6.00	6.00	49.00
	盘带	3.00	6.00	6.00	86.00
	射门	4.00	6.00	6.00	92.00
	身体	5.00	6.00	6.00	87.00
	速度	6.00	6.00	6.00	89.00
阿扎尔	传球	1.00	6.00	6.00	84.00
	防守	2.00	6.00	6.00	52.00
	盘带	3.00	6.00	6.00	96.00
	射门	4.00	6.00	6.00	85.00
	身体	5.00	6.00	6.00	74.00
	速度	6.00	6.00	6.00	89.00

图 11-24

虽然 LOD 计算和表计算的结果一样，但这两种计算有本质的区别。这里就要提一个问题，如果使用“能力”字段作为筛选器控制的“边数”，该如何分别用这两种计算方式设置这个筛选器？读者可以通过这个问题来复习筛选器顺序的相关知识。

11.6 圆形柱状图

圆形柱状图（图 11-25）是在 Tableau Public 上被广泛使用的一种高级图表，广大的 Tableau 用户利用这种炫酷图表制作了大量令人叹为观止的可视化作品。我本人也是被这些令人惊艳的图表深深吸引后，才开始深入研究 Tableau 的底层原理。虽然我并不建议在实际工作场景中使用这类炫酷的图表，但这并不妨碍我们通过学习图表的制作过程，深入研究 Tableau 的计算逻辑和绘图原理，越复杂的图表越能考验我们对 Tableau 知识的掌握程度。

绘制柱状图一般有两种方案，一种是直角柱状图，另一种是圆角柱状图。普通的直角柱状图绘制起来极为简单，但如果要在直角坐标系中绘制直角柱状图，就意味着需要在直角坐标系中确定每个柱状图的 4 个直角点的坐标，并使用“多边形”连接 4 个点，才能完成柱状图的绘制，这将加大制作的难度。相反，绘制圆角柱状图的方案就简单许多，只需要确定柱状图的开始点和结束点，并用使用“线”来连接即可。

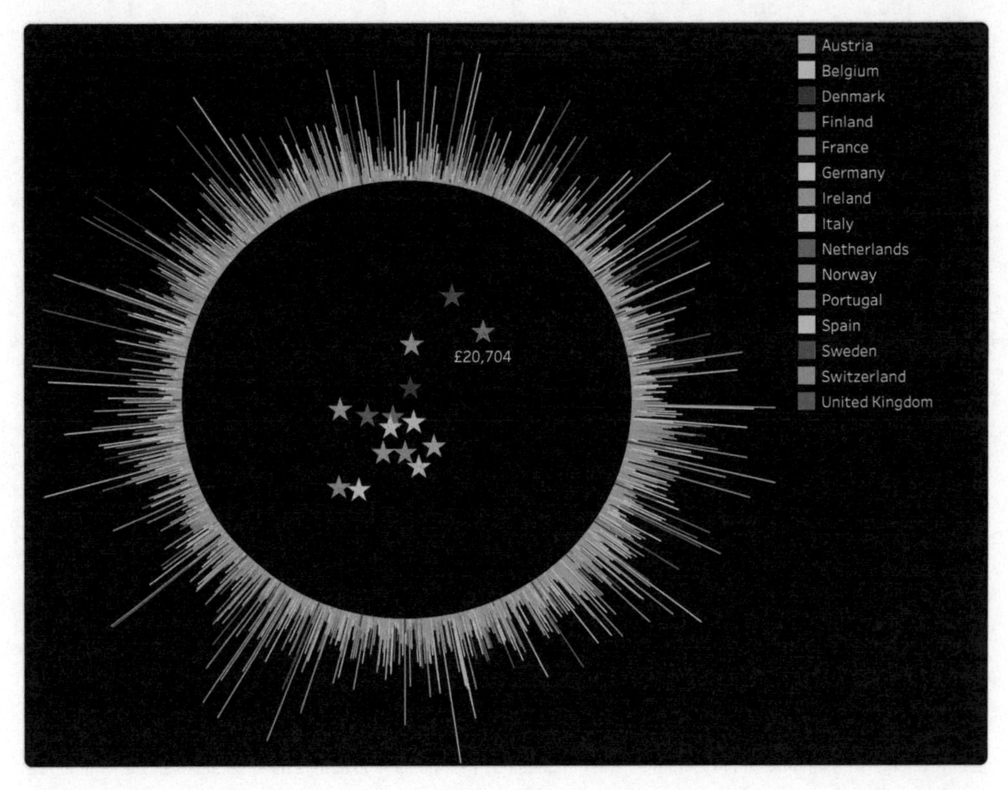

图 11-25

为了便于讲解绘制原理，下面继续使用跑马灯图中用过的“地区经理销售额”数据作为数据源（图 11-26）。但要确保“线”的开始点和结束点都有一行数据来描述，仍然需要使用辅助数据将数据源进行扩充。

地区经理	销售额
白德伟	1303124.5
楚杰	2681567.5
范彩	4137415.1
洪光	4684506.4
杨健	815039.6
殷莲	2447301

主数据

辅助表

path
0
1

通过关系或连接对
主数据与辅助表进行关联

图 11-26

圆形柱状图可以理解为将一个圆角柱状图弯折成圆形之后的效果，所以为了便于理解，可以先绘制一个圆角柱状图，下面新建两个计算字段。

- INDEX：INDEX()-1
- R：IF MAX([Path])=0 THEN 0.5
  ELSE SUM([销售额])/WINDOW_MAX(SUM([销售额]))+0.5
  END

公式中使用“SUM([销售额])/WINDOW_MAX(SUM([销售额]))”将线的长度进行了标准化，使线的长度为 0 ~ 1。同时，为了保证线不从圆心开始，需要先给线的起始点增加 0.5 的长度（或通过自定义参数进行控制），相应地，结束点也需要增加 0.5。如图 11-27 所示，使用“INDEX”和“R”字段在直角坐标系中绘制了一个圆角柱状图，这个柱状图的起始点从 0.5 开始，以保证圆形柱状图内部的空白空间。

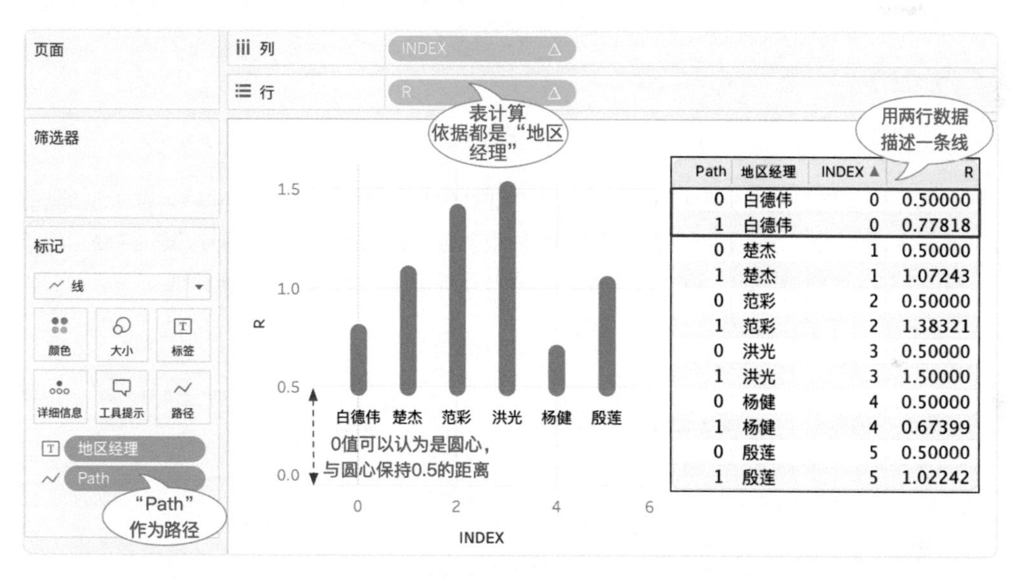

Path	地区经理	INDEX ▲	R
0	白德伟	0	0.50000
1	白德伟	0	0.77818
0	楚杰	1	0.50000
1	楚杰	1	1.07243
0	范彩	2	0.50000
1	范彩	2	1.38321
0	洪光	3	0.50000
1	洪光	3	1.50000
0	杨健	4	0.50000
1	杨健	4	0.67399
0	殷莲	5	0.50000
1	殷莲	5	1.02242

图 11-27

接下来，就可以根据之前提到的公式重新定位线的开始点和结束点，下面新建 3 个计算字段。

- 总人数：{COUNTD([地区经理])}
- X 轴：SIN(2*PI()*[INDEX]/MAX([总人数]))*[R]
- Y 轴：COS(2*PI()*[INDEX]/MAX([总人数]))*[R]

这 3 个公式的逻辑，可以参考第 11.5 节“雷达图”中介绍的简化公式（图 11-23）的内容。如图 11-28 所示，将“Y 轴”和“X 轴”字段分别拖到行 / 列功能区，替换掉“INDEX”和“R”字段，表计算依据仍然选择“地区经理”。这里直接使用“Path”字段作为路径，并没有创建数据桶，因为连接线段首尾的两行数据都已经存在，并不需要通过数据桶补充缺失数据，这与绘制雷达图的原理类似。

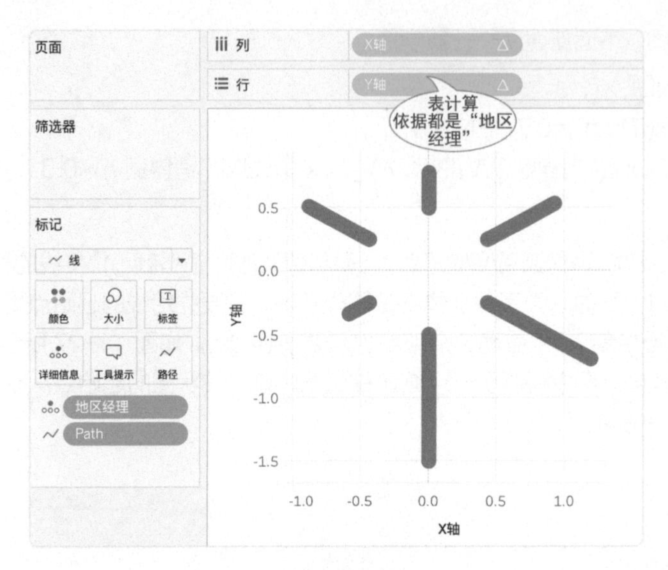

图 11-28

下面通过交叉表（图 11-29）列举出了整个计算过程中所涉及的计算字段。在无法得到正确图形的情况下，通过交叉表验证计算结果仍然是快速定位问题的最佳方式。另外，案例中的“总人数”字段是通过 LOD 计算得到的，有兴趣的读者也可以尝试使用表计算的方式来获得。

分区　方向

Path	地区经理	销售额	沿着地区经理的最大销售额	沿着地区经理的长度标准化	沿着地区经理的R	沿着地区经理的INDEX	总人数	沿着地区经理的X轴	沿着地区经理的Y轴
0	白德伟	1,303,125	4,684,506	0.278	0.500	0	6	0.000	0.500
	楚杰	2,681,567	4,684,506	0.572	0.500	1	6	0.433	0.250
	范彩	4,137,415	4,684,506	0.883	0.500	2	6	0.433	-0.250
	洪光	4,684,506	4,684,506	1.000	0.500	3	6	0.000	-0.500
	杨健	815,040	4,684,506	0.174	0.500	4	6	-0.433	-0.250
	殷莲	2,447,301	4,684,506	0.522	0.500	5	6	-0.433	0.250
1	白德伟	1,303,125	4,684,506	0.278	0.778	0	6	0.000	0.778
	楚杰	2,681,567	4,684,506	0.572	1.072	1	6	0.929	0.536
	范彩	4,137,415	4,684,506	0.883	1.383	2	6	1.198	-0.692
	洪光	4,684,506	4,684,506	1.000	1.500	3	6	0.000	-1.500
	杨健	815,040	4,684,506	0.174	0.674	4	6	-0.584	-0.337
	殷莲	2,447,301	4,684,506	0.522	1.022	5	6	-0.885	0.511

图 11-29

圆形柱状图不仅限于这一种表现形式，还可以通过调整线的大小、排序、颜色等设置对图形进行改造。Maria Brock 的 *Following Roger Federer*（图 11-30）就是在这个图形的基础上，通过双轴的方式制作出的圆形棒棒糖图。

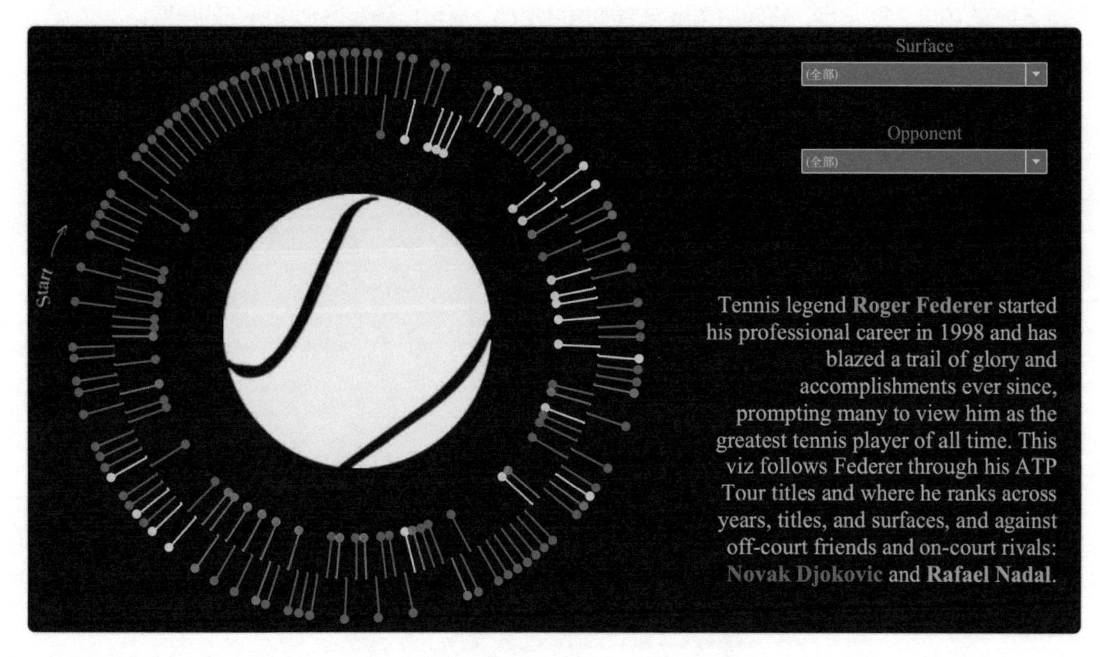

图 11-30

11.7 南丁格尔玫瑰图

南丁格尔玫瑰图（图 11-31）也是数据分析中常用的图表之一，但是在 Tableau 中手动绘制玫瑰图的难度非常高，初学者在面对繁复的计算逻辑和绘图步骤时，往往一筹莫展。对于这种常见但制作起来较复杂的图表，不得不让 Tableau 用户羡慕起其他 BI 软件的图表库，只需调用对应图表就可以轻松完成。其实对于这种复杂图表，完全可以通过仪表板扩展（Extension）的方式提供额外的图表库支持，但 Tableau 目前的扩展库并没有提供完善的解决方案。

对任何一个初学玫瑰图的 Tableau 用户来说，理解其中的制作原理和计算逻辑并不是一件容易的事情。我也是在前人的基础之上，经过整理和总结，形成了一套相对简单的解决方案。绘制玫瑰图的关键是理解如何通过多边形绘制扇形。如图 11-32 所示，为了便于理解其中的原理，仅使用 5 个连接点进行演示。

第 1 步，需要确定绘制几个扇形，扇形的数量决定每个扇形的角度范围，图中默认绘制 6 个扇形，那么每个扇形的角度就是 60° 。第 2 步，需要确定每个扇形的起始角度，起始角度与扇形的编号和每个扇形的角度密切相关，第 1 个扇形编号为 0，起始角度从 0° 开始，第 2 个扇形编号为 1，起始角度从 60° 开始，其他扇形以此类推。第 3 步，需要确定每个点在起始点的基础上增加多少度，1、2 和 5 这 3 个点比较特殊，属于拐点，所以并不需要增加角度，其他点根据连接点的个数依次增加相应的角度。第 4 步，将起始角度与增加角度相加，就可以确定每个点所在的角度。

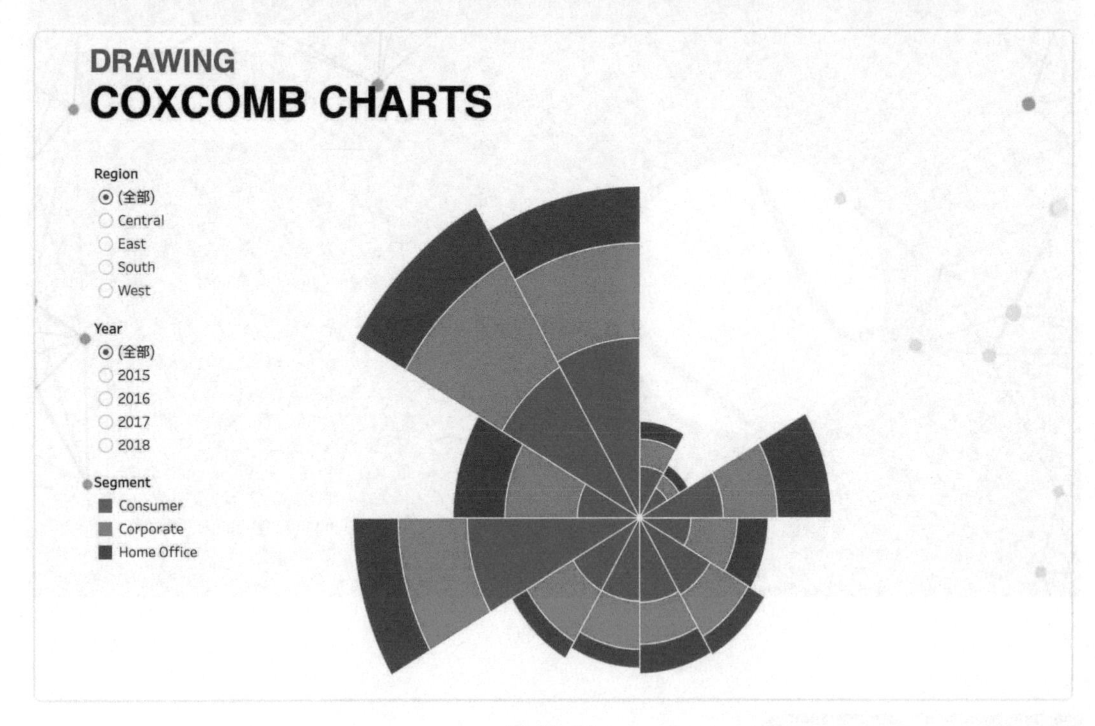

图 11-31

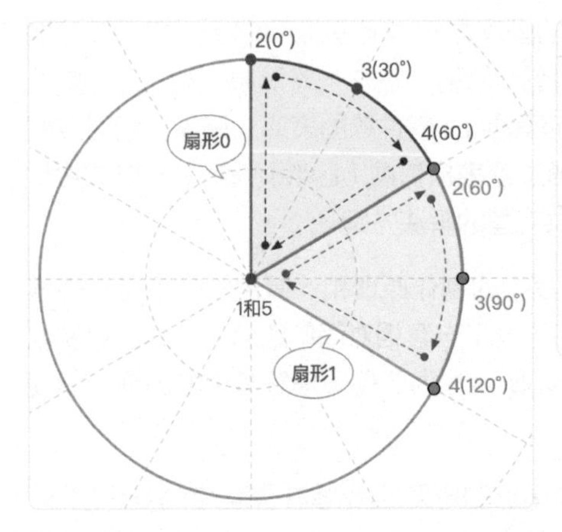

扇形编号	Path（Index）	起始角度	增加角度	各点角度
扇形0	1	0 （0×60）	0 （0）	0 （0+0）
	2	0 （0×60）	0 （6/(5-3)×(2-1)）	0 （0+0）
	3	0 （0×60）	30（6/(5-3)×(3-1)）	30 （0+30）
	4	0 （0×60）	60（6/(5-3)×(4-1)）	60 （0+60）
	5	0 （0×60）	0 （0）	0 （0+0）
扇形1	1	60（1×60）	0 （0）	60 （60+0）
	2	60（1×60）	0 （6/(5-3)×(2-1)）	60 （60+0）
	3	60（1×60）	30（6/(5-3)×(3-1)）	90 （60+30）
	4	60（1×60）	60（6/(5-3)×(4-1)）	120（60+60）
	5	60（1×60）	0 （0）	60 （60+0）

扇形角度：$\frac{360°}{扇形数量}$　　增加角度：$\frac{扇形角度}{Path数量-3}\times(Index-2)$

起始角度：扇形编号×扇形角度　　各点角度：起始角度+增加角度

图 11-32

这里仍然使用“地区经理销售额”数据，并将此数据集制作成并集形式，新建 1 个整数型的参数“Path 数量”，默认值为 5。下面新建 1 个计算字段 Path，并依据“Path”字段创建数据桶。

- Path：IF [表名称]=" 主数据 " THEN 1 ELSE [Path 数量] END

如图 11-33 所示，通过这样的操作可以达到主数据与辅助表连接或类似关系的效果，但通过参数可以更加灵活地改变 Path 个数，而不需要修改数据源里的数据。

主数据+ 地区经理	主数据+ 销售额	主数据+ 工作表	主数据+ 表名称	计算 Path	数据桶 Path (数据桶)
白德伟	1,303,124.51	主数据	主数据	1	1
楚杰	2,681,567.47	主数据	主数据	1	1
范彩	4,137,415.09	主数据	主数据	1	1
洪光	4,684,506.44	主数据	主数据	1	1
杨健	815,039.60	主数据	主数据	1	1
殷莲	2,447,301.02	主数据	主数据	1	1
白德伟	1,303,124.51	主数据	主数据1	5	5
楚杰	2,681,567.47	主数据	主数据1	5	5
范彩	4,137,415.09	主数据	主数据1	5	5
洪光	4,684,506.44	主数据	主数据1	5	5
杨健	815,039.60	主数据	主数据1	5	5
殷莲	2,447,301.02	主数据	主数据1	5	5

图 11-33

构建好数据源后就可以依据前面所讲的绘制扇形的思路，新增参数和计算字段，如下所示。

- 新建整数型参数“扇形数量”，默认值为 6。
- 扇形角度：360/[扇形数量]
- 起始角度：(INDEX()-1)*[扇形角度]
- 增加角度：IF INDEX()=1 OR INDEX()=[Path 数量] THEN 0
  ELSE [扇形角度]/([Path 数量]-3)*(INDEX()-2)
  END
- 各点角度：[起始角度]+[增加角度]
- R：IF INDEX()=1 OR INDEX()=[Path 数量] THEN 0
  ELSE WINDOW_MAX(SQRT(MAX([销售额])/PI()))
  END

计算半径R时使用了SQRT(MAX([销售额])/PI())，是通过圆形面积公式 πr^2 反推得到的半径，其实这里计算半径的方法并不重要，利用之前使用的标准化的方式也完全可以，因为扇形半径的绝对大小已经没有太多意义，相对大小才更重要。

如图 11-34 所示，通过交叉表验证计算结果，可以发现与图 11-32 中计算的结果完全一致。这里值得注意的是“起始角度”字段的表计算方向为“地区经理”，其他字段表计算方向为“Path 数据桶”。

		行级别字段	方向：“Path数据桶”	方向：“地区经理”	方向：“Path数据桶”	分别调整起始角度和增加角度	方向：“Path数据桶”
地区经理	Path (数据桶)	扇形角度	沿着 Path (数据桶) 的 INDEX()	沿着 地区经理 的 起始角度	沿着 Path (数据桶) 的 增加角度	各点角度	沿着 Path (数据桶) 的 R
白德伟	1	60	1	0	0	0	0
	2		2	0	0	0	644
	3		3	0	30	30	644
	4		4	0	60	60	644
	5	60	5	0	0	0	0
楚杰	1	60	1	60	0	60	0
	2		2	60	0	60	924
	3		3	60	30	90	924
	4		4	60	60	120	924
	5	60	5	60	0	60	0

图 11-34

先使用“各点角度”和“R”字段在直角坐标系中验证扇形是否能绘制正确，只要表计算依据选择无误，就可以得到如图 11-35 所示的效果。

最后，重新定位各连接点在圆形上的位置，也就是将图 11-35 中的扇形弯折成圆形，下面新建两个计算字段。

- X 轴：SIN(2*PI()*[各点角度]/360)*[R]
- Y 轴：COS(2*PI()*[各点角度]/360)*[R]

如图 11-36 所示，将“Y 轴”和“X 轴”字段拖到行 / 列功能区，替换掉“各点角度”和“R”字段，分别调整其中各计算字段的表计算依据，就可以得到一个并不平滑的扇形。这是因为我们故意只选取了 5 个连接点，而连接点的个数直接关系到扇形的平滑程度，所以只需要自行调整参数“Path 数量”的值，就可以构造出我们期望的玫瑰图。

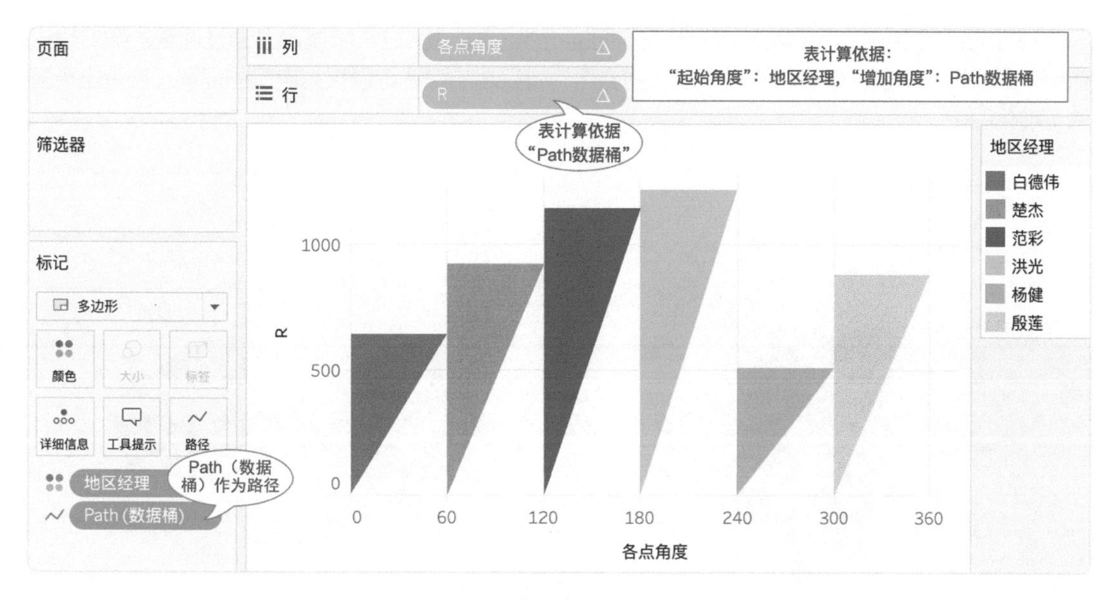
页面
iii 列
各点角度
表计算依据：
“起始角度”：地区经理，“增加角度”：Path数据桶
行
R
筛选器
表计算依据
“Path数据桶”
标记
多边形
颜色
大小
标签
详细信息
工具提示
路径
地区经理
Path（数据桶）作为路径
Path (数据桶)
地区经理
白德伟
楚杰
范彩
洪光
杨健
殷莲
1000
500
0
R
0
60
120
180
240
300
360
各点角度

图 11-35

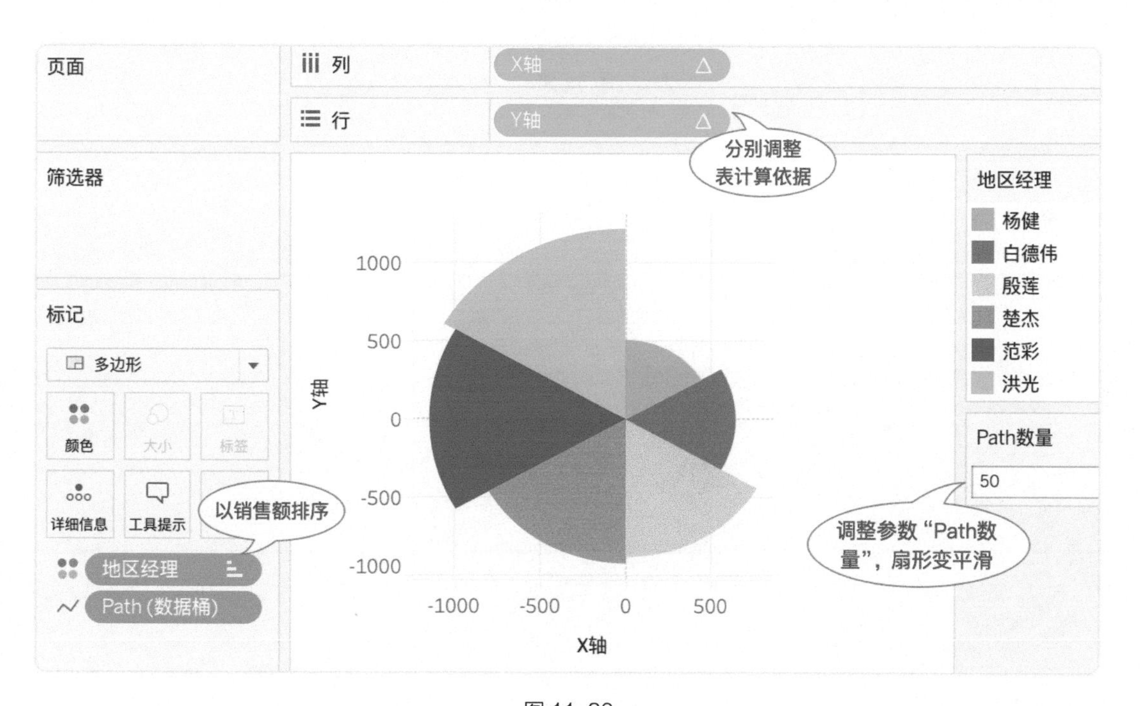
页面
iii 列
X轴
行
Y轴
分别调整
表计算依据
筛选器
标记
多边形
颜色
大小
标签
详细信息
工具提示
以销售额排序
地区经理
Path (数据桶)
1000
500
0
-500
-1000
Y轴
-1000
-500
0
500
X轴
地区经理
杨健
白德伟
殷莲
楚杰
范彩
洪光
Path数量
50
调整参数“Path数量”，扇形变平滑

图 11-36

在此方案的基础上还可以制作一些玫瑰图的衍生图形，图 11-37 演示了通过调整参数“扇形数量”或“增加角度”字段制作的玫瑰图的变体，有兴趣的读者可以根据自己的理解，创造出更多的可视化图表。

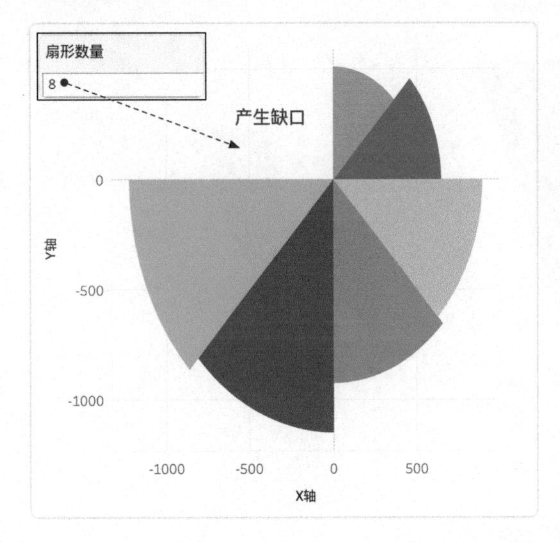

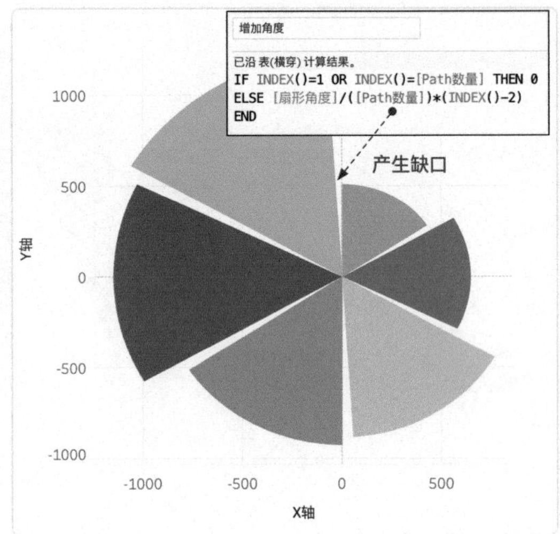

图 11-37

第12章　表格进阶

12.1　交叉表优化

表格（交叉表）是在可视化中最具争议的一种形式，更有一种观点认为应将表格排除在可视化的范围之内，但不可否认的是，表格这种最原始的数据表现形式在日常工作中是不可或缺的，特别是在国内的大环境下，大部分的用户仍然坚持使用各种复杂的表格作为最终的展现形式。但相较于其他 BI 软件，Tableau 底层的可视化逻辑就不太适用于复杂表格的制作。由于限制较多，所以在交叉表上进行可视化展示经常会遇到一些问题，下面介绍一些常见问题并提供对应的解决方案。

12.1.1　单一度量无标题

在制作交叉表时，如果只有单一的度量值作为文本，那么默认是无表头的（图 12-1）。这是因为列功能区并没有离散字段，所以也就不会形成标题（表头）。

图 12-1

在这种情况下，只要在列功能区手动添加一个字符串 " 销售额 "（这里的两个引号都是英文状态下的），也就是增加一个即席的离散字段，并将这个字段标签隐藏，就可以得到表头了（图 12-2）。

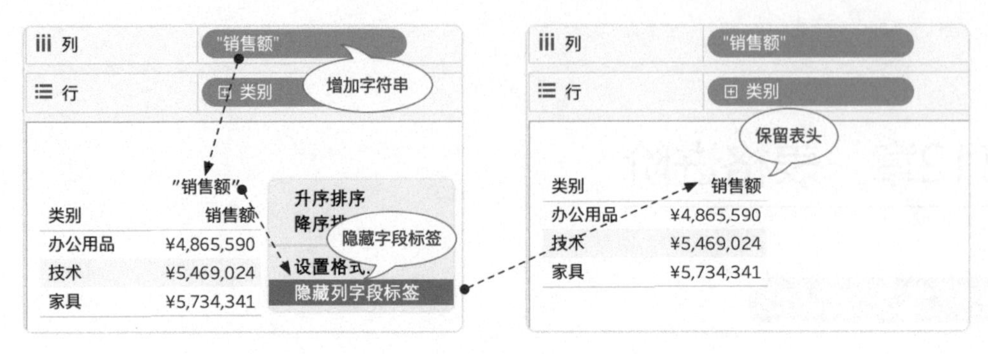

图 12-2

12.1.2 改进突出显示表

在制作突出显示表的过程中，通常会使用一个连续字段作为颜色，系统会根据该字段的值的范围，在发散色板上自动匹配对应的颜色。有时候，过多的颜色反而会干扰使用者对表格内容做出快速判断。如图 12-3 所示，在使用发散色板时，可通过减少渐变颜色的色阶以及颜色值的中心位置，将正值与负值进行区分，方便使用者快速定位亏损产品。

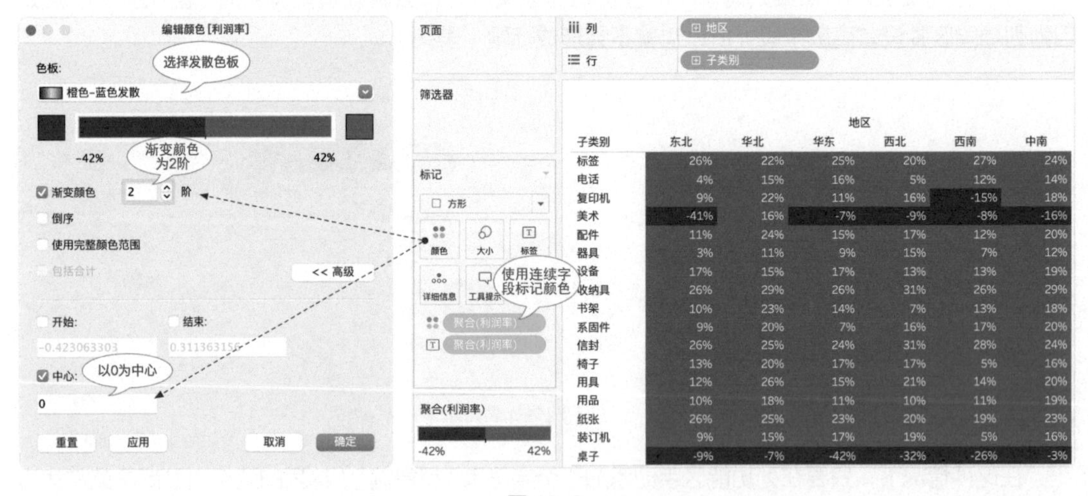

子类别	东北	华北	华东	西北	西南	中南
标签	26%	22%	25%	20%	27%	24%
电话	4%	15%	16%	5%	12%	14%
复印机	9%	22%	11%	16%	-15%	18%
美术	-41%	16%	-7%	-9%	-8%	-16%
配件	11%	24%	15%	17%	12%	20%
器具	3%	11%	9%	15%	7%	12%
设备	17%	15%	17%	13%	13%	19%
收纳具	26%	29%	26%	31%	26%	29%
书架	10%	23%	14%	7%	13%	18%
系固件	9%	20%	7%	16%	17%	20%
信封	26%	25%	24%	31%	28%	24%
椅子	13%	20%	17%	17%	5%	16%
用具	12%	26%	15%	21%	14%	20%
用品	10%	18%	11%	10%	11%	19%
纸张	26%	25%	23%	20%	19%	23%
装订机	9%	15%	17%	19%	5%	16%
桌子	-9%	-7%	-42%	-32%	-26%	-3%

图 12-3

对于需要对正负值进行标记的使用场景，这种方案最为快速有效。但是，如果背景颜色超过两种，通过减少色阶的方式就很难控制中间色（图 12-4）。

如果想要更加灵活地控制颜色，就必须使用离散字段控制颜色，但是如图 12-5 所示，将离散字段拖到“颜色”栏后，标记类型会变为“方形”，此时的图形实际上就是智能推荐中的热图。接着可以尝试调整大小，但方形过小会留有空白，过大会相互覆盖，始终无法形成突出显示表的效果。

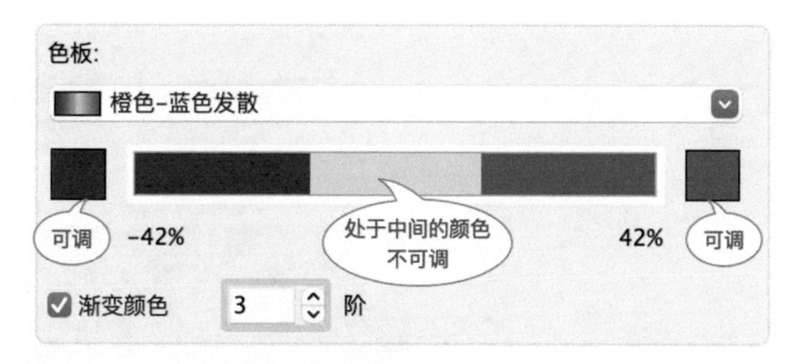

图 12-4

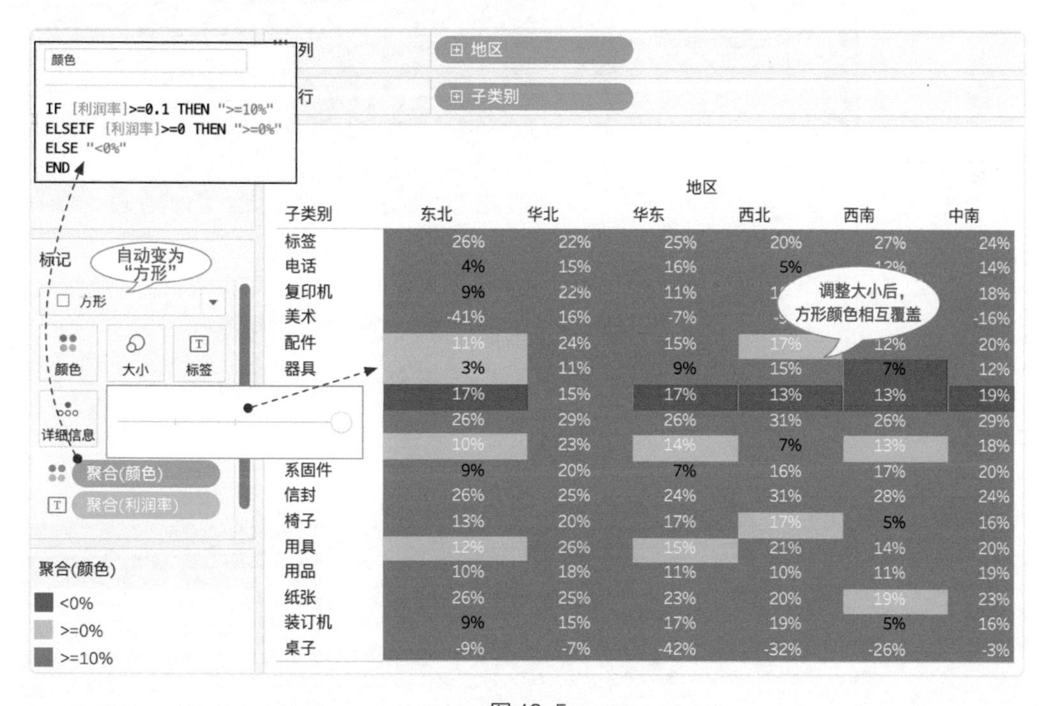

图 12-5

这时可以通过在行 / 列功能区增加空字符串（即英文状态下的两个引号）的方式添加一个离散字段，并隐藏字段标题，就可以达到突出显示表的效果（图 12-6）。

将这种方案推而广之，通过利用不同的离散字段就可以达到不同的突出显示效果。如图 12-7 所示，将“类别”字段放到“颜色”栏，就可以达到区分行的效果。将“地区”字段拖到“颜色”栏上，同样可以达到区分列的效果。

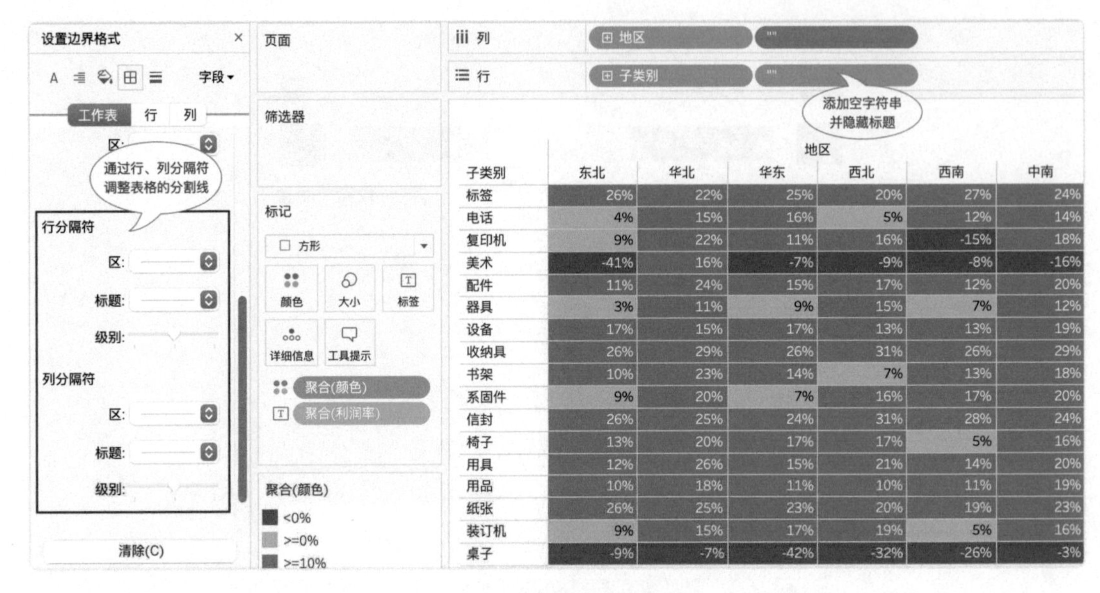

子类别	地区 东北	华北	华东	西北	西南	中南
标签	26%	22%	25%	20%	27%	24%
电话	4%	15%	16%	5%	12%	14%
复印机	9%	22%	11%	16%	-15%	18%
美术	-41%	16%	-7%	-9%	-8%	-16%
配件	11%	24%	15%	17%	12%	20%
器具	3%	11%	9%	15%	7%	12%
设备	17%	15%	17%	13%	13%	19%
收纳具	26%	29%	26%	31%	26%	29%
书架	10%	23%	14%	7%	13%	18%
系固件	9%	20%	7%	16%	17%	20%
信封	26%	25%	24%	31%	28%	24%
椅子	13%	20%	17%	17%	5%	16%
用具	12%	26%	15%	21%	14%	20%
用品	10%	18%	11%	10%	11%	19%
纸张	26%	25%	23%	20%	19%	23%
装订机	9%	15%	17%	19%	5%	16%
桌子	-9%	-7%	-42%	-32%	-26%	-3%

图 12-6

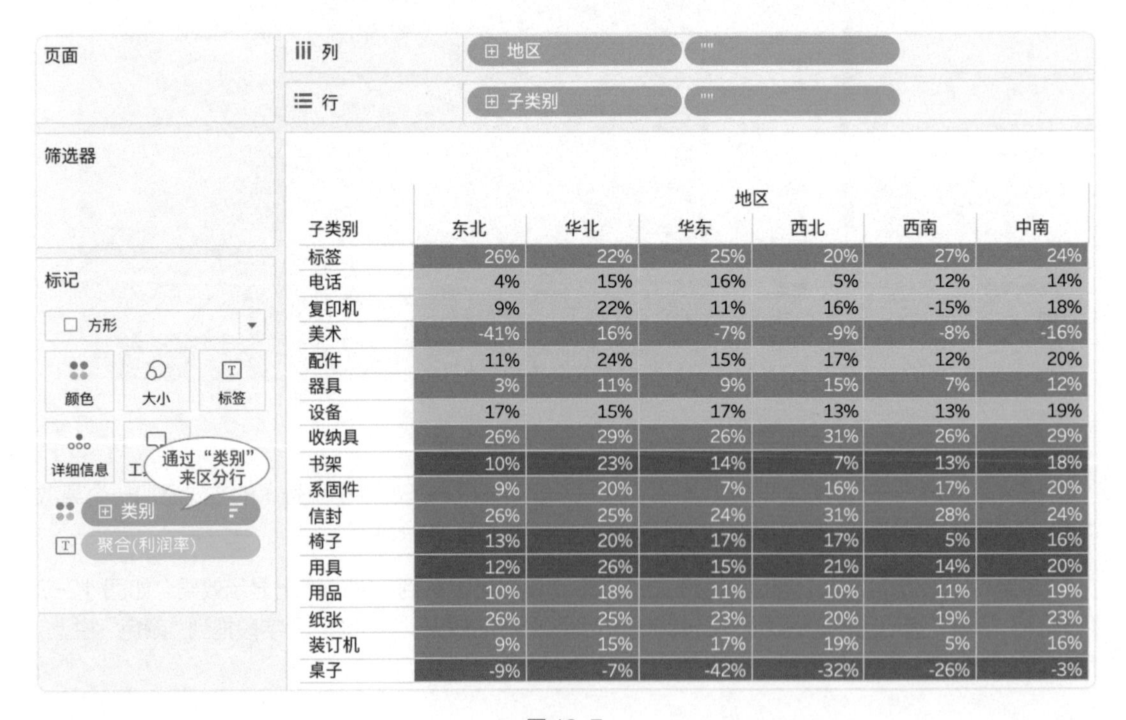

子类别	地区 东北	华北	华东	西北	西南	中南
标签	26%	22%	25%	20%	27%	24%
电话	4%	15%	16%	5%	12%	14%
复印机	9%	22%	11%	16%	-15%	18%
美术	-41%	16%	-7%	-9%	-8%	-16%
配件	11%	24%	15%	17%	12%	20%
器具	3%	11%	9%	15%	7%	12%
设备	17%	15%	17%	13%	13%	19%
收纳具	26%	29%	26%	31%	26%	29%
书架	10%	23%	14%	7%	13%	18%
系固件	9%	20%	7%	16%	17%	20%
信封	26%	25%	24%	31%	28%	24%
椅子	13%	20%	17%	17%	5%	16%
用具	12%	26%	15%	21%	14%	20%
用品	10%	18%	11%	10%	11%	19%
纸张	26%	25%	23%	20%	19%	23%
装订机	9%	15%	17%	19%	5%	16%
桌子	-9%	-7%	-42%	-32%	-26%	-3%

图 12-7

以上案例通过数据源中的维度字段去构造表结构，将度量值作为标签使用。但在实际业务场景中经常需要将多个度量字段制作成表格，这就需要使用由度量值和度量名称构成的特殊突出显示表。这种表格有一个特殊设置，在“颜色”栏的“度量值”字段上单击鼠标右键，在弹出的快捷菜单上选择“使用单独的图例”就可以分别设置不同度量值的颜色（图 12-8），非常的方便。

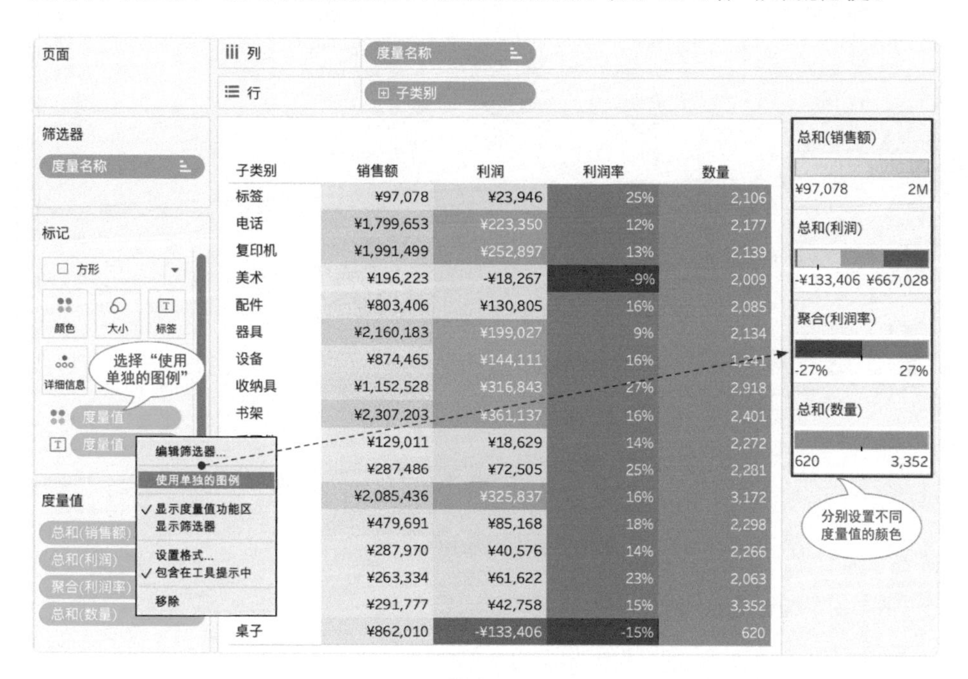

图 12-8

12.1.3 分页显示

在实际业务中经常会遇到表格内容过多，不得不使用滚动条查看数据的情况（图 12-9）。这种超长表格对使用者来说并不友好，所以更推荐使用分页功能进行展示。

在默认情况下，Tableau 的交叉表并不能自动添加分页功能，需要通过计算字段加筛选器的方式来实现分页效果。首先，新建参数“每页行数”，数据类型为“整数”，默认值为 10（图 12-10）。

然后，还需要新建 4 个计算字段，并将所有字段都改为离散字段，如下所示。

- 总序号：INDEX()
- 本页序号：(INDEX()-1)%[每页行数]+1
- 页码：INT((INDEX()-1)/[每页行数])+1
- 总页数：WINDOW_MAX([页码])

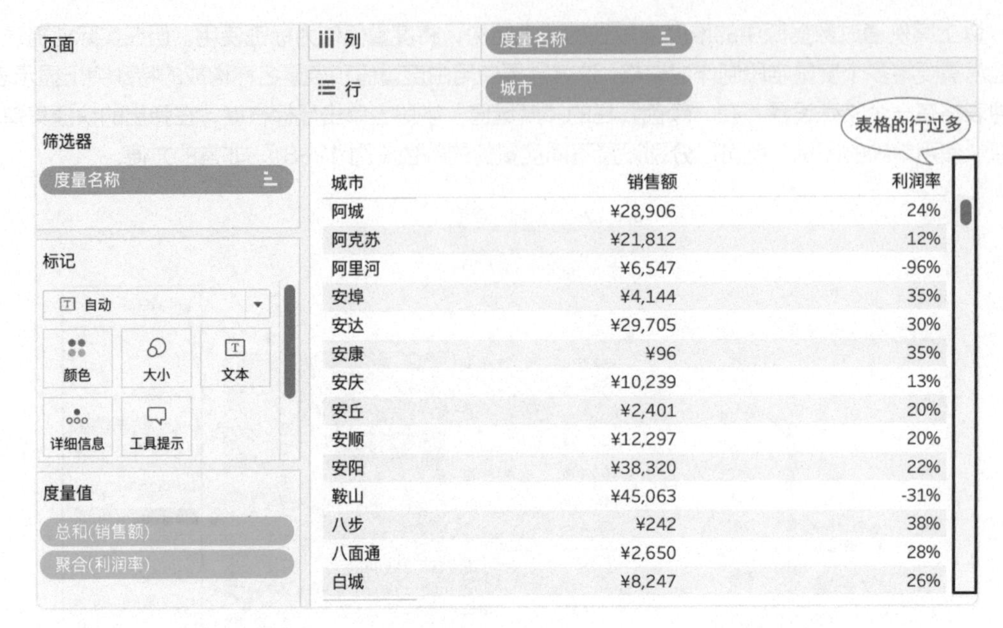

图 12-9

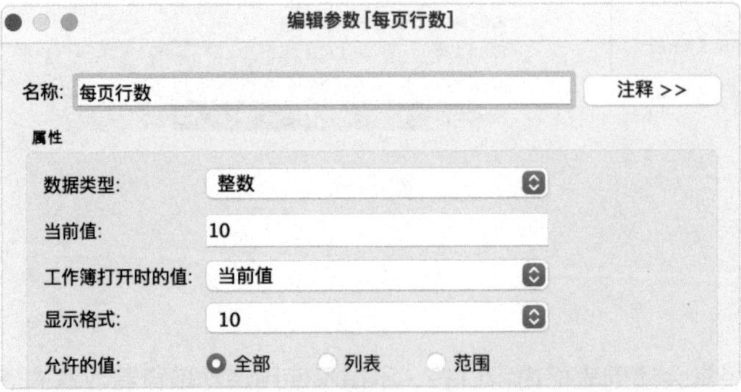

编辑参数 [每页行数]

名称: 每页行数　注释 >>

属性

数据类型: 整数

当前值: 10

工作簿打开时的值: 当前值

显示格式: 10

允许的值: 全部　列表　范围

图 12-10

这里“本页序号”和“页码”的计算逻辑与在华夫饼图中计算 *X* 轴、*Y* 轴的逻辑完全一致。如图 12-11 所示，将“总序号”和“本页序号”拖到行功能区，“页码”拖到筛选器，“总页数”拖到详细信息，4 个计算字段的表计算依据都选择“表向下”，通过这样的操作就可以实现表格的分页效果。此例中使用 INDEX 函数给表格添加序号的方法，在其他场景下也同样适用。

图 12-11

12.2　占位符表格

交叉表中的调整基本上都是全表范围内的调整，这是由于在构建传统的交叉表时只能使用一个标记栏，因此可调整的余地有限。我们知道在 Tableau 中增加一个绿色的胶囊到行 / 列功能区，就会增加一个标记栏，不同的标记栏可用来设置不同的图形以及图形的属性。但在一般情况下，直接将度量值拖到行 / 列功能区后，系统会根据度量值的大小将值呈现在坐标轴上（图 12-12），所以并不能形成表格。

但可以通过新建“占位符”字段，如下所示，制造一个可控数轴来模拟出表格的效果。

- 占位符：AVG(0.0)

这里的“占位符”字段并没有任何实际意义，只是为了构造一个初始值为 0 的数轴，使用 MAX(0) 等聚合函数构造也可以。另外，0 构造的是整数轴，在编辑轴范围时只能使用整数，而 0.0 构造的是浮点数轴，可以做更精细的轴范围调整操作，所以更推荐使用这种方法。将“占位符”字段拖到列功能区（可重复使用多次），再将不同的度量值拖到相应的标记栏中作为“标签”使用，即可得到如图 12-13 所示的效果。

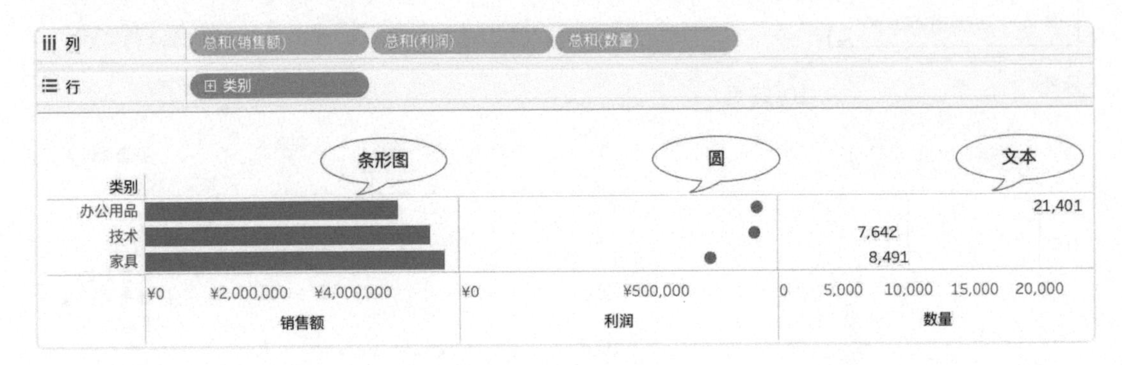

图 12-12

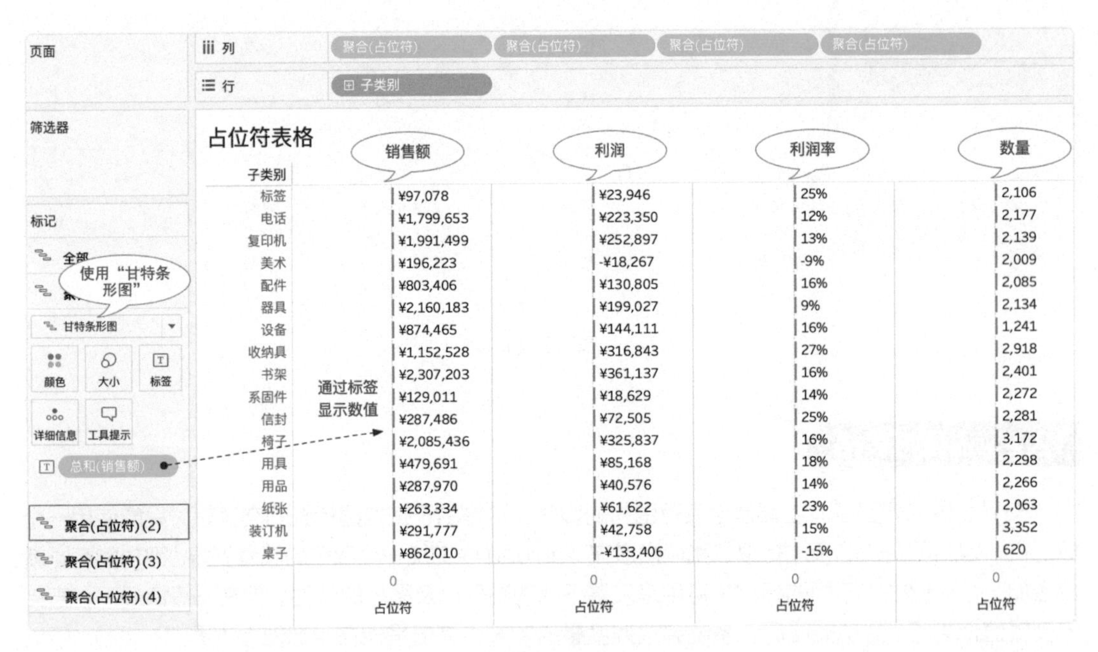

图 12-13

之后通过编辑轴将所有“占位符”的轴范围调整为 -1 到 0，标签对齐方式调整为水平居左，垂直居中，将颜色调整为白色，去掉零值线和网格线，得到如图 12-14 所示的效果。最后，将行字段标签和占位符轴隐藏掉。

但通过这种方式制作的“表格”还有个致命的缺陷，就是没有表头（图 12-15）。增加表头可以通过不同的方式来完成。第 1 种是通过双轴的方式增加表头，但是由于使用了固定轴范围，导致出现了图钉标记，所以并不推荐。

图 12-14

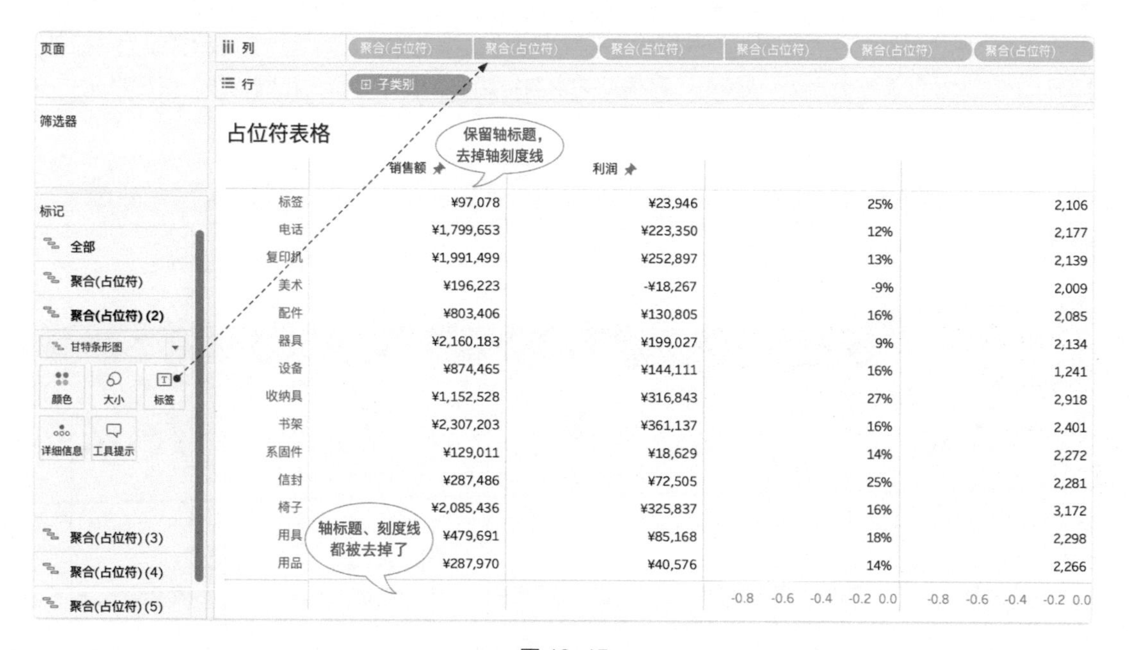

图 12-15

另一种方式是在仪表板中通过“水平容器 + 文本对象”的方式添加表头，再将水平容器和工作簿通过垂直容器组合在一起，即可得到一个完整的占位符表格（图 12-16）。

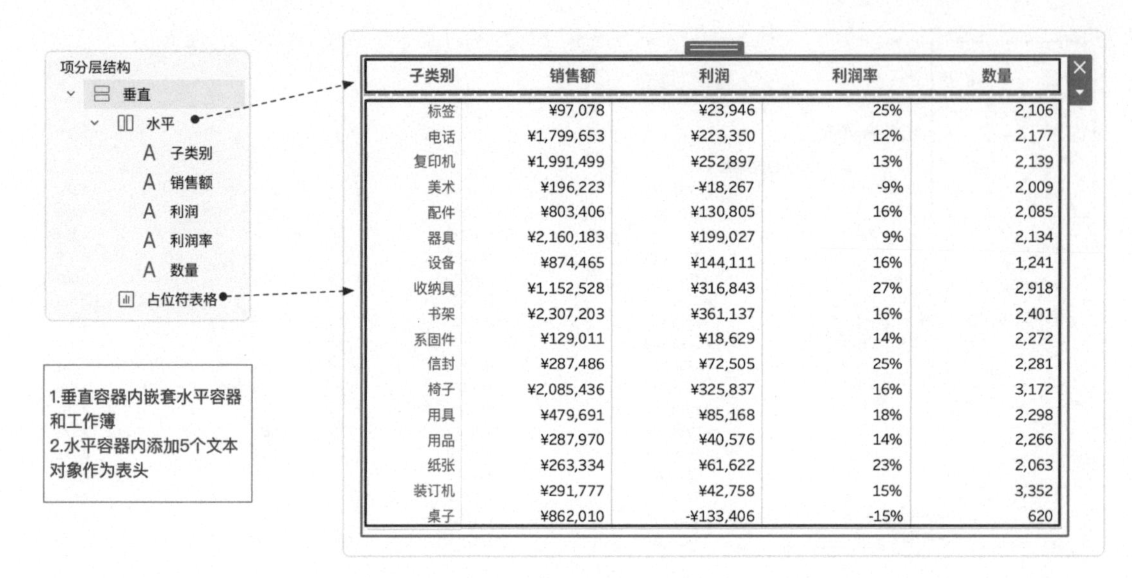

子类别	销售额	利润	利润率	数量
标签	¥97,078	¥23,946	25%	2,106
电话	¥1,799,653	¥223,350	12%	2,177
复印机	¥1,991,499	¥252,897	13%	2,139
美术	¥196,223	-¥18,267	-9%	2,009
配件	¥803,406	¥130,805	16%	2,085
器具	¥2,160,183	¥199,027	9%	2,134
设备	¥874,465	¥144,111	16%	1,241
收纳具	¥1,152,528	¥316,843	27%	2,918
书架	¥2,307,203	¥361,137	16%	2,401
系固件	¥129,011	¥18,629	14%	2,272
信封	¥287,486	¥72,505	25%	2,281
椅子	¥2,085,436	¥325,837	16%	3,172
用具	¥479,691	¥85,168	18%	2,298
用品	¥287,970	¥40,576	14%	2,266
纸张	¥263,334	¥61,622	23%	2,063
装订机	¥291,777	¥42,758	15%	3,352
桌子	¥862,010	-¥133,406	-15%	620

图 12-16

第 3 种方式是新建一个工作簿，使用 5 个“占位符”制作表头（图 12-17）。第 1 个“占位符”的标记类型选择“文本”，输入字符串 " 子类别 "（两个英文状态下的引号）并改为“文本”标记。其他 4 个“占位符”字段的标记类型选择“方形”，根据度量值名称输入对应的字符串并改为“标签”标记，将“大小”调整为最大，“颜色”可根据需求自行调整，去掉零值线和网格线，最后隐藏“占位符”轴。

图 12-17

两个工作簿仍然需要在仪表板中通过垂直容器进行组合（图 12-18）。根据需求调整两个工作

簿的行 / 列分隔符，以及容器的内、外边距和边界，最终形成一个更具有辨识度的表格。需要注意的是它不能像交叉表一样直接以 Excel 的形式导出，如果有导出需求并不建议使用占位符表格。

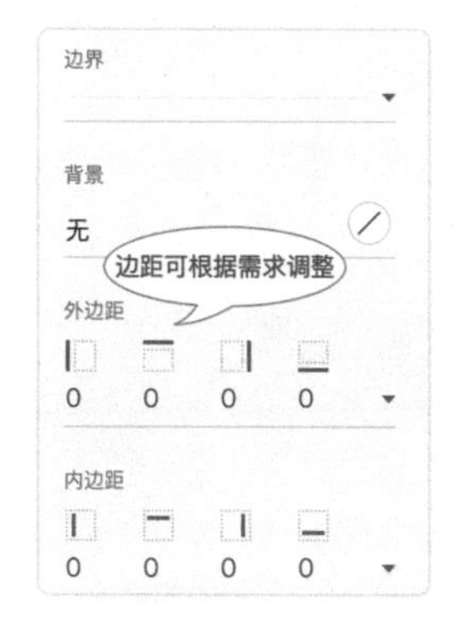

边界及分割线调整方法：
1.调整两个工作簿的行、列分隔符或者边界
2.调整垂直容器的边界

子类别	销售额	利润	利润	数量
标签	¥97,078	¥23,946	25%	2,106
电话	¥1,799,653	¥223,350	12%	2,177
复印机	¥1,991,499	¥252,897	13%	2,139
美术	¥196,223	-¥18,267	-9%	2,009
配件	¥803,406	¥130,805	16%	2,085
器具	¥2,160,183	¥199,027	9%	2,134
设备	¥874,465	¥144,111	16%	1,241
收纳具	¥1,152,528	¥316,843	27%	2,918
书架	¥2,307,203	¥361,137	16%	2,401
系固件	¥129,011	¥18,629	14%	2,272
信封	¥287,486	¥72,505	25%	2,281
椅子	¥2,085,436	¥325,837	16%	3,172
用具	¥479,691	¥85,168	18%	2,298
用品	¥287,970	¥40,576	14%	2,266
纸张	¥263,334	¥61,622	23%	2,063
装订机	¥291,777	¥42,758	15%	3,352
桌子	¥862,010	-¥133,406	-15%	620

图 12-18

12.3 表格增强方案

基本的“占位符表格”已经制作完毕，但这还只是一个开始，Tableau Zen Master Luke Stanke 在他的 *26 Ways to Enhance your Tables in Tableau* 这篇文章中提供了 26 种占位符表格的增强方案，充分体现了占位符表格的灵活多变。以此文为基础，下面介绍一些比较经典的方案，由于篇幅限制不可能介绍得很全面，强烈建议大家阅读原文并下载原始工作簿进行学习和研究。

12.3.1 突出文本

在正常状况下，一个标签的数据只能设置成一种格式，如果需要突出显示某些关键值，那么要分别计算突出显示的值和正常显示的值，并分别调整标签格式。假如需要突出显示最大销售额和负利润，那么需要新建 4 个计算字段，如下所示。

- 销售额 加粗：IF SUM([销售额])=WINDOW_MAX(SUM([销售额])) THEN SUM([销售额]) ELSE NULL END

- 销售额 正常：IF SUM([销售额])<>WINDOW_MAX(SUM([销售额])) THEN SUM([销售额]) ELSE NULL END
- 利润 无色：IF SUM([利润])>=0 THEN SUM([利润]) ELSE NULL END
- 利润 颜色：IF SUM([利润])<0 THEN SUM([利润]) ELSE NULL END

如图 12-19 所示，将 4 个计算字段分别拖到对应的“标签”栏，分别调整标签格式、字体、字号、颜色等属性即可达到突出显示特定值的目的。

图 12-19

12.3.2 改变背景颜色

通过改变背景颜色达到类似智能显示中突出显示表的效果，也是一种很好的表格增强方案。如图 12-20 所示，仍然使用“甘特条形图”将轴范围固定在 -1 到 0 之间，将“利润”字段拖到“颜色”栏和“标签”栏，调整标签的对齐方式为水平居右。在标记栏增加一个字段“AVG(-1)”并调整为“大小”标记。[1]

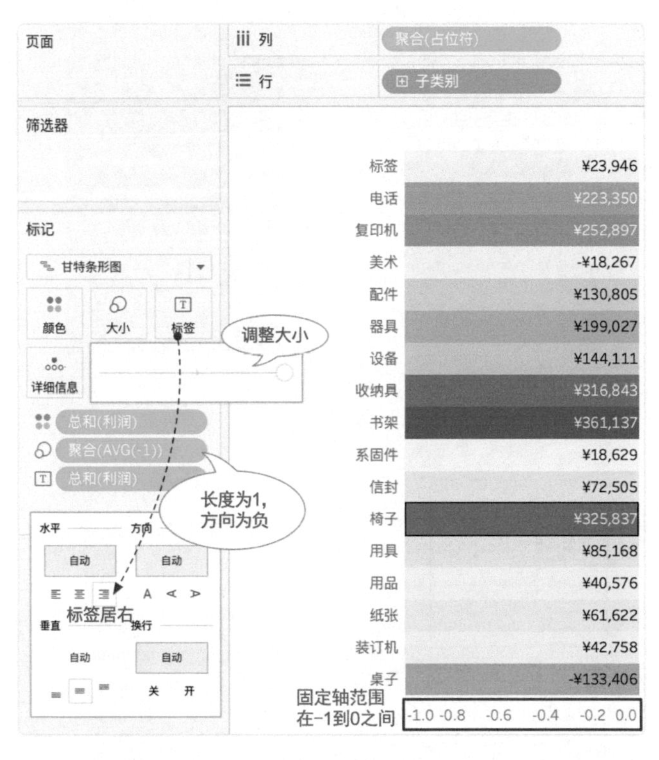

图 12-20

如果需要使正负利润区分得更加明显，也可以新建如下计算字段。

- 利润是否大于 0：IF SUM([利润])<0 THEN " 小于 0" ELSE " 大于 0" END

将这个离散字段拖到“颜色”栏，可以单独调整正负值的颜色，达到如图 12-21 所示的效果。

如果不喜欢甘特条形图的背景效果，也可以考虑使用自定义形状作为背景。如图 12-22 所示，将标记类型改为“形状”，并选择自制的“圆角长方形”作为背景，它与甘特条形图不同，为了保证标签居中，不需要固定轴范围。

1　原文中使用的是双轴的方式，这里做了简化。

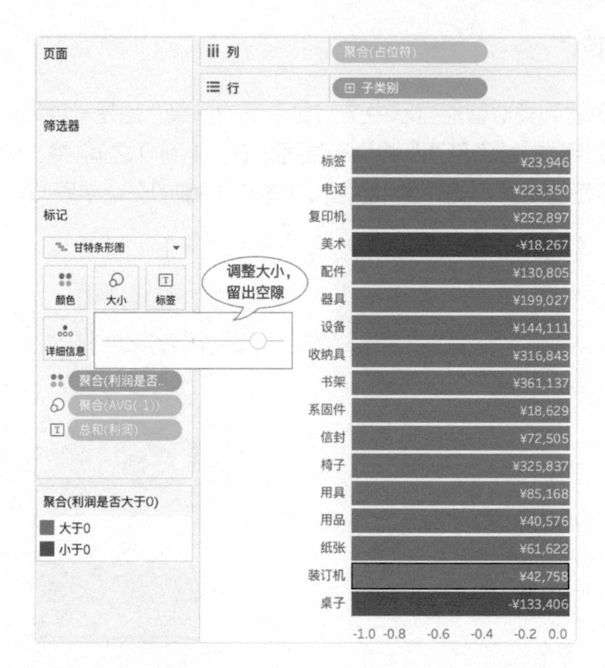
页面
列
聚合(占位符)
行
子类别
筛选器
标记
甘特条形图
颜色
大小
标签
详细信息
调整大小，
留出空隙
聚合(利润是否..
聚合(AVG(-1))
总和(利润)
聚合(利润是否大于0)
大于0
小于0
标签
电话
复印机
美术
配件
器具
设备
收纳具
书架
系固件
信封
椅子
用具
用品
纸张
装订机
桌子
¥23,946
¥223,350
¥252,897
-¥18,267
¥130,805
¥199,027
¥144,111
¥316,843
¥361,137
¥18,629
¥72,505
¥325,837
¥85,168
¥40,576
¥61,622
¥42,758
-¥133,406
-1.0 -0.8 -0.6 -0.4 -0.2 0.0

图 12-21

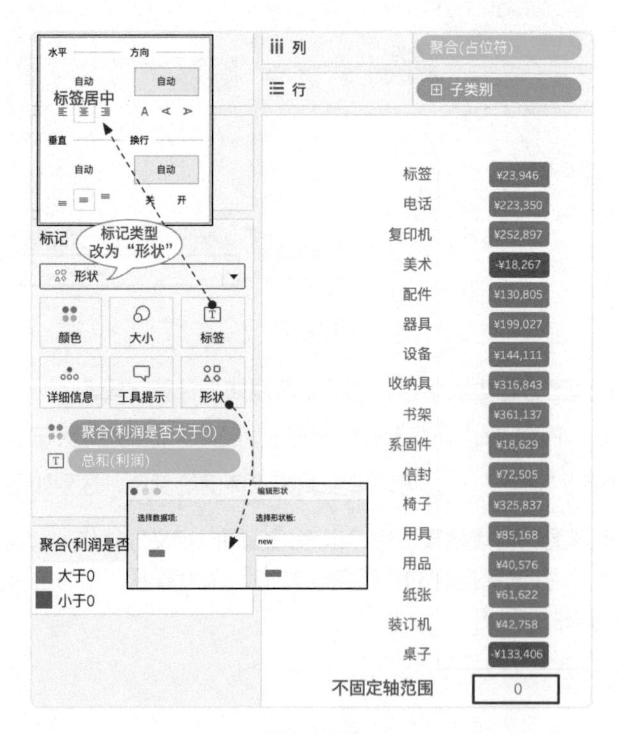
水平
方向
自动
标签居中
垂直
换行
关
开
标记
标记类型
改为“形状”
形状
颜色
大小
标签
详细信息
工具提示
形状
聚合(利润是否大于0)
总和(利润)
编辑形状
选择数据项:
选择形状板:
new
聚合(利润是否
大于0
小于0
列
聚合(占位符)
行
子类别
标签
电话
复印机
美术
配件
器具
设备
收纳具
书架
系固件
信封
椅子
用具
用品
纸张
装订机
桌子
¥23,946
¥223,350
¥252,897
-¥18,267
¥130,805
¥199,027
¥144,111
¥316,843
¥361,137
¥18,629
¥72,505
¥325,837
¥85,168
¥40,576
¥61,622
¥42,758
-¥133,406
不固定轴范围
0

图 12-22

12.3.3 突出指标变化

上面的案例都比较简单，本例中将尝试在同一个单元格里标记多项指标。假设需要同时展示销售额以及销售额的同比变化情况，就需要新增如下字段。

- 创建一个“日期参数”
- 本月：DATETRUNC('month',[日期参数])
- 同比月：DATEADD('month',-12,[本月])
- 本月销售额：IF DATETRUNC('month',[订单日期])=[本月] THEN [销售额] END
- 同比月销售额: IF DATETRUNC('month', [订单日期])= [同比月] THEN [销售额] END
- 同比：(SUM([本月销售额])-SUM([同比月销售额]))/SUM([同比月销售额])
- 增长标记：IF [同比]>=0 THEN ' ▲ ' ELSE NULL END
- 下降标记：IF [同比]<0 THEN ' ▼ ' ELSE NULL END

在第 10 章中已经介绍过使用“数字格式”在正负数前增加指示箭头的功能。这种设置方式的最大问题是，数字和箭头的颜色、大小等属性必须保持一致，而通过新建计算字段的方式则可以进行更加灵活的调整。如图 12-23 所示，将“本月销售额”“同比”“下降标记”“增长标记”都拖到“标签”栏，再通过编辑标签格式的方式，就可以同时显示销售额及同比的变化情况。

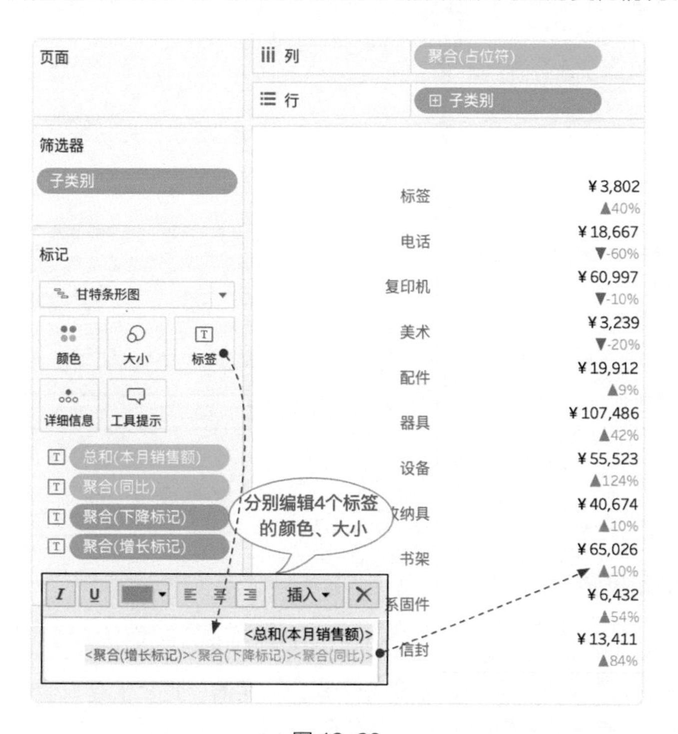

图 12-23

如果希望能突出变化，可以采用另一种方案，首先新建如下所示的计算字段。

- 同比变化：IF [同比]>=0 THEN " 增长 " ELSE " 下降 " END

如图 12-24 所示，标记类型改为“形状”，将“同比变化”拖到“颜色”栏和“形状”栏，之后调整标签中的文本为右对齐，对齐方式为中部居左。为了保证箭头显示完全，还需将轴固定在 -1 到 0.2 的范围内。

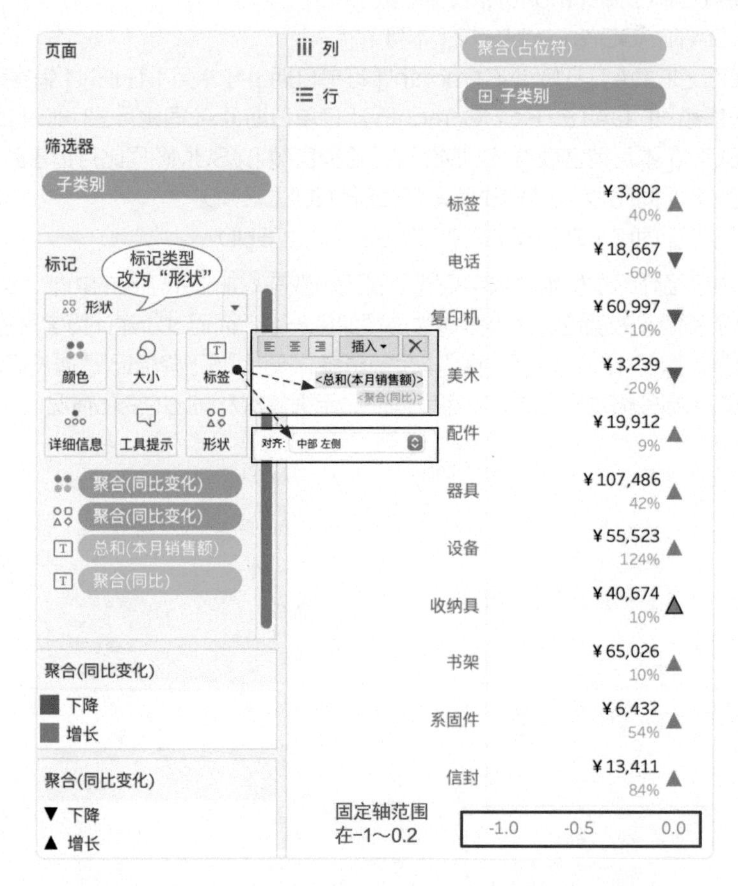

图 12-24

12.3.4 增加趋势和排名

有时候还需要在表格中同时显示一段时间内的趋势信息，例如折线图、条形图、迷你图等。这样的需求无法在一个工作簿中实现，需要制作多个工作簿，将它们在仪表板中拼接起来。如图 12-25 所示，创建一个有关销售额的迷你图工作簿，隐藏“子类别”字段，同时要保证不同工作簿之间的子类别顺序一致。

页面
iii 列
月(订单日..
行
子类别
总和(销售额)
最大最小值 △
筛选器
年(订单日期): 2019
类别: 办公用品
sparkline
隐藏“子类别”字段
标记
全部
总和(销售额)
最大最小值 △
圆
颜色
大小
标签
详细信息
工具提示
最大最小值 颜色 △

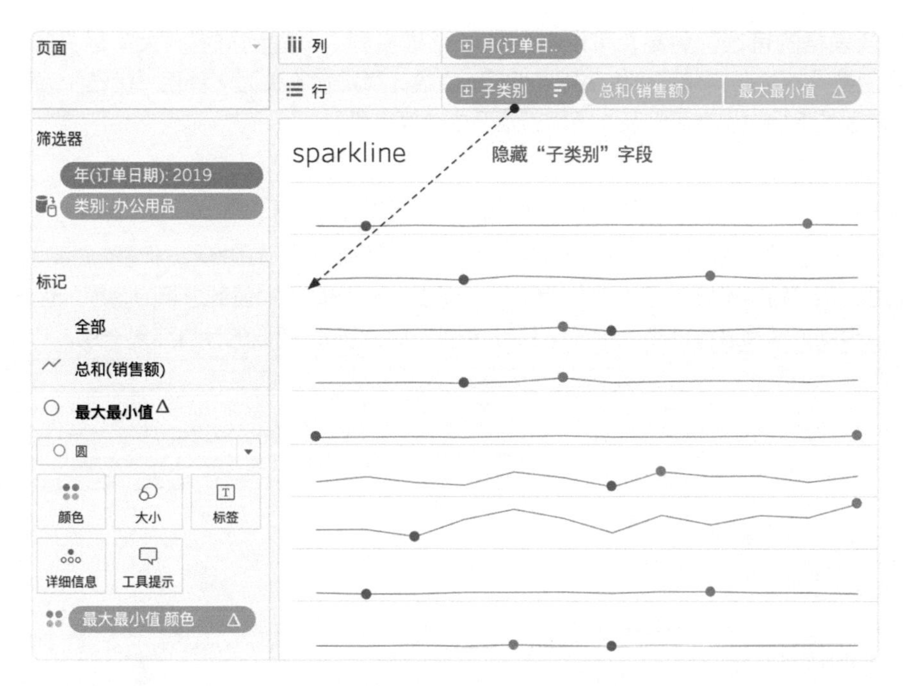

图 12-25

在仪表板中将两个工作簿通过水平容器进行拼接，就可以得到一个完整的增加了迷你图的仪表板（图 12-26）。

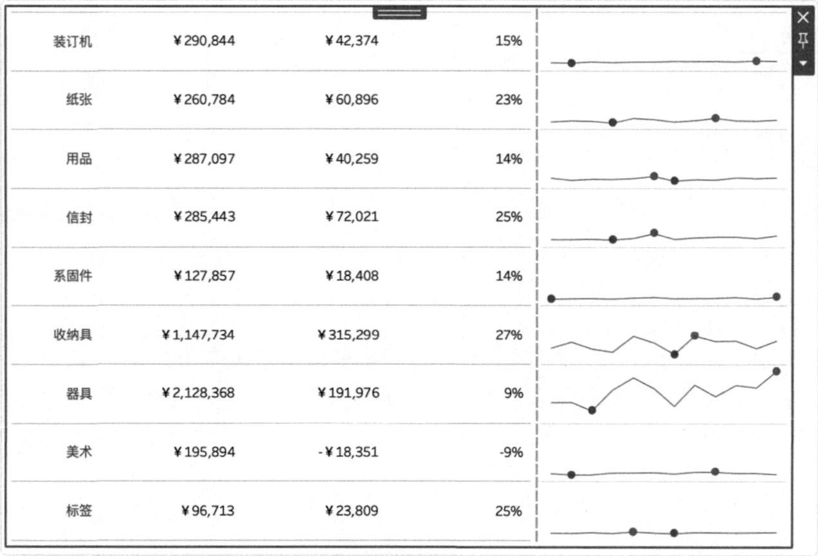

装订机 ¥290,844 ¥42,374 15%
纸张 ¥260,784 ¥60,896 23%
用品 ¥287,097 ¥40,259 14%
信封 ¥285,443 ¥72,021 25%
系固件 ¥127,857 ¥18,408 14%
收纳具 ¥1,147,734 ¥315,299 27%
器具 ¥2,128,368 ¥191,976 9%
美术 ¥195,894 -¥18,351 -9%
标签 ¥96,713 ¥23,809 25%

图 12-26

为了让表格的可读性更高，可以再增加一个排名列。一提到排名，大家最先想到的就是RANK类函数，不过在实际工作中使用INDEX函数计算排名不失为一种更“优雅”、更灵活的解决方案，前面的案例中也有所涉及，下面新建两个计算字段。

- 排名：INDEX()
- 排名颜色：IF [排名]<=3 THEN “前三名” ELSE “其他” END

新建一个工作簿，如图12-27所示，将“排名”和“排名颜色”分别拖到“标签”栏和“颜色”栏，表计算依据使用“特定维度 - 子类别”，重点是自定义排序依据为销售额总和的降序，这样INDEX函数就可以根据销售额进行排序，结果与RARANK_UNIQUE函数的计算结果一致。

图12-27

最后如图12-28所示，在仪表板中通过水平容器拼接3个工作簿，即可得到一个较为完整的综合性报表。通过这种方式可以让枯燥的表格增加更多的可视化元素，提供更加丰富的信息。

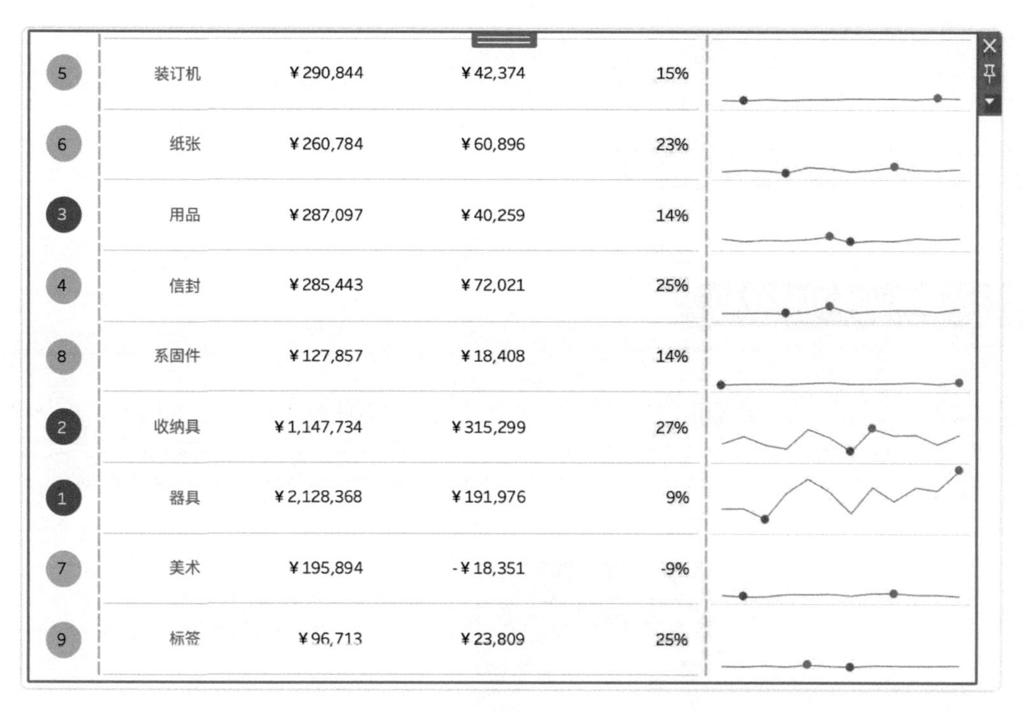
5 装订机 ¥290,844 ¥42,374 15%
6 纸张 ¥260,784 ¥60,896 23%
3 用品 ¥287,097 ¥40,259 14%
4 信封 ¥285,443 ¥72,021 25%
8 系固件 ¥127,857 ¥18,408 14%
2 收纳具 ¥1,147,734 ¥315,299 27%
1 器具 ¥2,128,368 ¥191,976 9%
7 美术 ¥195,894 -¥18,351 -9%
9 标签 ¥96,713 ¥23,809 25%

图 12-28

第13章　交互式图表

13.1　去除选中高亮效果

在 Tableau 中点击选中图表的部分内容后，被选中的部分默认被高亮显示（图 13-1），这本是一种人性化的交互设计，但在本章的使用“参数动作”和“集动作”实现交互式图表的应用场景中，高亮显示往往会破坏整体的美观和一致性，所以下面首先讲解如何去除被选中后的高亮效果。

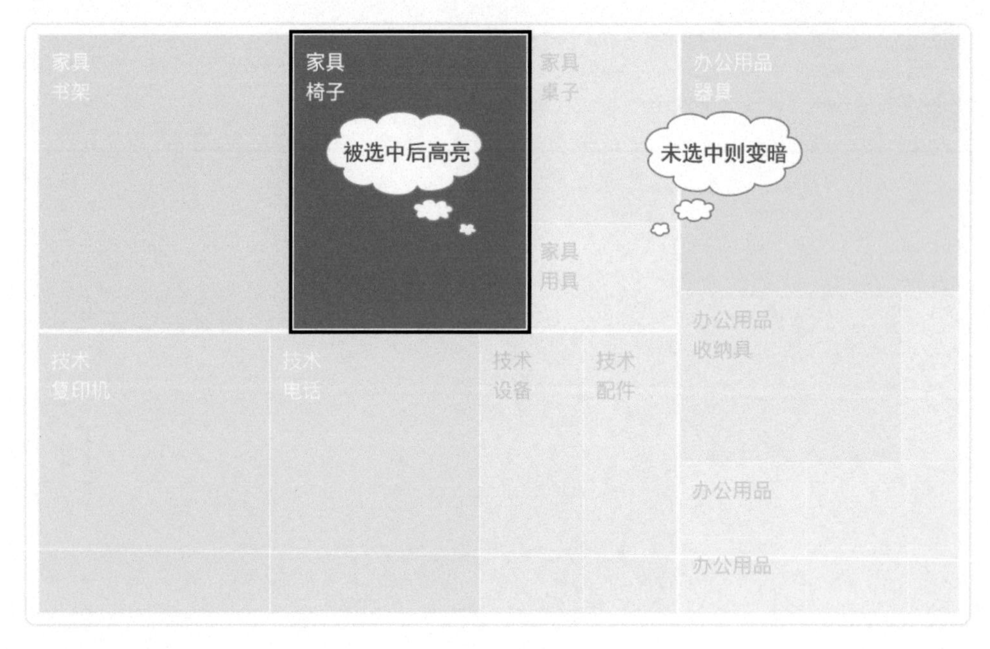

图 13-1

常用方法有两种。第一种方法需要新建两个计算字段，如下所示。

- True：TRUE
- False：FALSE

将“True”和“False”字段拖到标记栏的“详细信息”栏里。在菜单栏中选择“操作→添加动作”选项，新增“筛选器动作”，按照图 13-2 所示调整筛选器动作的相关设置，此时再点击选中图表的部分内容后就不会出现高亮效果了，其原理是通过筛选器动作进行筛选后仍然显示全部数据。

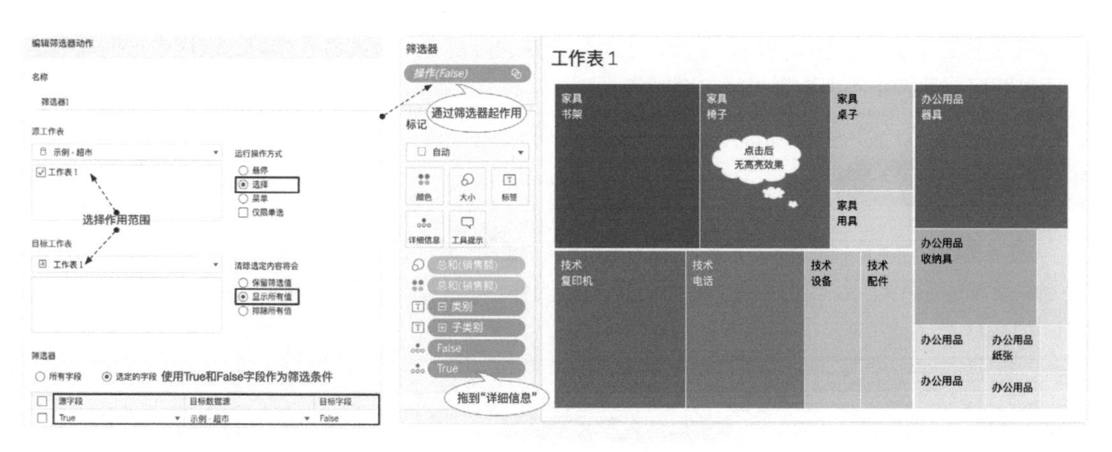

图 13-2

第二种方法更简单，只需新建一个计算字段，如下所示。

- Dummy："1"[1]

将“Dummy”字段拖到标记栏的“详细信息”栏里，在菜单栏中选择“操作→添加动作”选项，新增“突出显示”动作，按照图 13-3 所示调整突出显示动作的相关设置，即可达到同样的去除高亮的效果。其原理与筛选器动作类似，即通过突出显示动作，使每次突出显示的都是全部数据，从而达到去除高亮的效果。

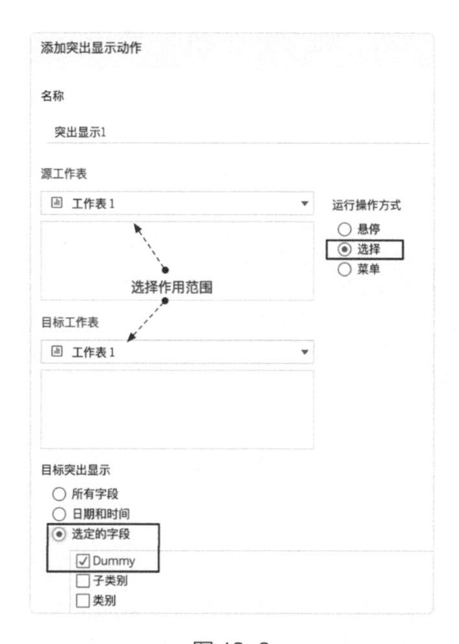

图 13-3

1 “Dummy”“True”“False”这些字段的内容可以随意填写，只为构造一个行级别字段。

在后面的案例中，基本都可以使用以上两种方法去除高亮，请读者在学习的过程中根据需要自行添加即可，后续将不再重复讲解这个操作。

13.2 表格下钻

通常情况下，在 Tableau 中实现下钻分析都会使用“分层”功能来实现，但是这种方法只能满足最基本的应用场景，要想实现灵活地控制下钻内容，可以考虑使用“参数”或者“集”功能（图 13-4）。

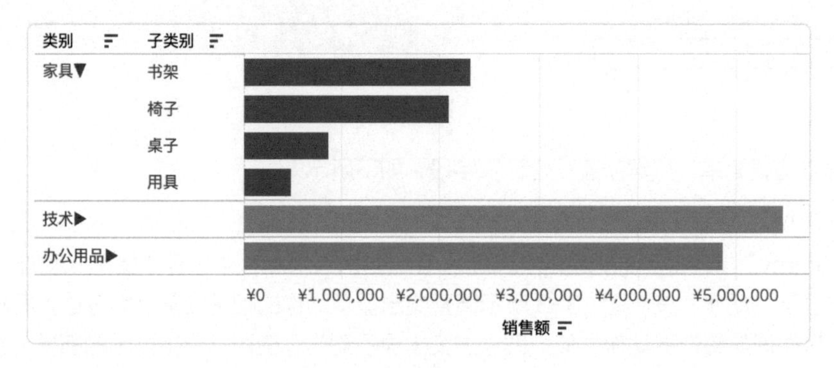

图 13-4

首先使用“集”来完成这一功能。如图 13-5 所示，在“类别”字段上单击鼠标右键，在弹出的下拉菜单中选择“创建→集”选项，在弹出的创建集对话框中创建“类别 集”字段，不选择任何内容，此时“类别 集”为空。

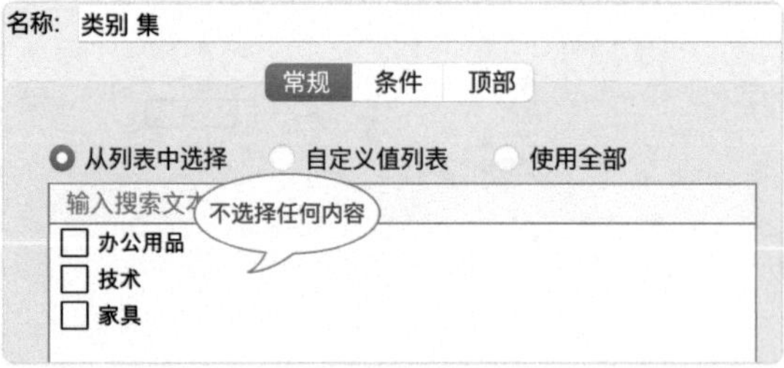

图 13-5

然后新建以下两个计算字段。

- 类别 1 : IF [类别 集] THEN [类别]+ ' ▼ ' ELSE [类别]+ ' ▶ ' END
- 子类别 1 : IF [类别 集] THEN [子类别] ELSE '' END

按照图 13-6 所示绘制条形图，手动调整“类别 集”后就会发现，通过集值的变化可以实现表格下钻效果。仔细观察视图数据就可以发现，由于勾选了技术和家具这两个类别，所以这两个值就在“类别 集”内，因此“类别 1”就会显示[类别]+'▼',“子类别 1”就会显示[子类别]。相反，办公用品在“类别 集”外，“类别 1”就会显示[类别]+'▶'，“子类别 1”就会显示空值。

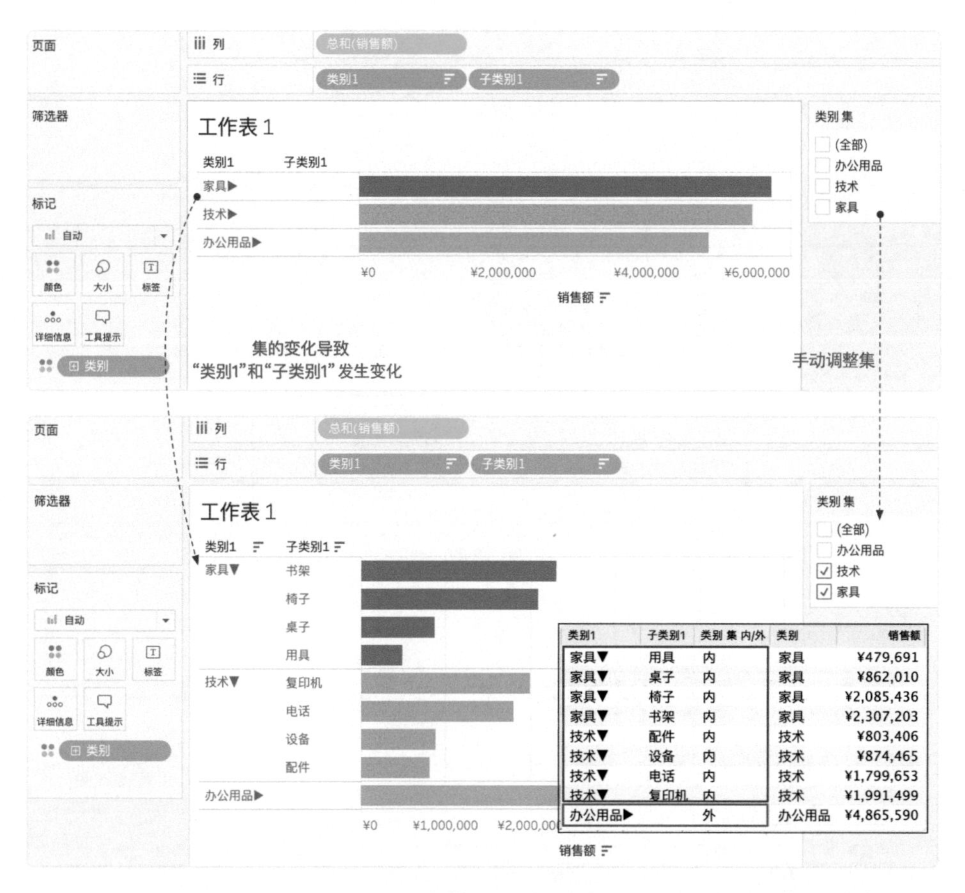

图 13-6

接下来就可以使用集动作的方式来增加交互性。首先新建集动作，再按照图 13-7 所示调整集动作设置，便可产生点击视图实现表格下钻的效果。除此之外，也可以根据需求选择不同的“运行操作将会”和“清除选定内容将会”，组合出不同的交互效果，这是集动作的魅力所在。这里要特别注意，创建集的原始字段必须在视图中被使用，此例中的“类别 集”是由“类别”字段创建的，那么“类别”字段就必须出现在行 / 列功能区或者标记栏，否则会在创建集动作时被提示缺少字段。

下面有必要重点讲解一下整个操作的运行过程。如图 13-8 所示，首先通过单击获得视图数据中类别为“技术”的整行数据，由于集动作中选择的是“为集分配值”，所以“技术”这个值就被添加到了“类别 集”中，集值的改变影响了“类别 1”和“子类别 1”这两个计算字段的值，也就是改变了视图数据，从而改变了图表形式。

编辑集动作

名称

集1

源工作表

确定作用范围

工作表 1

运行操作

单击图表进行选择

悬停

选择

菜单

仅限单选

目标集

所选集字段必须出现在行/列功能区或标记栏，否则会被提示缺少字段

类别 集

选择不同组合会产生不同的交互效果

运行操作将会

为集分配值

将值添加到集

从集中移除值

清除选定内容将会

保留集值

将所有值添加到集

从集中移除所有值

图 13-7

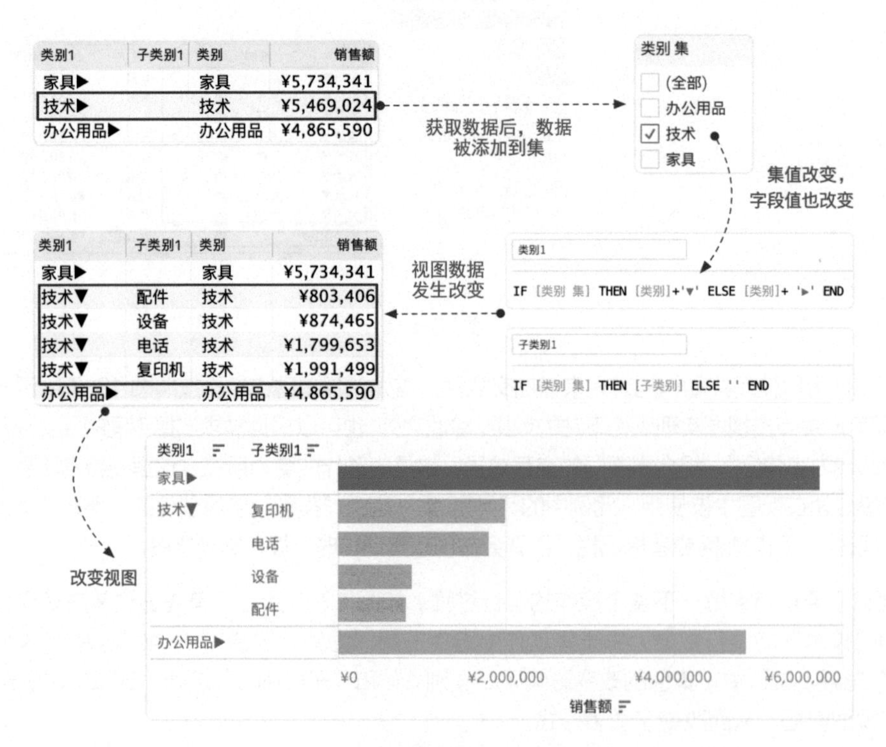

图 13-8

接下来再通过参数功能实现相同的下钻效果。首先，在“类别”字段上单击鼠标右键，通过弹出的快捷菜单创建“类别 参数”，并手动添加值“不下钻”（图 13-9）。

名称: 类别 参数
注释 >>
属性
数据类型: 字符串
当前值: 不下钻
工作簿打开时的值: 当前值
显示格式:
允许的值: 全部 列表 范围
值列表

值	显示为
办公用品	办公用品
技术	技术
家具	家具
不下钻	不下钻
添加	

手动添加值“不下钻”
固定
通过以下各项添加值
工作簿打开时
无

图 13-9

同样新增以下两个计算字段。

- 类别 2 : IF [类别]=[类别 参数] THEN [类别]+ ' ▼ ' ELSE [类别]+ ' ▶ ' END
- 子类别 2 : IF [类别]=[类别 参数] THEN [子类别] ELSE '' END

如图 13-10 所示创建图表，即可通过调整参数实现表格下钻。若使用集动作实现“不下钻”效果，只需在设置集动作时，在“清除选定内容将会”的选项中勾选“从集中移除所有值”即可。此外，参数动作只能使用单选，这与集动作有很大的不同，所以在此例中使用会受到一定的限制。

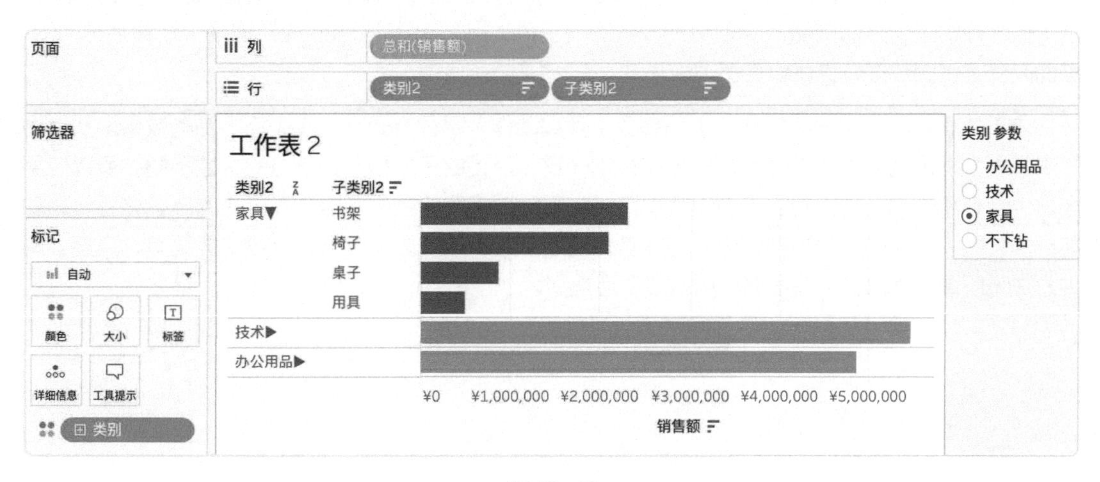

图 13-10

接下来就可以通过设置“参数动作”增加交互效果了。通过选择菜单栏中的“操作→更改参数”选项新建参数动作，如图 13-11 所示设置参数动作，即可实现表格下钻效果。

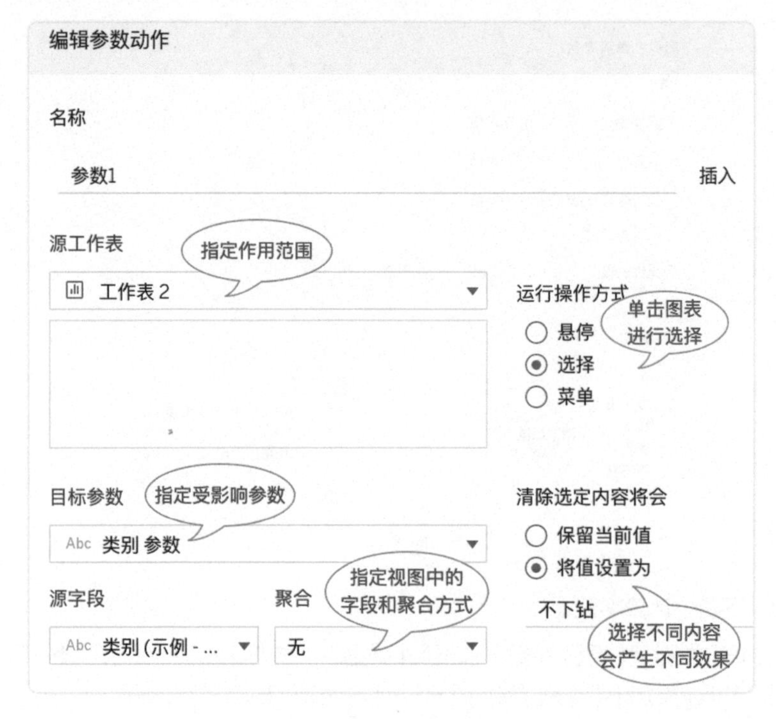

图 13-11

这里依然有必要再梳理一下参数操作的运行过程。如图 13-12 所示，首先单击获得视图数据中类别为“家具”的整行数据，由于设置了参数动作的源字段为“类别”，所以“类别”中的“家具”这个值被传给了“类别 参数”，参数值的改变影响了“类别 2”和“子类别 2”这两个计算字段的值，进而改变了视图数据，也就改变了图表形式。

本节案例中使用了集（集动作）和参数（参数动作）两种方式来完成表格下钻的效果。从上面的讲解中会发现两种操作方式的整体思路基本一致，但是由于集和参数各自的特性不同，所以应用场景也会有所区别。通常状况下使用两者可以实现大致相同的效果，但从我个人的经验来看，集功能更加强大，适应的场景更多，但对初学者来说理解起来难度更高，不如参数功能简单、直接。两种方法无所谓孰优孰劣，需根据使用场景灵活选择。

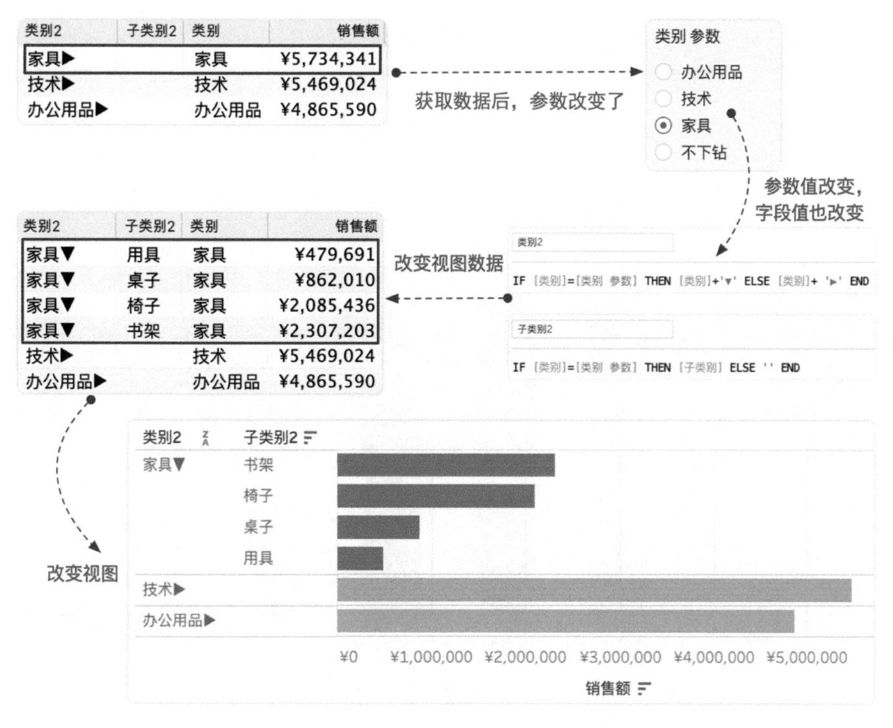

图 13-12

13.3　易于比较的堆叠条形图

堆叠条形图是实际工作中被广泛使用的图表，通过 Tableau 的智能推荐就可以快速生成，但智能推荐里的堆叠条形图有两个致命的缺陷，第一个是只有底部的条形图易于比较，而其他部分比较起来较难，第二个就是无法显示合计值（图 13-13）。

无法显示合计值这个缺陷有两种解决方案。

第一种方案最简单，直接通过给 *Y* 轴添加“参考线”就可以显示合计值（图 13-14）。

第二种方案是使用双轴。首先在行功能区复制“销售额”字段，将新的“销售额”标记改为“甘特条形图”，去掉“类别”维度，选择双轴并同步轴即可（图 13-15）。由于在不同的标记里可以使用不同的详细级别，所以去掉“类别”维度后，新建的“总和（销售额）(2)”这个标记里的详细级别只受“区域”一个维度的影响，因此只会显示各地区的销售额合计值。

我们知道起点相同的条形易于比较，因此只有把希望被比较的“类别”调整到堆叠条形图的底部（从零轴开始的位置）才能解决对比困难的问题。这里就可以通过参数功能控制类别，让被选中的类别调整到零轴起点的位置。

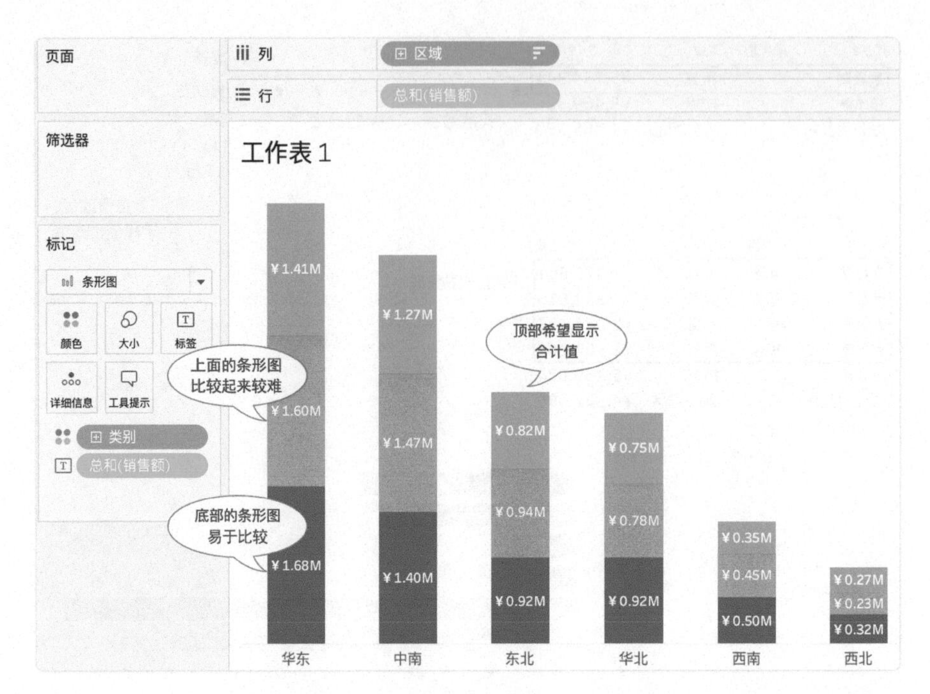
页面
列
区域
行
总和(销售额)
筛选器
工作表 1
标记
条形图
颜色
大小
标签
详细信息
工具提示
类别
总和(销售额)
上面的条形图
比较起来较难
底部的条形图
易于比较
顶部希望显示
合计值
¥1.41M
¥1.60M
¥1.68M
¥1.27M
¥1.47M
¥1.40M
¥0.82M
¥0.94M
¥0.92M
¥0.75M
¥0.78M
¥0.92M
¥0.35M
¥0.45M
¥0.50M
¥0.27M
¥0.23M
¥0.32M
华东
中南
东北
华北
西南
西北

图 13-13

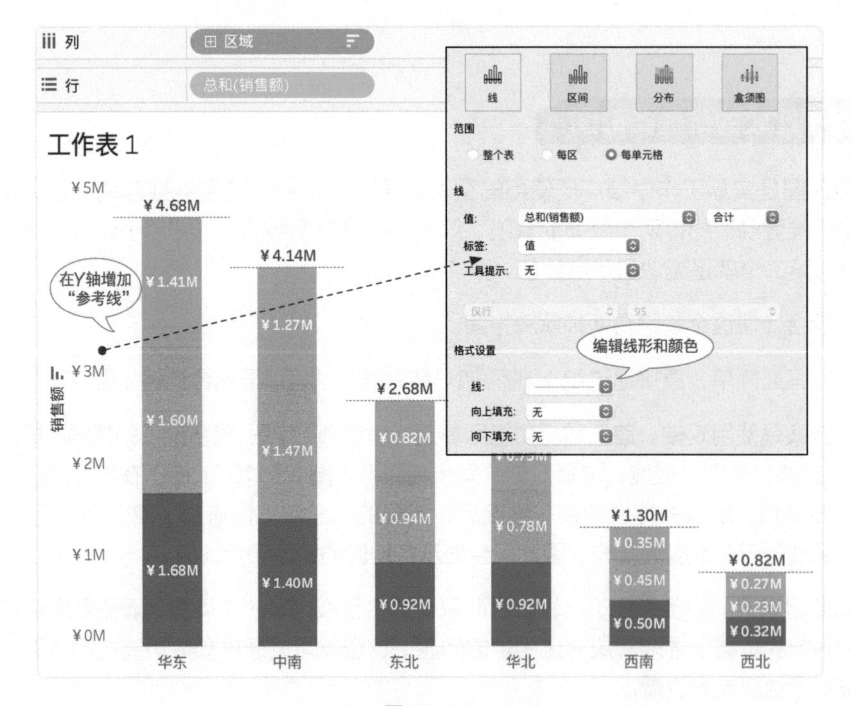
列
区域
行
总和(销售额)
工作表 1
线
区间
分布
盒须图
范围
整个表
每区
每单元格
线
值:
总和(销售额)
合计
标签:
值
工具提示:
无
格式设置
编辑线形和颜色
线:
向上填充:
无
向下填充:
无
在Y轴增加
“参考线”
销售额
¥5M
¥3M
¥2M
¥1M
¥0M
¥4.68M
¥4.14M
¥2.68M
¥1.30M
¥0.82M
¥1.41M
¥1.60M
¥1.68M
¥1.27M
¥1.47M
¥1.40M
¥0.82M
¥0.94M
¥0.92M
¥0.78M
¥0.92M
¥0.35M
¥0.45M
¥0.50M
¥0.27M
¥0.23M
¥0.32M
华东
中南
东北
华北
西南
西北

图 13-14

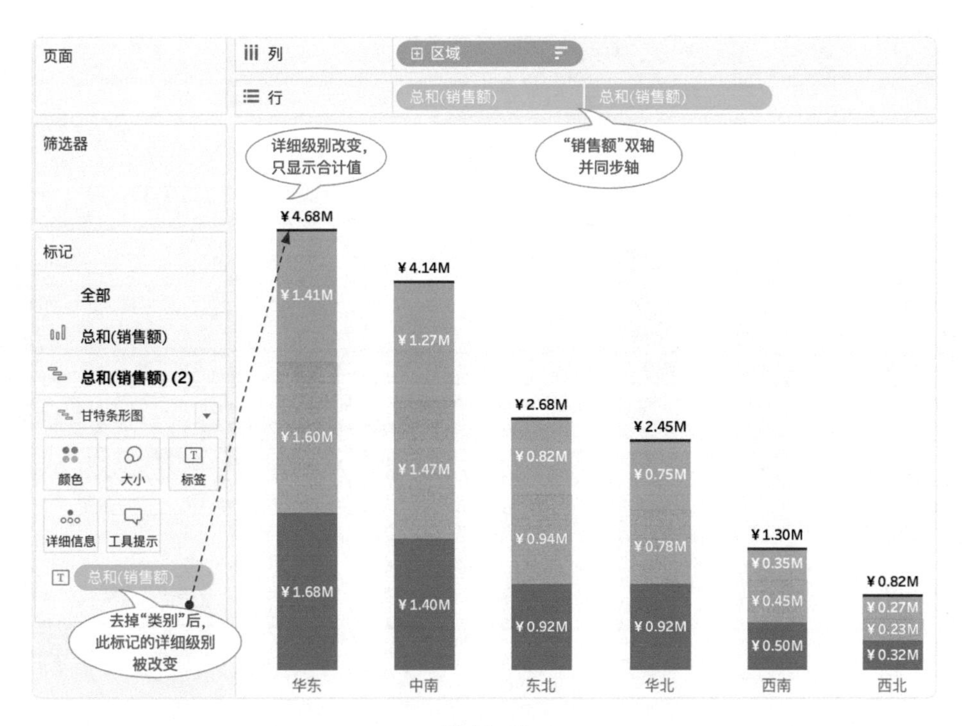

图 13-15

首先在“类别”字段上单击鼠标右键，在弹出的快捷菜单上选择，创建“类别 参数”，然后新建以下计算字段。

- 类别排序 : IF [类别]=[类别 参数] THEN 1 ELSE 2 END

最后，使用“类别排序”的最大值作为排序依据后就可以调整“类别”的位置。如图 13-16 所示，通过视图数据就可以看到这样操作的底层逻辑，在选择“办公用品”后，视图中只有办公用品的“类别排序”的最大值为 1，其他类别该项的最大值为 2。因此，“办公用品”这个类别就被调整到了堆叠条形图的底部。通过这样的操作就可以完美解决堆叠条形图的缺陷，增强可视化效果。

这里还可以再延伸一些知识，通过“参数动作”的方式让视图的交互方式更加“优雅”。如图 13-17 所示，新建参数动作并进行相关设置后，只需点击选择视图中的橙色条形，就获取到了“技术”这个值（字符串不需要聚合），之后“类别 参数”的值就变成了“技术”的值。此时会发现视图数据中“技术”这个类别的“类别排序”的最大值变成了 1，因此，“技术”这个类别就被调整到了堆叠条形图的底部。这个过程与手动调节参数的原理是一样的，但交互体验更佳。

以上效果同样可以通过“集动作”实现，具体实现过程和原理请参考图 13-18。

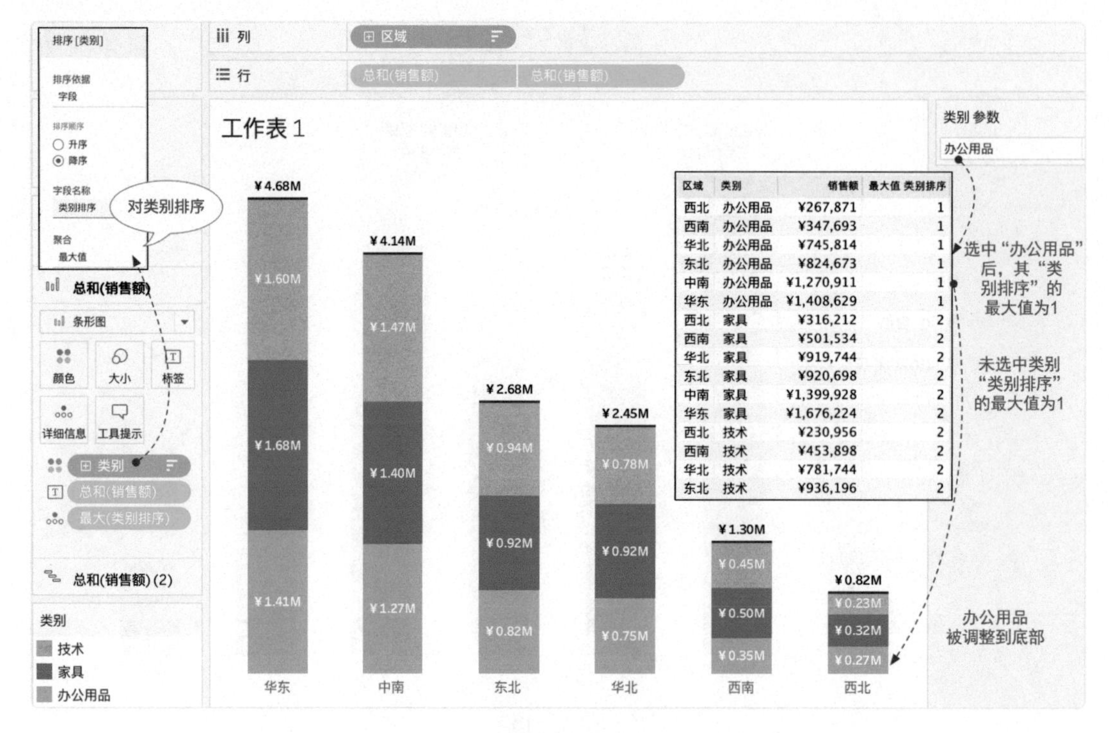

排序 [类别]
排序依据
字段
排序顺序
升序
降序
字段名称
类别排序
聚合
最大值
对类别排序
列
区域
行
总和(销售额)
总和(销售额)
工作表 1
类别 参数
办公用品
总和(销售额)
条形图
颜色
大小
标签
详细信息
工具提示
类别
总和(销售额)
最大(类别排序)
总和(销售额) (2)
类别
技术
家具
办公用品
区域 类别 销售额 最大值 类别排序
西北 办公用品 ¥267,871 1
西南 办公用品 ¥347,693 1
华北 办公用品 ¥745,814 1
东北 办公用品 ¥824,673 1
中南 办公用品 ¥1,270,911 1
华东 办公用品 ¥1,408,629 1
西北 家具 ¥316,212 2
西南 家具 ¥501,534 2
华北 家具 ¥919,744 2
东北 家具 ¥920,698 2
中南 家具 ¥1,399,928 2
华东 家具 ¥1,676,224 2
西北 技术 ¥230,956 2
西南 技术 ¥453,898 2
华北 技术 ¥781,744 2
东北 技术 ¥936,196 2
选中“办公用品”后，其“类别排序”的最大值为1
未选中类别“类别排序”的最大值为1
办公用品被调整到底部
¥4.68M
¥1.60M
¥1.68M
¥1.41M
¥4.14M
¥1.47M
¥1.40M
¥1.27M
¥2.68M
¥0.94M
¥0.92M
¥0.82M
¥2.45M
¥0.78M
¥0.92M
¥0.75M
¥1.30M
¥0.45M
¥0.50M
¥0.35M
¥0.82M
¥0.23M
¥0.32M
¥0.27M
华东
中南
东北
华北
西南
西北

图 13-16

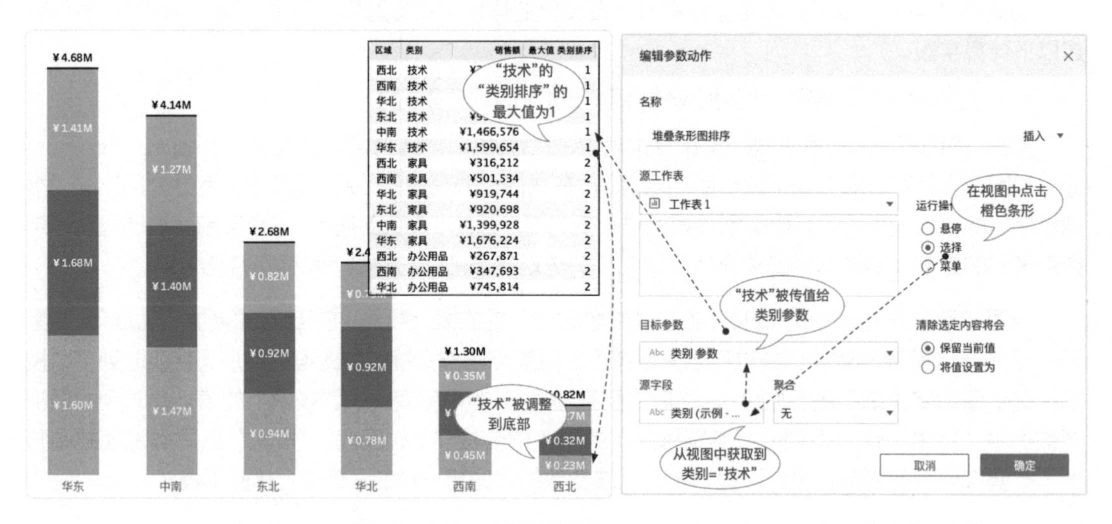

区域 类别 销售额 最大值 类别排序
西北 技术 1
西南 技术 1
华北 技术 1
东北 技术 1
中南 技术 ¥1,466,576 1
华东 技术 ¥1,599,654 1
西北 家具 ¥316,212 2
西南 家具 ¥501,534 2
华北 家具 ¥919,744 2
东北 家具 ¥920,698 2
中南 家具 ¥1,399,928 2
华东 家具 ¥1,676,224 2
西北 办公用品 ¥267,871 2
西南 办公用品 ¥347,693 2
华北 办公用品 ¥745,814 2
“技术”的“类别排序”的最大值为1
“技术”被调整到底部
¥4.68M
¥1.41M
¥1.68M
¥1.60M
¥4.14M
¥1.27M
¥1.40M
¥1.47M
¥2.68M
¥0.82M
¥0.92M
¥0.94M
¥0.92M
¥0.78M
¥1.30M
¥0.35M
¥0.45M
¥0.32M
¥0.23M
华东
中南
东北
华北
西南
西北
编辑参数动作
名称
堆叠条形图排序
插入
源工作表
工作表 1
运行操作
在视图中点击橙色条形
悬停
选择
菜单
“技术”被传值给类别参数
目标参数
类别 参数
清除选定内容将会
保留当前值
将值设置为
源字段
类别 (示例 - ...
聚合
无
从视图中获取到类别=“技术”
取消
确定

图 13-17

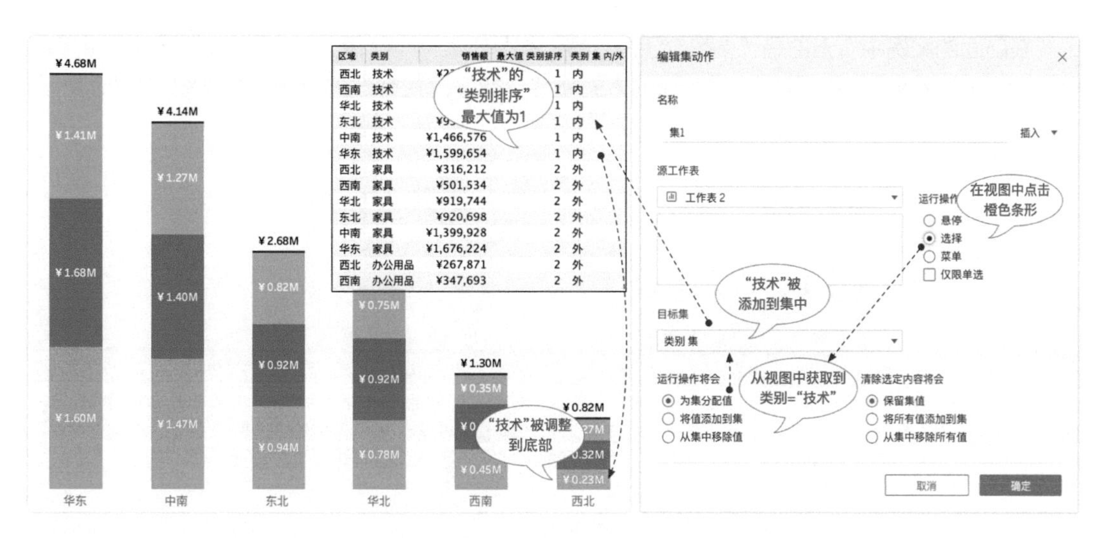

图 13-18

13.4 动态度量值

通过前面的案例，我们基本掌握了通过"参数"和"集"制作交互式图表的逻辑，但这些案例只能在同一个工作簿内进行交互，相对比较简单。接下来继续增加难度，图 13-19 中的图表可以通过单击上方的指标名称，动态调整条形图要显示的度量值，这样的图表就需要分别制作两个工作簿，在仪表板里拼接后完成。

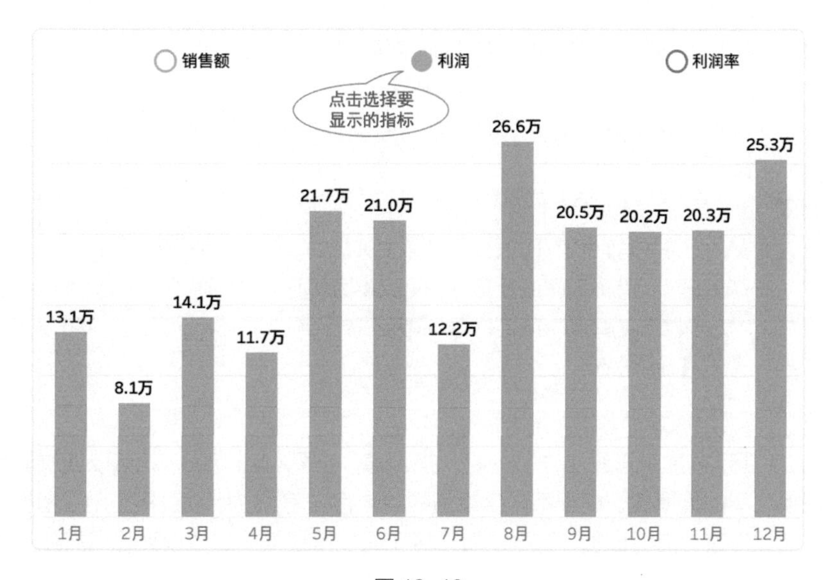

图 13-19

在前面的案例中，无论是“参数”还是“集”都基于某一个字段，但此例中，销售额、利润和利润率都是度量值，所以只能通过手动的方式新建参数来解决筛选的问题。按照图 13-20 所示，新建“指标参数”，手动添加 3 个指标名称。

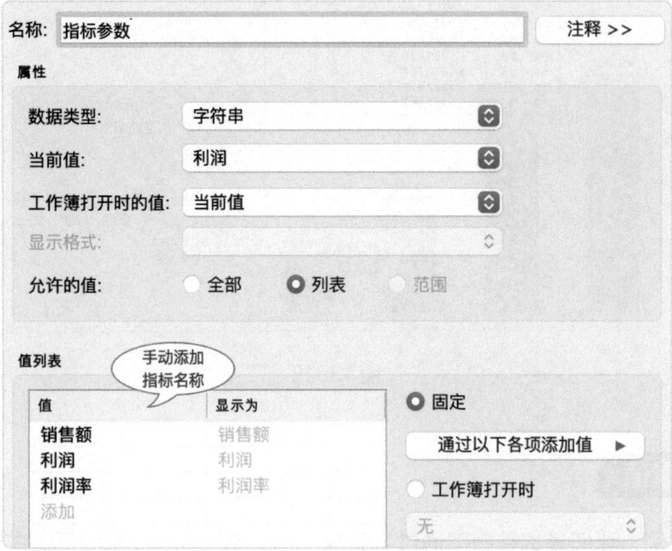

图 13-20

下面新建两个计算字段。

- 指标值：
```
CASE [ 指标参数 ]
WHEN " 销售额 " THEN SUM([ 销售额 ])
WHEN " 利润 " THEN SUM([ 利润 ])
WHEN " 利润率 " THEN SUM([ 利润 ])/SUM([ 销售额 ])
END
```
- 指标标签：
```
CASE [ 指标参数 ]
WHEN " 销售额 " THEN STR(ROUND(SUM([ 销售额 ])/10000,1))+ " 万 "
WHEN " 利润 " THEN STR(ROUND(SUM([ 利润 ])/10000,1))+ " 万 "
WHEN " 利润率 " THEN STR(ROUND(SUM([ 利润 ])/SUM([ 销售额 ])*
100,1))+ "%"
END
```

如图 13-21 所示创建条形图工作簿。将“指标值”拖到行功能区，就可以通过调整“指标参数”的值来切换不同的度量值。由于不同度量值的单位存在差异，所以直接使用“指标值”作为标签并不合适，因此通过“指标标签”这个字段，将不同的度量值强制转换为我们需要的“数值 + 单位”的文本格式，以保证标签能准确显示。

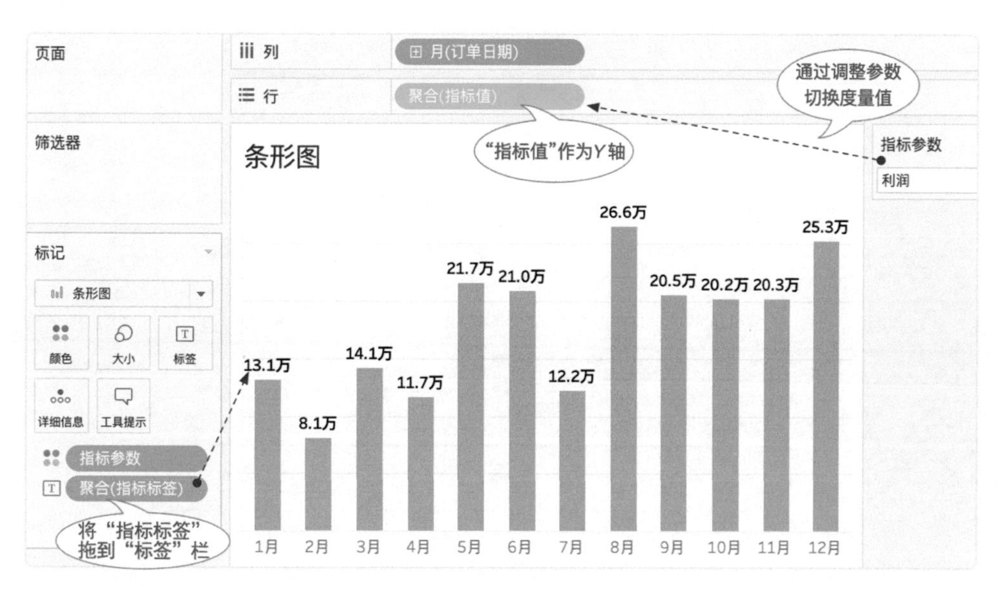

图 13-21

接下来需要考虑如何制作指标筛选器。在使用“参数操作”的过程中，通常都是通过获取某个字段的值并将值赋予参数，才能起到改变参数值的目的。但目前数据集中并没有一个字段能获取到指标名称，因此需要新建一个计算字段，如下所示。

- 指标名称：CASE [类别]
  WHEN " 办公用品 " THEN " 销售额 "
  WHEN " 技术 " THEN " 利润 "
  WHEN " 家具 " THEN " 利润率 "
  END

这是一种非常规操作，只是借用“类别”字段的值映射出需要的指标名称，并不具有实际业务上的意义，通常是当数据集不满足绘图需求时的临时解决办法。此外，还需要判断指标是否被选中，所以再新建一个计算字段，如下所示。

- 指标是否被选中：IF [指标名称]=[指标参数] THEN " 被选中 " ELSE " 未选中 " END

按照图 13-22 所示创建筛选器工作簿。首先通过“指标名称”字段构建一个表格，为了便于调整标签的位置，这里可以增加一个即席计算“MAX(0) ”。标记类型选择“形状”，通过“指标是否被选中”字段判断形状，被选中的指标显示实心圆，未被选中的指标显示空心圆。最后，去掉线和标题就得到了最终的指标筛选器效果。

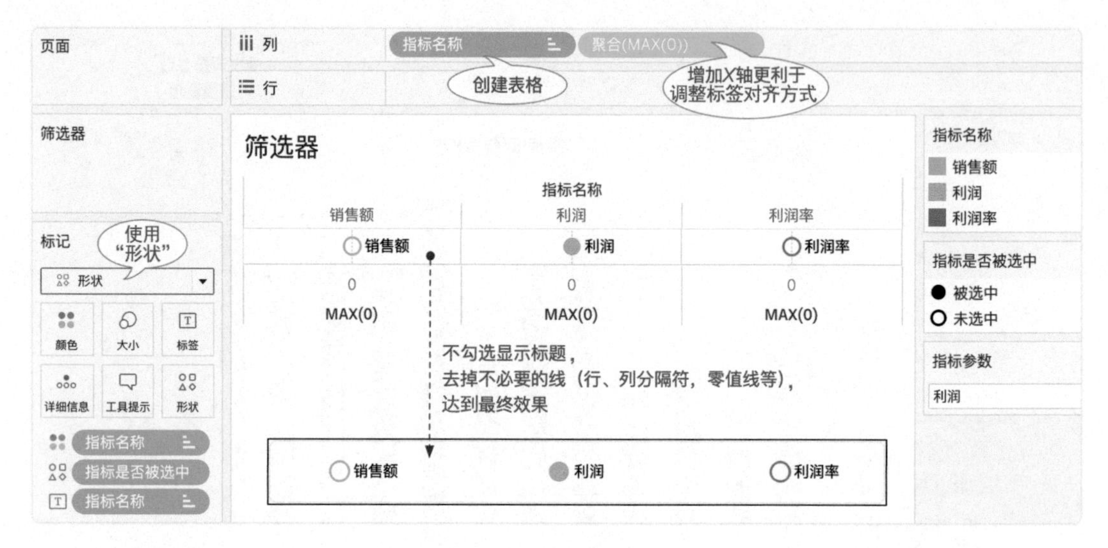

图 13-22

制作完毕后，还需要在仪表板中拼接这两个工作簿，并按照图 13-23 所示创建“参数动作”。这样在点击筛选器工作簿中的“利润率”时，“利润率”前的标记从空心圆变成了实心圆，表示已被选中，同时条形图也从显示利润变成了显示利润率。

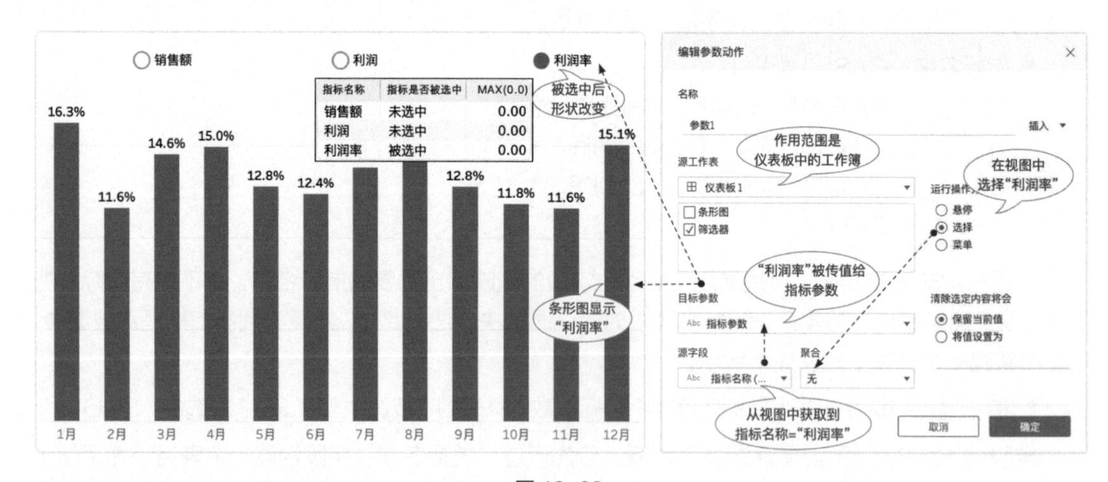

图 13-23

自此，动态显示度量值的效果就制作完毕。整个制作过程中最难理解的就是“指标名称”这个字段的计算逻辑，这是由“超市数据集”的数据结构造成的。试想一下，若使用的数据源是经过 ETL 处理过的“日期 + 指标名称 + 指标值”的汇总数据，上述图表的制作难度就会减小很多。所以，在实际工作中应根据业务场景的不同对数据进行有针对性的加工处理，尽可能减少 Tableau 开发的难度和后期维护的成本。

13.5 时间轴筛选器

本节再一次提升难度，制作一个时间轴筛选器。如图 13-24 所示，此时案例中没有添加任何时间筛选器，只通过鼠标光标圈选的方式就可以突出显示某一时间段的销售额情况。从案例中可以很明显地看到，在交互时需要同时选择多个日期值，所以使用集动作的方式更为合适。

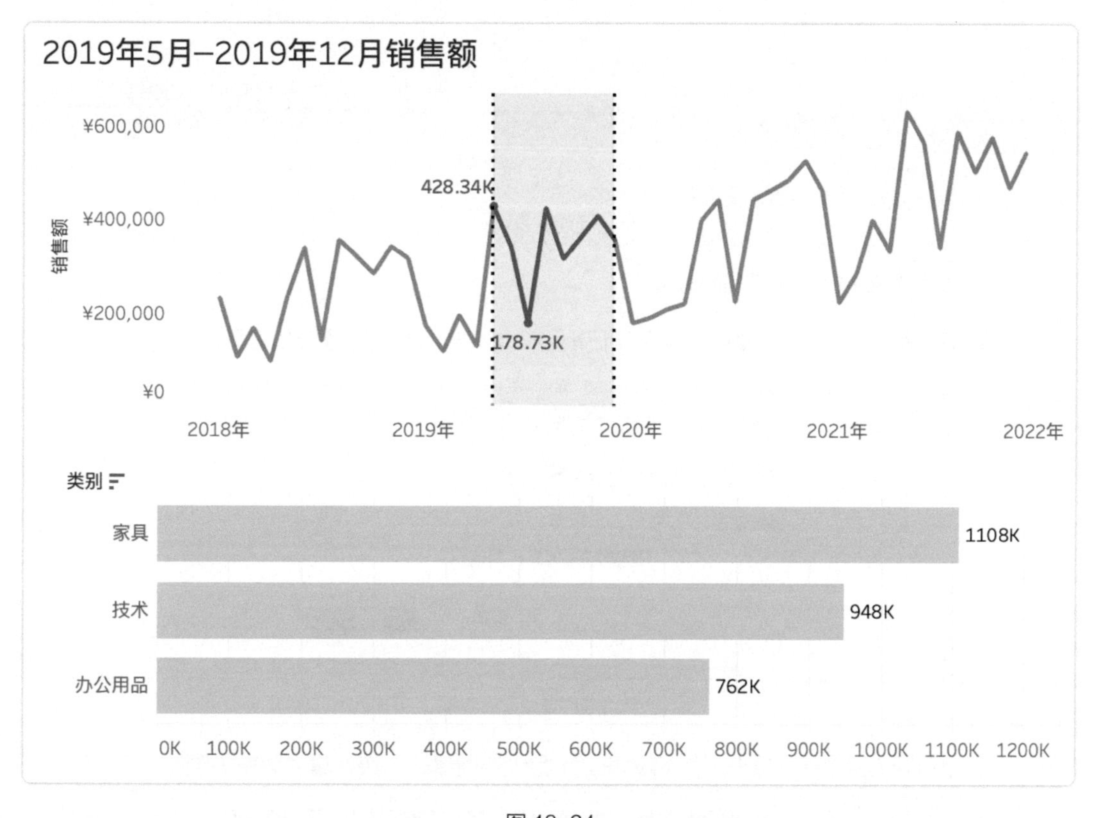

图 13-24

但如图 13-25 所示，我们希望可以选择一个连续的日期范围，但直接使用集动作，并不一定能够保证使用者选择的日期范围是正确的，所以就需要对集内的日期进行二次计算，找到集内的最小日期和最大日期，才能确定正确的日期范围。

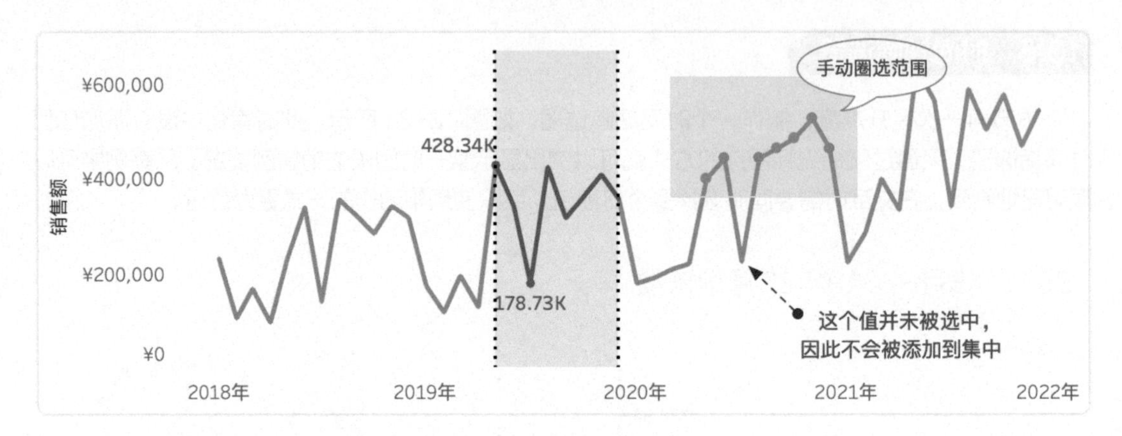

图 13-25

因此，需要新建以下 5 个计算字段。

1. 订单日期 (月)，这里使用“自定义日期”功能生成此字段 (图 13-26)。[1]

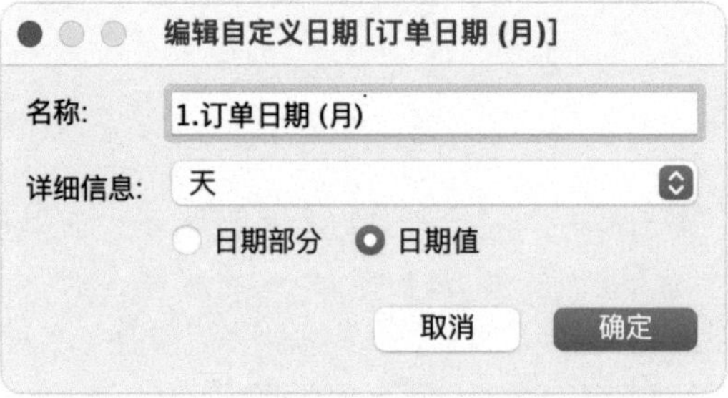

编辑自定义日期 [订单日期 (月)]

名称: 1.订单日期 (月)

详细信息: 天

日期部分 日期值

取消 确定

图 13-26

2. 订单日期 (月) 集，根据“1. 订单日期 (月) ”创建一个集，集内为空 (图 13-27)。

3. 被选中的月 : IF [2. 订单日期 (月) 集] THEN [1. 订单日期 (月)] END

4. 被选中的最大日期 : {MAX([3. 被选中的月])}

5. 被选中的最小日期 : {MIN([3. 被选中的月])}

这 5 个计算字段的逻辑环环相扣，难点在第 3 个字段“3. 被选中的月”。我们知道集字段的计算结果是内或者外，所以无法通过“2. 订单日期 (月) 集”这个字段计算出它的最大月和最小月，因此需要先通过计算找到集值为内的日期，也就是被选中的日期，才能间接找到最大月和最小月。

1 使用日期函数创建“订单日期 (月)”字段可能在使用集动作时无效，使用“自定义日期”生成则未出现此种情况。

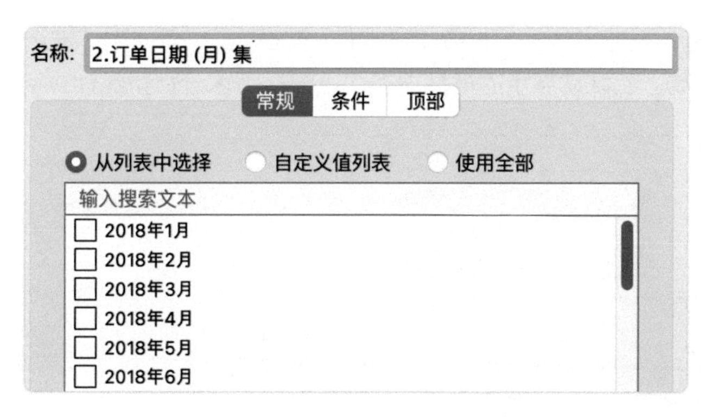

图 13-27

找出了最大月和最小月还不够，由于需要突出显示这些月份内的销售额，所以还需新建一个计算字段，如下所示。

- 被选中的销售额：
  IF [1.订单日期 (月)]>=[5.被选中的最小月] AND [1.订单日期 (月)]<=[4.被选中的最大月]
  THEN [销售额]
  END

按照图 13-28 所示制作一个双轴折线图，并添加参考线区间。手动选择集日期后就会发现，未被选中日期的销售额也被包含进来。这是因为我们通过“被选中的销售额”计算出了集中最大月和最小月之间的全部销售额。

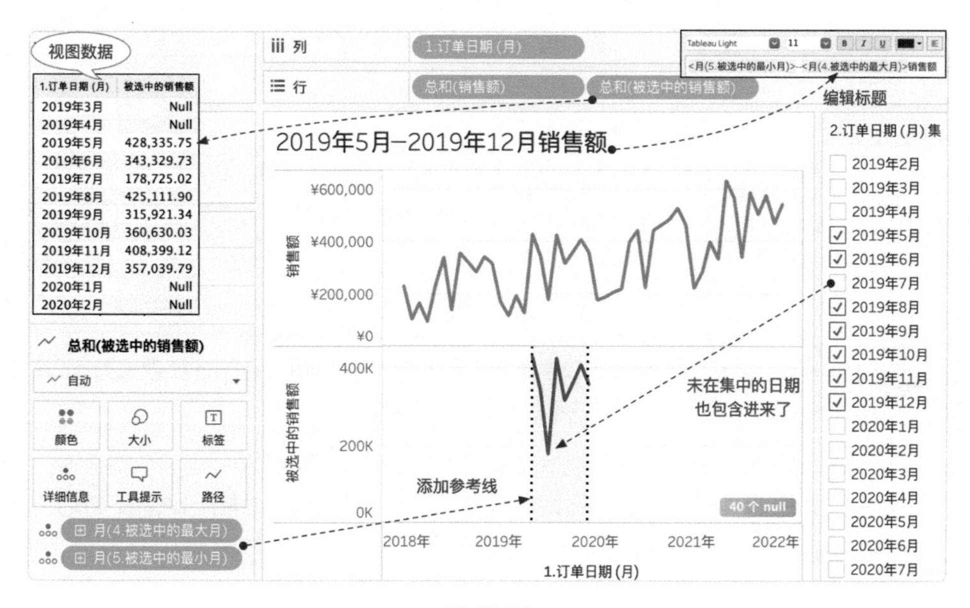

图 13-28

如图 13-29 所示，在制作此案例中的条形图时应注意，只有使用“被选中的销售额”才能保证两张图表之间的联动。若联动展示的指标很多，可根据需求分别新建计算字段，计算逻辑与“被选中的销售额”相同。

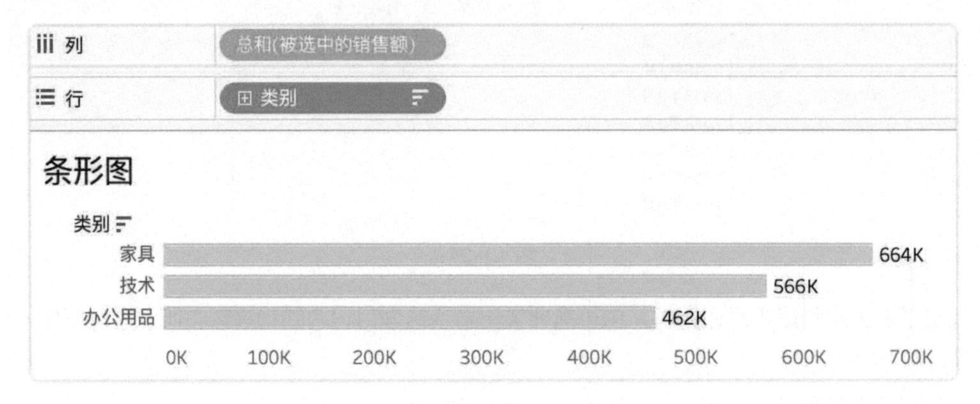

图 13-29

接下来，需要将两个工作簿拼接成一个仪表板。如图 13-30 所示添加集动作，用鼠标光标任意圈选一个范围后集值被改变，同时折线图的红色高亮部分与条形图的长度也随之改变。

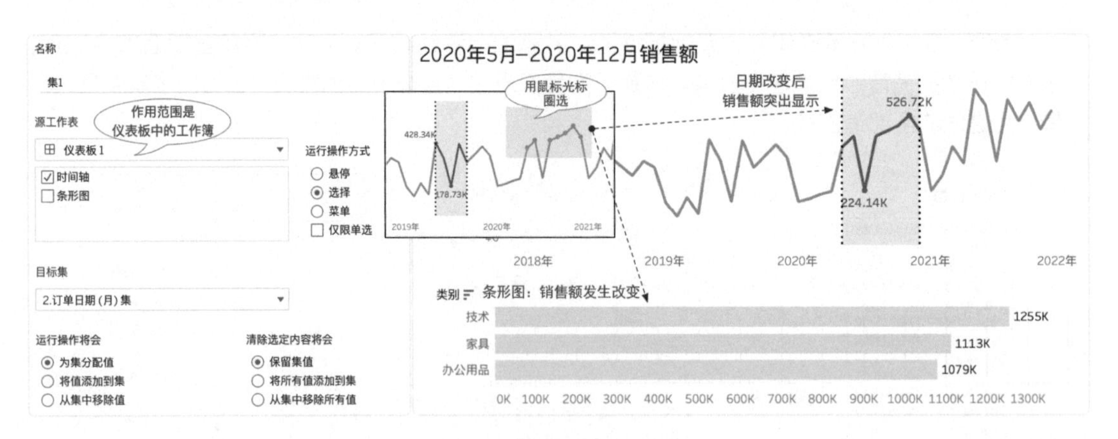

图 13-30

对进阶学习者来说，此案例已经具有较高难度，需要读者对 Tableau 的计算逻辑有深入的理解，并能充分领悟 Tableau 的交互逻辑，这并不是一蹴而就的事情。

学习 Tableau 是一个循序渐进的过程，需要经过大量的积累和沉淀，更需要有极致的专注和持之以恒的精神，正所谓“不积跬步，无以至千里”，唯有静下心来，摒弃浮躁，不断地钻研，才是唯一的捷径。

后记

由于本书写作和出版时间跨度较大，最初开始写作时使用了当时 Tableau 的最新版本 2021.4，随后的迭代版本对界面和功能进行了一定的升级，比如增加了“控制可见性”功能，可以通过参数或者字段来灵活控制仪表板中各种对象的显示和隐藏，大大增加了交互的可玩性，希望在本书的后续改版中能补充类似的新增功能。本书读者对于 Tableau 迭代最大的直观感受就是视图数据查看界面的改进，更加美观、实用，但基本功能并没有多大改变，并不影响使用新版本的读者对本书相关内容的理解。

能读到这里的读者，相信已经对本书的内容有了充分的了解，作为“业务数据分析系列”丛书的第二本，相较于喜乐君的《数据可视化分析（第 2 版）：分析原理和 Tableau、SQL 实践》，本书几乎全部都在讲解 Tableau 的底层逻辑和实用技巧，很少涉及业务分析的内容。喜乐君的书更注重“道”，本书更注重“术”。“道”更注重规律和方法，为“术”提供理论指导，“术”更注重技巧和实战，为“道”提供实践支撑。“道”与“术”在学习的方法和目标上存在明显的区别，但它们之间又相互关联、相互促进。希望本书的读者能够将 Tableau 数据分析的“道”与“术”真正内化为自有的知识体系，从而实现自身能力的显著提升。

就数据分析本身而言，我始终认为数据分析的本质是通过对数据的加工和处理，提炼出有用的信息和见解，为业务方提供可行的策略和解决方案。无论什么数据分析工具都是为这个目的而服务的，工具无所谓优劣，只要能帮助业务方实现更大的价值就达到了目的。

特别是 Tableau 这种更偏重于为业务人员赋能的数据分析软件，更要注重使用者对业务的理解。如果无法深入业务一线，对业务没有全面而深入的理解，就算你从本书中获取了大量实用的方法和技巧，学会了绘制各种炫酷图表和交互方法，仍然无法产生实用的价值。

这就是我们常说的“业务思维”。对数据从业人员来说，无论是数字化管理者、数据分析师，抑或是数据工程师，如果不能充分理解业务的特点、业务的运行逻辑，无法洞悉业务关注的焦点和需要解决的问题，就无法达到通过数字化赋能业务的目的。

由此引申到目前的数字化转型服务行业，失败的案例比比皆是，其根本原因还是思维被限制。传统的瀑布式开发模式早已无法适应数字化转型的各种需求。瀑布式开发模式是一种按照固定阶段和顺序进行软件开发的方法。需求分析、设计、编码、测试和部署等阶段都是按照严格的线性顺序进行的，这种方式的必备要求就是需求的明确和稳定，流程的严格和可控。然而，随着数字化转型的加速推进，企业的持续发展不断催生出多样化的数据需求，在层出不穷的数据使用场景下，需求的模糊和不断变化就要求数据从业人员能够快速响应，并持续满足业务方的各种需求，这是传统的开发模式无法做到的。也许，在项目的启动初期可以以这种方式运行一段时间，但最终都应过渡为敏捷开发模式。

敏捷开发强调团队合作、快速迭代和持续交付，可以更快地响应不断变化的业务需求，这就要求数据从业者对业务有着深刻的理解。它要求数据从业者不能被动地接受需求，而是要主动深入业务中，成为业务专家，不仅能提供基础的数据产品，还能提供更加高级的数据咨询服务，帮助业务方理解和洞察数据。

由此，我不禁想到了在当今数字化转型的浪潮中，“PPT 数据咨询服务”如雨后春笋般涌现。各种“高大上”的名词充斥着我们的视野，然而能够深入理解业务，让 PPT 上的内容实际落地的却寥寥无几，大多数 PPT 都只停留在想象之中，不能不说是一种资源的巨大浪费。

在本书初稿完成后，我在为一些企业做的数据咨询服务中，切身体会到数据咨询服务的核心目的就是帮助企业更好地理解和利用数据，通过分析数据解决企业运营中的难点，提高企业的决策水平和业务效率。这对于数据咨询服务者的要求是非常高的，在这个过程中，我也充分感受到了“深入理解业务”这句话的含义。就我本人来说，多年的甲方业务经验使自己对于业务有着天然的敏感和好奇心，我只有深入一线业务，把自己当作业务人员来理解企业的数据需求，才能真正产出有价值的数据产品和数据咨询服务。而 Tableau 在这个过程中就成了我最好的帮手。不得不说，这是我的一种幸运。

以我的工作经历而言，我始终认为业务人员本身就是数据的第一使用者，数据最大的价值应该来自业务人员本身。以前，由于技术的壁垒阻碍了数据使用者把数据的价值最大化，但是随着技术的不断演进和成熟，业务和技术之间的鸿沟不断被抹平，业务人员利用优秀的数据工具探索数据是一种不可阻挡的必然趋势。就像 Excel 已经成为数据分析入门的必备工具一样，业务人员通过简单的学习就可以完成基础的分析工作。而像 Tableau 这样的面向未来的大数据分析工具，也可以成为业务人员利用数据获取见解的必备工具之一。

我认为，在未来，专职的数据分析师的需求会不断萎缩，而既懂技术、懂分析，又懂业务的复合型人才将成为职场的新宠。学好 Tableau，人人皆可成为数据分析师。这就是我们这个“业务数据分析系列”丛书的最终目的。

数据是未来，Tableau 也是未来！

“业务数据分析系列”图书

《数据可视化分析：Tableau 原理与实践》

喜乐君　著

《业务可视化分析：从问题到图形的 Tableau 方法》

喜乐君　著

《数据可视化分析（第 2 版）：分析原理与 Tableau、SQL 实践》

喜乐君　著

《解构 Tableau 可视化原理》

姜斌 著